高等学校教材

工程材料及其热处理

第2版

主　编　孙齐磊　邓化凌
副主编　崔明铎　于　宽　林晓娟
主　审　许　斌

机械工业出版社

本书是根据教育部最新颁布的“工程材料与机械制造基础课程教学基本要求”并结合我国普通高校多年来的教学改革经验而编写的。

本书以工程材料的基本知识为主线，以工程材料的选用为重点，加强理论与实践相结合的训练，针对“中国制造”发展实际和需要，强化了新材料的选用比例，侧重应用型人才培养。全书内容包括：工程材料性能，金属与合金的晶体结构和二元合金相图，金属的热处理，工业用钢与铸铁，非铁合金及粉末冶金材料，聚合物、无机与复合材料，新型材料，以及工程材料的合理选用等。

本书可作为高等工科院校本科、高职高专和成人教育等层次院校的通用教材，也可供其他有关专业的师生和工程技术人员参考。

图书在版编目（CIP）数据

工程材料及其热处理/孙齐磊，邓化凌主编. —2版. —北京：机械工业出版社，2014.8（2023.1重印）

高等学校教材

ISBN 978-7-111-47307-7

Ⅰ.①工… Ⅱ.①孙…②邓… Ⅲ.①工程材料—高等学校—教材②热处理—高等学校—教材 Ⅳ.①TB3②TG15

中国版本图书馆CIP数据核字（2014）第150397号

机械工业出版社（北京市百万庄大街22号 邮政编码100037）

策划编辑：冯春生 责任编辑：冯春生 程足芬

责任校对：闫玥红 封面设计：张 静

责任印制：郜 敏

北京富资园科技发展有限公司印刷

2023年1月第2版·第7次印刷

184mm×260mm·14.25印张·340千字

标准书号：ISBN 978-7-111-47307-7

定价：39.00元

电话服务 网络服务

客服电话：010-88361066 机 工 官 网：www.cmpbook.com

010-88379833 机 工 官 博：weibo.com/cmp1952

010-68326294 金 书 网：www.golden-book.com

封底无防伪标均为盗版 机工教育服务网：www.cmpedu.com

第2版前言

本书自2009年出版以来已印刷了多次，被多所院校选用。本次是在第1版的基础上修订而成的，修订工作依据教育部高等学校课程教学指导委员会对本课程的教学基本要求，并结合本书第1版在教学实践中的使用情况进行的。本次修订过程中，我们掌握以下原则：

1）坚持“强化基础，突出应用，培养能力，少而精”的原则，与课堂教学密切配合，立足于应用型人才培养，保持了本书第1版的体系和内容。

2）对第1版中的个别文字错误作了修订，尽量以表格形式取代文字叙述，对部分插图进行了更换或更改，以进一步做到图文并茂，方便阅读。

3）根据近年来国内外材料成形技术领域的发展情况，适当增加了新技术、新工艺的内容。

4）全面贯彻国家有关新标准，更新了一些名词术语和符号。

本次修订工作由孙齐磊、崔明铎负责主持，修订中征求参考了兄弟院校的使用要求和意见。参加本次修订工作的有孙齐磊、邓化凌、崔明铎、于宽、林晓娟、唐炳涛、米丰敏、崔浩新和任国成。

本书修订过程中，参考了一些相关的教材和资料，也借鉴了一些高校近年来课程教学改革的成果，在此一并致以谢意。

由于编者水平所限，书中不当之处在所难免，望读者批评指正。

编　者

第1版前言

本书是根据教育部最新颁布的“工程材料与机械制造基础课程教学基本要求”并结合我国普通高校多年来的教学改革经验而编写的，是按照教育质量观、教材质量观必须随高等教育大众化，适应与满足人才市场的多样化需求，面向、符合、激活学生个性与能力的多样化特点而编写的，是机械类专业系列教材之一。

全书内容包括：工程材料性能，金属与合金的晶体结构和二元合金相图，金属的热处理，工业用钢与铸铁，非铁合金及粉末冶金材料，聚合物、无机与复合材料，以及工程材料的合理选用等内容。

本书编写注意突出以下几个特点：

1）教材编写坚持内容新颖、简洁，结构合理，层次鲜明，直观形象，减少文字叙述，利用表格，图文并茂，总篇幅以够用为原则。

2）全书名词术语和计量单位采用最新国家标准及其他有关标准，且与教材内容结合紧密。

3）本书的内容强调基础性，重视概念的准确性。作为技术基础课，工程材料的基本理论、基本概念、基本知识和取材都必须是基础而且是成熟的。本书充分体现了这一特点。

4）为突出、强化机械零件的选材及热处理，单独设置了第7章工程材料的合理选用内容，实用性很强。为培养学生理论联系实际、解决实际问题的能力，书中给出了必要的关于理论、工艺和材料的数据、资料和实例，而且主要是中国自己的。

本书由崔明铎担任主编并统稿，陈明九、于宽、林晓娟、唐炳涛、景财年担任副主编，参加本书编写并做出贡献的还有：田清波、李静、岳雪涛、徐丽娜、潘悦飞、井敏、张丰庆、崔浩新、米丰敏等。许斌、徐志远作为主审对全书进行了认真审阅并提出许多改进意见。

本书在编写中参考了有关教材和相关文献，并征求了有关领导与相关企业人士的意见，在此向上述人员一并表示谢意。

由于编者理论水平及教学经验所限，本书难免有谬误或欠妥之处，敬希读者和各校教师同仁提出批评建议，共同搞好本门课程教材建设工作，不胜企盼。

编　者

目　录

绪 论

材料是人类生产和生活的物质基础，历史证实，人们使用的材料品质直接反映当时社会的文明水平。

在几十万年前，人类学会了用火。其后，我们的先人学会并掌握了用火烧制陶器、瓷器的技术，并在9世纪开始逐步传至东非和阿拉伯世界、日本、欧洲等地，这对世界文明产生了很大的影响，瓷器已成为中国文化的象征。

青铜与红铜等铜合金的冶炼技术在5000年前我们的祖先便已率先掌握了，到商周时代我国的青铜冶炼技术已达到了很高的水平，如重达875kg的后母戊鼎，是迄今世界上最古老的大型青铜器。湖北江陵楚墓中出土的两把越王勾践的剑，至今仍是锋利无比，湖北隋县出土的战国编钟等都是我国古代文化艺术高度发达的见证。公元前8世纪至公元前5世纪的《考工记》中，记载着钟鼎、斧斤等六类青铜器的成分、性能和用途之间关系的“六齐”规律，是世界上最早的有关冶金的工艺总结。

春秋时期，我国开始大量使用铁器。兴隆战国铁器遗址中发掘出了浇注农具用的金属型，说明当时冶铸技术已由砂型铸造进入金属型铸造的高级阶段。在西汉后期，我国就发明了炼钢方法——炒钢法，这种方法在英国18世纪才获得应用。

作为高分子材料，古代主要用的是天然的丝绸、棉、麻之类。其中丝绸于11世纪由我国传到波斯、阿拉伯、埃及，于1470年传到意大利，进入欧洲。

在材料的生产和使用方面，直到17世纪，我国一直处于领先地位。由于长期的封建统治，劳动人民的生产经验得不到应有的重视，不能及时总结提高，再加上近百年来受到帝国主义的侵略及压迫，科学技术受到极大的抑制，我国的科学技术才日渐处于落后的状态。

进入21世纪，现代工业正朝着高速、自动、精密方向迅速发展，机械、国防、航空、化工、原子能、运输、建筑、轻工业等国民经济部门或人们的日常生活用品，都离不开工程材料的使用。

工程材料按经济部门可分为土建工程材料、机械工程材料、电工材料、电子材料等；按物质结构可分为金属材料、有机高分子材料、陶瓷材料等；按材料功用可分为结构材料、功能材料等。

金属材料在世界各国各生产部门应用极其广泛。例如，一台东风型内燃机车重127t，其中钢占95.5%，铸铁占2.0%，非铁金属及合金占2.5%；一辆载货汽车，其总重量的71%为钢，15%为铸铁，4%为橡胶，其余为各种有色金属、塑料、玻璃等；一般的机床，其自重的70%左右为铸铁，非合金钢占20%，其余为合金钢及少量的非铁金属及合金、塑料等；造一艘万吨轮船，所耗用的钢材就达万吨；建设1km的铁路，就需要钢轨百余吨。所以，一个国家金属材料的产量或耗用量就体现着国民经济的发展水平。现在我国的钢产量已从1949年的17万t增至2013年的7.52亿t。可以肯定地说，在今后相当长的时间内，在机械制造工业中应用最多的仍然是金属材料。

本课程主要以金属材料为主。金属材料品种繁多，工程上常用的金属材料有钢铁材料、非铁金属及合金、粉末冶金材料等。目前随着高分子合成材料以及无机材料的发展，其在机械、国防、航空、化工、原子能等工业方面的应用也占有重要的地位。

本门课程是一门偏重于叙述性的课程，考虑到低年级学生缺乏实际生产经验与感性认识，所以在讲授时辅之以课堂讨论（见第9章），并配有实验和作业。

在后继课程（工程材料成形基础、机械设计等）和生产实习、课程设计、毕业设计等教学环节中，还会遇到和用到材料方面的知识，希望通过这些教学过程进一步巩固对材料方面知识的掌握。

本课程是研究金属学基础知识、常用工程材料、热处理工艺等的一门综合性技术基础课。其主要任务是阐述常用工程材料的成分、组织结构、处理与材料性能以及材料应用之间的关系及其变化规律；改善和提高材料性能的各种热处理方法；工程中常用的非金属材料等方面的基础知识。本课程从选用材料的角度出发，主要介绍各种材料的力学性能等。材料的性能与其化学成分和内部组织结构密切相关，在化学成分一定的情况下，其内部组织又取决于不同的工艺方法。所以，本课程的目的是培养学生掌握有关工程材料的基本理论知识，了解和掌握工程材料的成分、结构、热处理和性能之间的基本规律，从而具有根据各种不同零件的使用要求，合理地选用材料的初步能力，为后继课程——生产实习、课程设计、毕业设计打下坚实的基础。因此，基本要求如下：

（1）基本理论方面　了解金属及合金的组织结构对金属材料性能的影响；了解再结晶的基本原理；了解强化金属材料的基本途径；具有分析和应用 $Fe\text{-}Fe_3C$ 相图和奥氏体等温转变图（C曲线）的初步能力，熟悉金属热处理原理的基本概念。

（2）热处理工艺方面　掌握热处理在机械零件加工工艺流程中的位置和作用。

（3）金属材料方面　熟悉常用金属的牌号、成分、组织、性能及用途。

（4）非金属材料方面　熟悉常用工程塑料的种类、结构特点、性能和应用；了解陶瓷、橡胶、复合材料等的特点及应用。

（5）工程技术方面　了解金属材料的力学性能和物理概念在工程技术上的意义。

（6）选材方面　要求掌握机械零件的失效类型和选材的基本原理与方法。

第1章　工程材料性能

教学基本要求

1. 熟练掌握拉伸试验及其获得的力学性能指标。
2. 能运用常见的强度、塑性指标作为选择材料的判据。
3. 熟练掌握常用硬度指标的应用场合。
4. 了解动载条件件的材料性能指标，如韧性、疲劳强度等的概念。
5. 了解其他物理、化学和各种工艺性能。

要正确地选择和使用工程材料，必须首先了解材料的性能。材料的性能主要包括使用性能和工艺性能。使用性能是指材料的力学性能、物理性能和化学性能。力学性能是选材的主要依据，同时兼顾物理性能和化学性能。工艺性能是指材料在加工过程中所反映出来的适应性能。

材料的力学性能是材料在承受各种载荷时的行为。按照状态载荷可分为静载荷与动载荷。其中静载荷是指试验时对试样缓慢加载。常用的拉伸试验和硬度试验属于静载荷。

1.1 静载时材料的力学性能

1.1.1 强度与塑性

GB/T 228.1—2010《金属材料　拉伸试验　第1部分：室温试验方法》规定了金属材料的强度和塑性拉伸试验方法的原理与要求。

拉伸试验过程为：准备试样（见图1-1），在拉伸试验机上加载，试样在载荷作用下发生弹性变形、塑性变形直至最后断裂。在拉伸中，试验机自动记录每一瞬间的载荷和延伸率之间的关系，并绘出拉伸曲线图（纵坐标为载荷，横坐标为延伸率）或应力-应变曲线图（见图1-2）。由计算机控制的具有数据采集系统的试验机可直接获得强度和塑性的试验

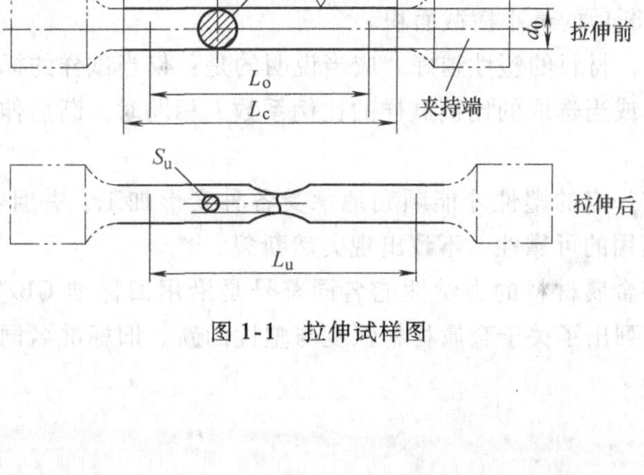

图1-1　拉伸试样图

数据。

图1-2所示为退火低碳钢单向静载拉伸应力－应变曲线。其中 $abcd$ 段为屈服变形阶段，dB 为均匀塑性变形阶段，B 为试样屈服后所能承受的最大受力（R_m）点，Bk 是缩颈阶段。曲线图可直接反映出材料的强度与塑性的性能高低。

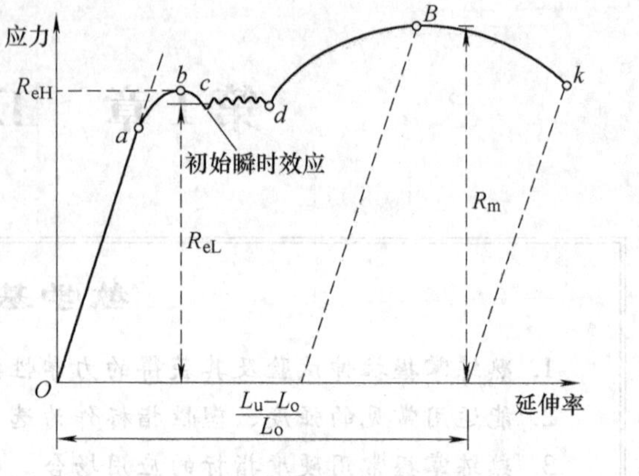

图1-2 退火低碳钢拉伸曲线图

1. 强度

强度是材料抵抗塑性变形和破坏的能力。

按外力的作用方式不同，可分为抗拉强度、抗压强度、抗弯强度和抗剪强度等。当承受拉力时，强度特性指标主要是屈服强度和抗拉强度。

（1）屈服强度　屈服强度是指当金属材料呈现屈服现象时，在试验期间达到塑性变形发生而力不增加的应力点。应区分上屈服强度和下屈服强度。

测定上屈服强度用的力是试验时在拉伸曲线图上读取的曲线首次下降前的最大应力。测定下屈服强度用的力是试样屈服时，不计初始瞬时效应时的最小应力（见图1-2）。

上屈服强度和下屈服强度都是用载荷（力）除以试样原始横截面积（S_o）得到的应力值表示，其符号分别为 R_{eH} 和 R_{eL}（见图1-2）。

有些金属材料的拉伸曲线上没有明显的屈服现象，如高碳钢和脆性材料等，可采用规定塑性延伸强度 R_p 表示，如常规定塑性延伸率为0.2%时对应的应力值作为规定塑性延伸强度，用符号 $R_{p0.2}$ 表示。

（2）抗拉强度　抗拉强度是指试样被拉断前的最大承载能力（F_m）除以试样原始横截面积（S_o）得到的应力值，用符号 R_m 表示（见图1-2）。

屈服强度、抗拉强度是在选定金属材料及机械零件强度设计时的重要依据。

2. 塑性

材料在外力作用下，产生塑性变形而不断裂的性能称为塑性。塑性大小常用断后伸长率（A）和断面收缩率（Z）表示，即

$$A=\frac{L_u-L_o}{L_o}\times 100\% \qquad Z=\frac{S_o-S_u}{S_o}\times 100\%$$

式中　L_u——试样拉断后的标距长度（见图1-1）；

S_u——试样拉断后的最小横截面积。

A 和 Z 的值越大，材料的塑性越好。应当说明的是：仅当试样的标距长度、横截面的形状和面积均相同时，或当选取的比例试样的比例系数 k 相同时，断后伸长率的数值才具有可比性。

金属材料应具有一定的塑性才能顺利地承受各种变形加工，并且有一定塑性的金属零件，可以提高零件使用的可靠性，不致出现突然断裂。

目前，还有许多金属材料的力学性能名词符号是沿用旧标准GB/T 228—1987标注的，为方便使用，表1-1列出了关于金属材料强度与塑性的新、旧标准名词和符号对照表。

表 1-1 金属材料强度与塑性的新、旧标准名词和符号对照表

新标准（GB/T 228.1—2010）		旧标准（GB/T 228—1987）	
性能名称	符号	性能名称	符号
断面收缩率	Z	断面收缩率	ψ
断后伸长率	A $A_{11.3}$	断后伸长率	δ_5 δ_{10}
屈服强度	—	屈服强度	σ_s
上屈服强度	R_{eH}	上屈服强度	σ_{sU}
下屈服强度	R_{eL}	下屈服强度	σ_{sL}
规定塑性延伸强度	R_p 例如 $R_{p0.2}$	规定非比例伸长应力	σ_p 例如 $\sigma_{p0.2}$
抗拉强度	R_m	抗拉强度	σ_b

1.1.2 弹性与刚度

在拉伸试验中，如果卸载后试样能即刻恢复原状，这种不产生永久变形的性能，称为弹性。在弹性变形范围内，施加的载荷与其所引起的变形量成正比关系，其比例常数称为弹性模量，用 E 表示。弹性模量 E 是衡量材料产生弹性变形难易的指标，E 越大，材料抵抗弹性变形的应力也越大。在工程中称之为刚度。刚度表达材料弹性变形抗力的大小。

材料的刚度主要取决于结合键和原子间的结合力，材料的成分和组织对它的影响不大。金属键的弹性模量适中，但由于各种金属原子结合力的不同，也会有很大的差别，例如铁（钢）的弹性模量为 210 GPa，是铝（铝合金）的 3 倍。聚合物材料则具有高弹性，但弹性模量较低，在较小的应力作用下就可以发生很大的弹性变形，除去外力后，形变可迅速消失。

1.1.3 硬度

硬度是金属表面抵抗其他硬物压入的能力，或者说是材料对局部塑性变形的抗力。测定硬度的方法很多，常用的有布氏硬度、洛氏硬度和维氏硬度测定法等。

1. 布氏硬度

按 GB/T 231.1—2009《金属材料　布氏硬度试验　第 1 部分：试验方法》的规定，测定布氏硬度的原理如图 1-3 所示，用直径为 D 的硬质合金球作压头，在规定载荷的作用下，压入被测金属表面，按规定的保持时间卸载后，用刻度放大镜测量被测金属表面上形成的压痕直径 d，用载荷与压痕球形表面积的比值作为布氏硬度值，用符号 HBW 表示。在实际应用中，布氏硬度不标注单位，也不计算，测出压痕平均直径 d 后，通过查布氏硬度表得出相应的 HBW 值。

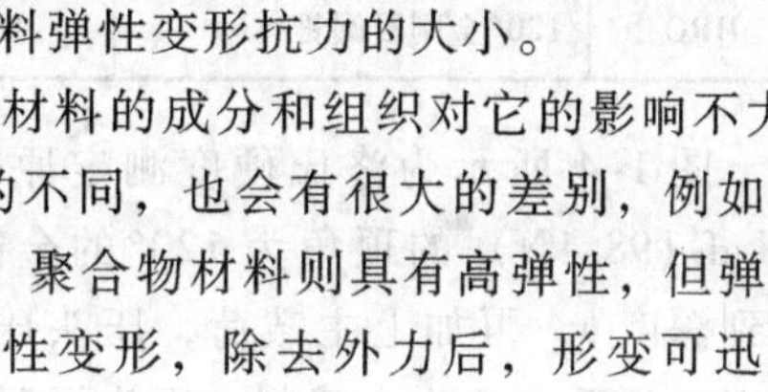

图 1-3 测定布氏硬度的原理

布氏硬度表示方法是硬度数值位于符号前面，符

号后面的数值依次是球体直径、载荷大小和载荷保持时间。例如，450HBW5/750/20 表示用直径 5mm 的硬质合金球，在 750kgf 载荷作用下保持 20s，测定的布氏硬度值为 450。

布氏硬度法测试值虽稳定、准确，但测量费时，且压痕较大，不宜测试薄件或成品件，常用于测量 HBW 值小于 650 的材料，如灰铸铁、非铁合金及退火、正火或调质钢等。

2. 洛氏硬度

洛氏硬度测定法是以一特定的压头加上一定的压力压入被测材料表面，根据压痕的深度来度量材料的软硬，压痕越深，硬度越低。为了能用同一硬度计测定从极软到极硬材料的硬度，可采用不同的压头和载荷，从而组成了多种不同的洛氏硬度标尺，国家标准规定了 A、B、C、D、E、F、G、H、K 等 15 种标尺。其中 A、B、C，三种标尺应用最广，记作 HRA、HRB、HRC，用于测定不同硬度的材料，其中 HRC 在生产中应用最多。表 1-2 列出了常用三种洛氏硬度标尺的压头、总载荷、硬度值的有效范围及应用举例。

表 1-2 常用三种洛氏硬度标尺的压头、总载荷、硬度值的有效范围及应用举例

硬度符号	压头类型	总载荷/kgf(N)	硬度值有效范围	应用举例
HRA	120°金刚石圆锥体	60(588.4)	20～85	硬质合金、陶瓷、表面淬火钢、渗碳钢等
HRB	ϕ1.588mm 钢球	100(980.7)	25～100	有色金属、退火钢、正火钢等
HRC	120°金刚石圆锥体	150(1471.1)	20～67	淬火钢、调质钢等

图 1-4 所示为洛氏硬度测定原理，用施加初载荷 10kgf (98.1N) 的顶角为 120°的金刚石圆锥压头，压入到深度 b，再加上主载荷，压头压入到深度 c，保持规定时间后，卸除主载荷，压头回弹至深度 d，根据残余压痕深度 bd，在刻度盘上直接读出洛氏硬度值。

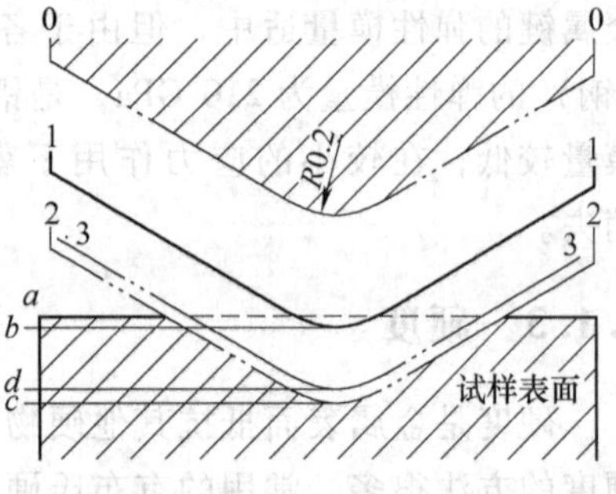

图 1-4 洛氏硬度测定原理

国家标准规定洛氏硬度的硬度值标在硬度符号前，如 50～55HRC，其数值越大，表示材料越硬。

洛氏硬度测定法操作迅速简便，压痕小，对工件表面损伤小，适宜大量生产中的成品件检验。由于试验的压痕小，易受金属表面不平或材料内部组织不均匀的影响，因此测量结果不如布氏硬度精确，一般需在被测表面的不同部位测量数点，取其算术平均值。

3. 维氏硬度

与布氏硬度测定原理基本相同，维氏硬度也是以单位压痕面积上的力作为硬度值计量。不同的是所用的压头为锥面夹角为 136°的金刚石正四棱锥体，如图 1-5 所示。测出试样表面压痕对角线长度的平均值 d，即可计算出压痕的面积 S，F/S 的数值即为维氏硬度值，用 HV 表示。

维氏硬度的标注方法与布氏硬度相同，硬度数值写在符号的前面，试验条件写在符号的后面。如：500HV100/20 表示在试验载荷 100kgf 下保持 20s 测定的维氏硬度值为 500。

由于维氏硬度用的载荷小，压痕浅，因而特别适宜测量软、硬金属及陶瓷等非金属材料，尤其是极薄的零件和渗碳层的硬度。当选用几克力或几十克力的载荷时，维氏硬度可用于测定显微组织的硬度。

此外，还有肖氏硬度，不仅可用于测试大型金属构件，也可用于测试高分子材料；莫氏硬度，用于矿物识别；锉刀硬度，用于确定被测物的硬度范围等。

由于硬度测试方便、迅速，又不必破坏工件，而且材料硬度与抗拉强度之间有一定的内在联系，强度越高，塑性变形抗力越大，硬度值也越高。所以在工程上常根据材料的硬度值用经验公式推算其抗拉强度，如：低碳钢 $R_m \approx 3.53$HBW；高碳钢 $R_m \approx 3.33$HBW；普通灰铸铁 $R_m \approx 0.98$HBW。但是，反之硬度高不一定强度高。

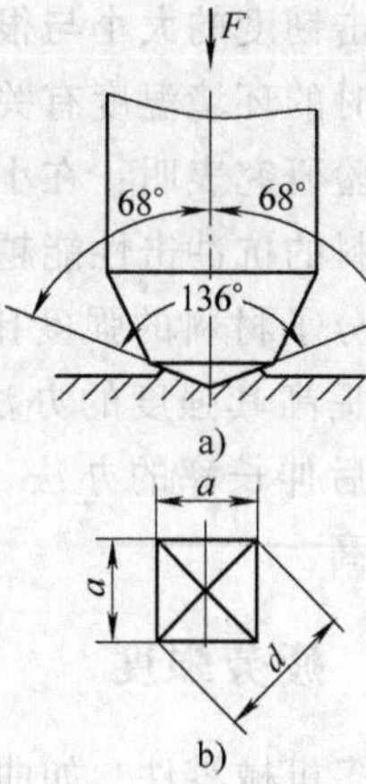

图 1-5　维氏硬度测定原理

1.2　动载时材料的力学性能

许多机械零件是在动载荷下工作的。由于冲击载荷的加载速度快，作用时间短，材料在承受冲击时应力分布与变形很不均匀，更容易使零件或工具受到破坏。所以，材料对动载荷的抗力则不能照搬前述性能指标来衡量。

1.2.1　冲击韧性

冲击韧性是指材料抵抗冲击载荷作用而不被破坏的能力，简称韧性。韧性的常用指标为冲击韧度，用符号 a_K 表示。

冲击韧度通常采用摆锤式冲击试验机测定，如图 1-6 所示。按 GB/T 229—2007《金属材料　夏比摆锤冲击试验方法》规定，将带 U 型（或 V 型）缺口的标准冲击试样放在试验机支架上，然后将质量为 m（kg）的摆锤举至高度 H_1(m) 自由下落，冲断试样后，摆锤升至高度 H_2(m)，并以试样缺口处单位截面积 $S(\mathrm{cm}^2)$ 上的冲击吸收能量表示其冲击韧度 a_{KU} $(\mathrm{J/cm}^2)$，即

$$a_{KU} = \frac{mgH_1 - mgH_2}{S}$$

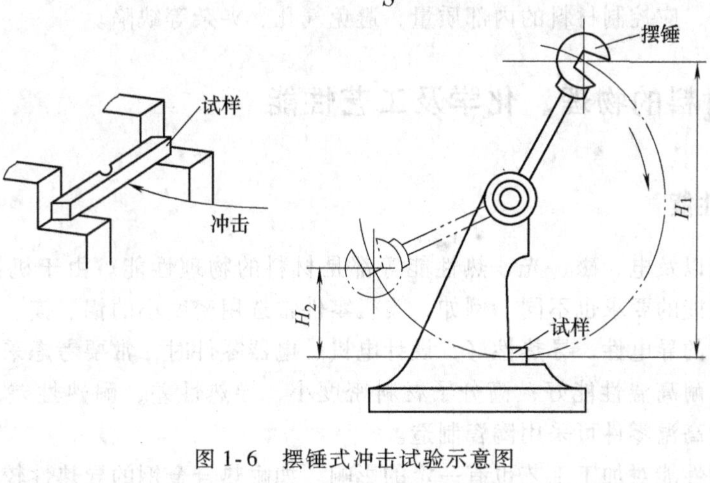

图 1-6　摆锤式冲击试验示意图

冲击韧度的大小与很多因素有关，不仅受试样形状、表面粗糙度、内部组织的影响，还与试验时的环境温度有关。

试验研究表明：在小能量多次冲击载荷作用下，材料的冲击韧度与强度有关，强度越高，材料的抗冲击性能越好。

高分子材料的强度比金属低，其冲击韧度值也比金属小得多。为提高其冲击韧度值，可采用提高其强度的办法，如不饱和聚酯树脂用玻璃纤维增强成为玻璃钢；也可采用提高其断后伸长率的办法，如用橡胶与塑料机械共混得到橡胶塑料，即能使冲击韧度值大幅度提高。

1.2.2 疲劳强度

许多机械零件，如曲轴、齿轮、连杆、弹簧等是在工作时承受交变动载荷（称为疲劳载荷）作用的。试验证实：承受疲劳载荷的零件发生断裂时，其应力往往大大低于该材料的下屈服强度，这种断裂称为疲劳断裂。

在给定应力条件下，使材料发生疲劳破坏所对应的应力循环周期数（或循环次数）称为疲劳寿命。应力与循环周期数的关系如图 1-7 所示。

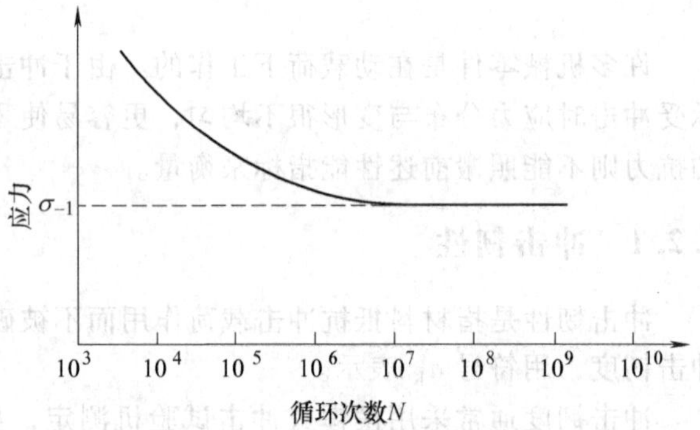

图 1-7 应力与循环周期数的关系

材料在 N 次对称循环疲劳载荷作用下不致引起断裂的最大应力，称为材料的疲劳极限或疲劳强度，用符号 σ_{-1} 表示。在工程中一般规定钢材 N 取 10^7 次，对于非铁合金和某些超高强度钢，则 N 常取 10^8 次。

金属材料的疲劳强度较高，纤维增强复合材料也有较高的抗疲劳性能，陶瓷、高分子材料的抗疲劳性能很低。循环应力特征、温度、材料成分和组织、夹杂物、表面状态及残余应力等都对材料的疲劳强度有较大的影响。为了提高金属零件的疲劳强度，除应改善其结构形状、减少应力集中外，还可采取表面强化的方法，如提高零件的表面质量、喷丸处理、表面热处理等。同时，应控制材料的内部质量，避免气孔、夹杂等缺陷。

1.3 工程材料的物理、化学及工艺性能

1.3.1 物理性能

密度、熔点以及电、磁、光、热性能等都是材料的物理性能。由于机器零件的用途不同，对其物理性能的要求也不同。例如，飞机零件常选用密度小的铝、镁、钛合金及复合材料来制造；金属的导电性、导热性好，设计电机、电器零件时，常要考虑采用金属材料；陶瓷是良绝缘体，耐高温性能好；高分子材料密度小，导热性差，耐热性差，通常也是绝缘体。绝缘体、耐高温零件可采用陶瓷制造。

材料的物理性能对加工工艺也有一定的影响。如耐热合金钢的导热性较差，锻造时应采

用较缓慢的加热速度升温，否则易产生裂纹；又如锡基轴承合金、铸铁和铸钢的熔点不同，所选的熔炼设备、铸型材料等均应有所不同。

1.3.2　化学性能

材料的化学性能主要是指在常温或高温时，抵抗各种介质侵蚀的能力，如耐酸性、耐碱性、抗氧化性等。

对于在腐蚀介质中或在高温下工作的构件，应选用化学稳定性高的材料，如化工设备、医疗器械等常采用高分子材料、不锈钢来制造，而内燃机排气阀和电站设备的一些零件则常选用耐热钢来制造，宇航工业上常采用高温合金、复合材料等。

1.3.3　工艺性能

材料的工艺性能是指材料适应某种加工的能力。按工艺方法不同，可分为液态成形工艺性、塑性成形工艺性、焊接性、热处理工艺性和可加工性等。

思考题

1. 以低碳钢拉伸应力-应变曲线为例，在曲线上指出材料的强度、塑性指标。

2. 哪些因素影响材料的强度？分析材料比强度（强度/密度）对结构设计有何实际意义。

3. 一个紧固螺栓使用后出现塑性变形（伸长），试分析材料有哪些性能指标没有达到要求。

4. 布氏硬度测定法和洛氏硬度测定法各有什么优缺点？库存钢材、铸铁轴承座毛坯、硬质合金刀头、台虎钳钳口各应采用哪种硬度测定法来检验其硬度？

5. 什么是疲劳强度？如何防止零件产生疲劳破坏？

6. 甲、乙、丙、丁四种材料的硬度分别为 45HRC、75HRA、70HRB、300HBW，试比较这四种材料硬度的高低。

7. 将钟表发条拉直是弹性变形还是塑性变形？怎样判断它的变形性质？

第 2 章　金属与合金的晶体结构和二元合金相图

教学基本要求

1. 弄清晶体的结构，熟悉典型金属的晶体结构特点及表示方法。
2. 掌握常见晶体缺陷特征及其几何特征对性能的影响。
3. 理解相结构的概念，熟记相的类型与主要性能特点。
4. 熟悉杠杆定律的适用条件，熟练应用杠杆定律计算室温下组织成分的质量分数。
5. 熟练地默画铁碳合金相图及其中的基本相的特性点、线、组织要素。
6. 能根据组织变化规律对铁碳合金在室温下力学性能的变化进行分析。

自然界中的化学元素分为金属和非金属两大类。按固体物质的原子聚集状态来分，又可分为晶体与非晶体。固态金属基本上都是晶体物质，如钢铁、铜、铝等。金属材料的性能既取决于材料的化学成分及其内部的组织结构，又取决于制备工艺和成形条件。因此，金属的成分、晶体结构、结晶过程及其组织特点是零件设计时合理选材及后续制造工艺的根本依据。

2.1　金属的晶体结构

2.1.1　晶体的概念

晶体是指其原子（原子团或离子）按一定的几何形状作有规律的重复排列的物体。图 2-1a 所示为最简单的晶体原子排列模型。

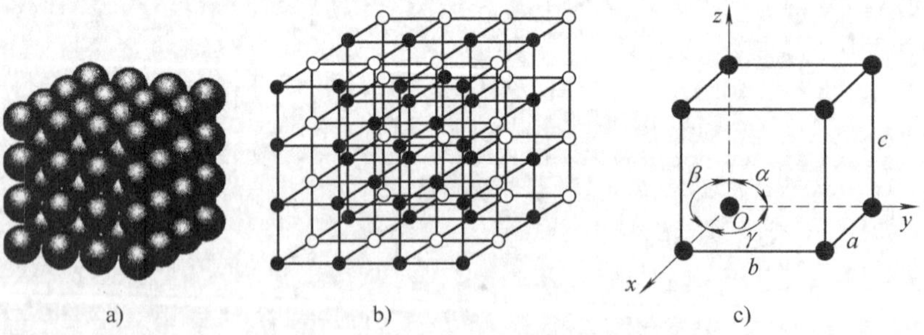

图 2-1　最简单的晶体原子排列模型

a）原子排列模型　b）晶格　c）晶胞

非晶体的原子是无规律、无秩序地堆聚在一块的。

金属的晶体结构指的是金属材料内部的原子（离子或分子）排列的规律。晶体里的原子（离子或分子）都在它的平衡位置上不停地振动着，为研究方便则假定它们是刚性的小球，因此各种晶体结构可以看成是这些小球按一定的几何方式紧密排列堆积而成的。

1. 基本概念

（1）晶格　为便于研究金属晶体内部原子排列的规律及几何形状，人为地将原子假想为一个几何结点，用直线连接起来，形成空间格子，定义为晶格，如图 2-1b 所示。

（2）晶胞　由于晶体中原子排列规律有周期性变化的特点，因此在研究晶体结构时，通常只从晶格中取一个能够完全反映晶格特征的、最小的几何单元，来分析晶体中原子排列的规律，这个最小的几何单元称为晶胞。图 2-1c 所示为一个简单立方晶格的晶胞示意图。实际上晶格就是晶胞在空间的重复排列堆积而成的。

（3）晶格参数　在晶体学中规定，用晶格参数来描述晶胞大小与形状的几何参数，如图 2-1c 所示。晶格参数有晶胞的三个棱边长度 a、b、c 和三个棱边夹角 α、β、γ。

2. 常见的金属晶格

在金属元素中，常见的金属晶格有：

（1）体心立方晶格　体心立方晶格的晶胞（见图 2-2）中，8 个原子处于立方体的顶角上，并为相邻 8 个晶胞所共有，中心的 1 个原子为该晶胞所独有，所以体心立方晶胞中的原子数为：$8\times1/8+1=2$；晶格参数：$a=b=c$，$\alpha=\beta=\gamma=90°$；致密度：晶胞中包含的原子数所占有的体积与该晶胞体积之比称为致密度。致密度越大，原子排列紧密程度越大。体心立方晶胞的致密度为 0.68（68%）。

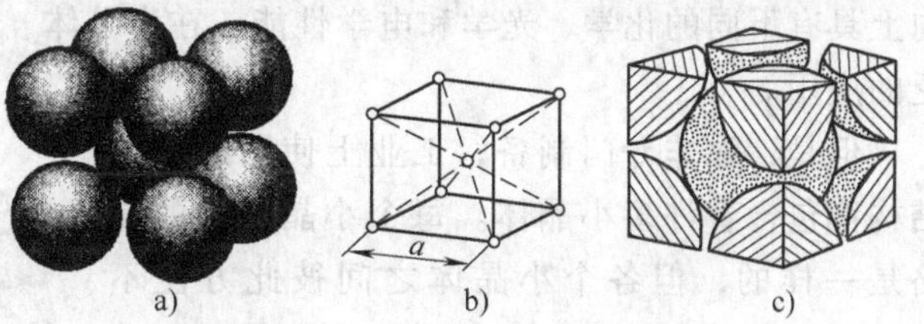

图 2-2　体心立方晶格的晶胞

a）刚球模型　b）晶格模型　c）晶胞原子数

属于体心立方晶格的金属有 α-Fe（<912℃）、Mo、W、V 及 δ-Fe。

（2）面心立方晶格　面心立方晶格的晶胞如图 2-3 所示。在晶胞的 8 个角上和 6 个面的中心都有 1 个原子与相邻晶胞共有。面心立方晶胞的晶格参数：$a=b=c$，$\alpha=\beta=\gamma=90°$；所包含的原子数为：$8\times1/8+6\times1/2=4$；致密度：0.74（74%）。具有这种晶格的金属有 Al、Cu、Ni、Au、Ag、γ-Fe（912～1394℃）等。

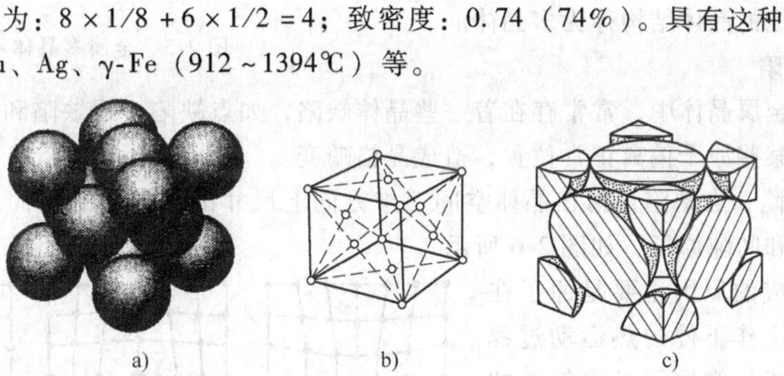

图 2-3　面心立方晶格的晶胞

a）刚球模型　b）晶格模型　c）晶胞原子数

（3）密排六方晶格　密排六方晶格的晶胞如图 2-4 所示，为一个六方柱体。柱体的上、下面 6 个角及中心各有 1 个原子，柱体中心还有 3 个原子。密排六方晶胞的晶格参数：用底面正六边形的边长 a 和两底面之间的距离 c 来表达，两相邻侧面之间的夹角为 120°，侧面与底面之间的夹角为 90°；所包含的原子数为：$6\times1/6\times2+2\times1/2+3=6$；致密度：0.74（74%）。具有这种晶格的金属有 Mg、Cd、Zn、Be 以及室温下的 α-Ti 等。

上述三种晶体中：原子排列紧密程度不同，体心立方晶格中原子排列要松些，面心立方晶格和密排六方晶格密实些。因此，当一种金属（如铁）从面心立方晶格（γ-Fe）向体心立方晶格（α-Fe）转变时，会伴随体积的膨胀，这就是金属在热处理时因相变而发生体积变化的原因。

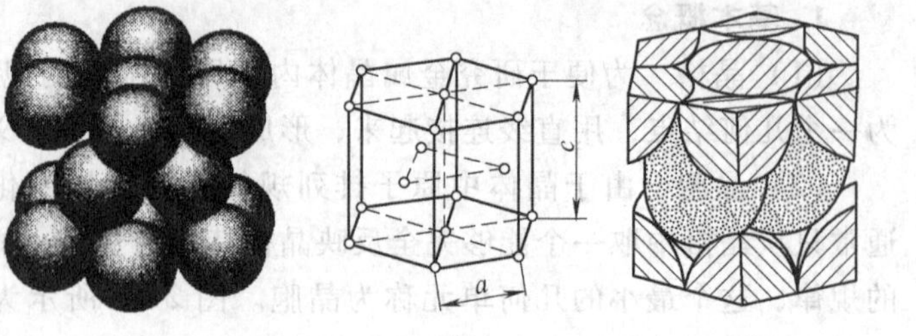

a)　b)　c)

图 2-4　密排六方晶格的晶胞

a）刚球模型　b）晶格模型　c）晶胞原子数

2.1.2　实际晶体结构

1. 单晶体和多晶体

晶格位向完全一致的晶体称为单晶体。单晶体具有各向异性的特征，即在晶体的各个晶向上具有不同的化学、光学和电学性能，在半导体、磁性材料和高温合金材料等方面得到广泛的应用。

但是，除非专门制备，工业上使用的金属结构都包含着许多小晶体。每个小晶粒内的晶格是一样的，但各个小晶体之间彼此方位不同。如图 2-5 所示，由于多晶体是由若干具有不规则外形的小晶体构成的，故称这些小晶体为晶粒；晶粒与晶粒之间不规则的界面称为晶界。由于晶界是相邻晶粒不同晶格方位的过渡区，所以在晶界上原子排列总是不规则的。这种由多晶粒组成的晶体结构称为多晶体。

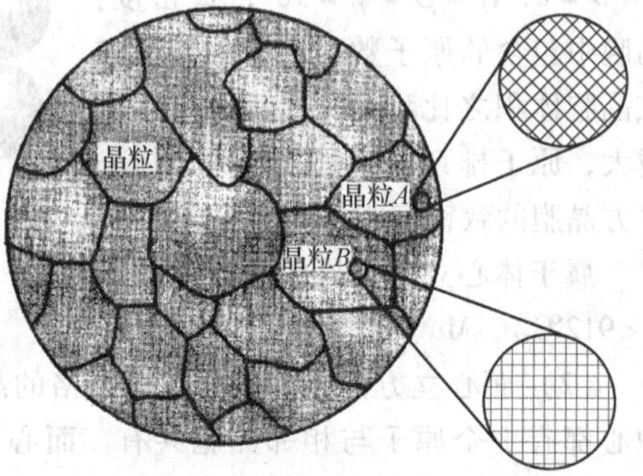

图 2-5　金属多晶体示意图

2. 晶体缺陷

在实际的金属晶体中，常常存在着一些晶体缺陷，如点缺陷、线缺陷和面缺陷等，它们使得晶体中的某些原子偏离正常位置，造成晶格畸变。

（1）点缺陷　点缺陷是指在晶体空间三维方向上尺寸都很小的缺陷，常见的有晶格空位、置换原子和间隙原子，如图 2-6 所示。

点缺陷形成的原因主要是原子在各自平衡位置上作不停的热运动过程中，个别原子或异类原子具有较高的能量时，摆脱晶格中相邻原子对其的束缚，脱离其平衡振动位置，跳到晶界处或晶格间隙处形成间隙原子，并在原来的位置上形成空位或跳到结点上形成置换原子。随着温度的升高，原子跳动加剧，点缺陷也增多。点缺陷的出现，可促使周围的原子发生靠拢或撑开的现象，造成金属晶格发生畸变，从而使金属的强度、硬度升高，电阻增大。

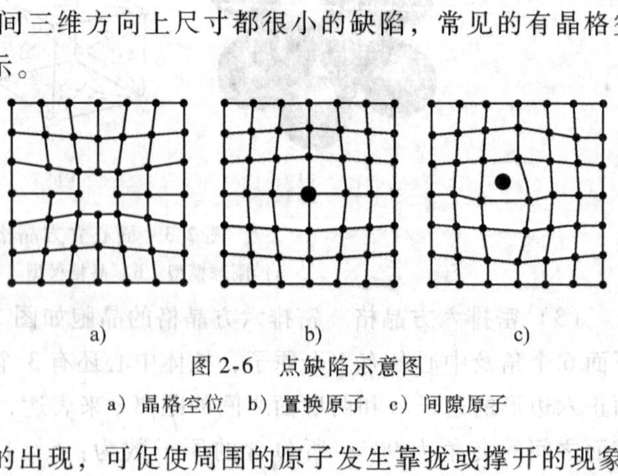

a)　b)　c)

图 2-6　点缺陷示意图

a）晶格空位　b）置换原子　c）间隙原子

（2）线缺陷　线缺陷是指晶体三维空间两维方向上尺寸很小，一维方向上尺寸较大且呈线状分布的缺陷。属于这一类缺陷的是位错，有刃型位错和螺型位错两种形式。图 2-7 所示为刃型位错，晶体中某个晶面的上下两部分的原子排列数目不等，好像沿着某一晶面多插入一列原子面，但又未插到底，就像刀刃一样将晶体上半部分切开，如同沿切口强行锲入半原子面，将刃口处的原子列称为刃型位错线。

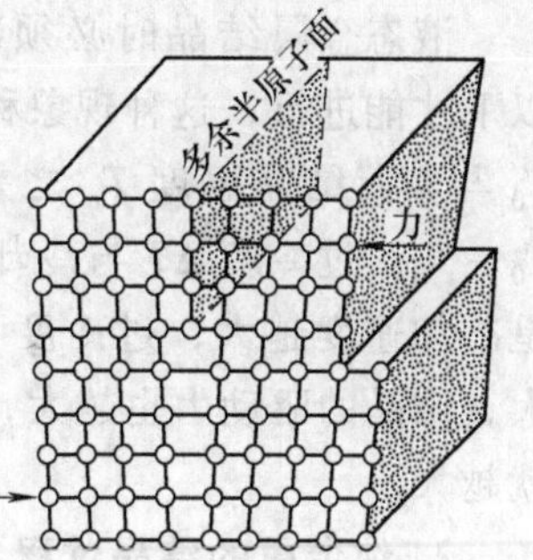

图 2-7　刃型位错示意图

实际金属中存在着大量位错，位错在外力作用下会产生运动、堆积和缠结，位错的存在使附近区域产生晶格畸变，导致金属抵抗外力的能力增强。如金属经过冷塑性变形后，使金属材料中位错缺陷大量增加，金属的强度大幅度提高，这种方法称为形变强化。

（3）面缺陷　面缺陷是指在三维空间一维方向上尺寸很小，另两维方向上尺寸较大的缺陷，如图 2-8 所示，通常指晶界和亚晶界两种。

1）晶界。晶界是较大范围的面缺陷，也称为大角度晶界。两个晶粒的位向差一般大于 10°～15°。位向不同的晶粒间的过渡区在空中呈网状，其宽度为 5～10 个原子间距。原子排列的特点是不规则的（见图 2-8a）。

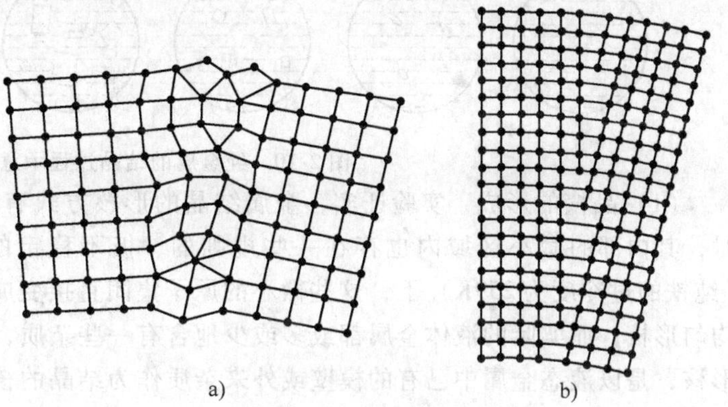

图 2-8　面缺陷示意图
a）晶界　b）亚晶界

2）亚晶界。亚晶界是在晶粒内小晶块之间相互倾斜而形成的小角度晶界，其结构可以看成是位错的规则排列（见图 2-8b），两个相邻亚晶粒间的边界即为亚晶界。亚晶界的原子排列也不规则，也产生晶格畸变。

晶界和亚晶界都能提高金属的强度及改善塑性和韧性，称为细晶强化。

2.2　金属的结晶与同素异构转变

2.2.1　纯金属的结晶

1. 纯金属的结晶条件

金属由液态转变为固态的过程称为凝固。其中凝固形成晶体的过程称为结晶。

金属结晶是液态金属原子规则排列的过程，在一般情况下人们无法看到。但当冷却时液态金属的温度随时间的延长而降低，结果形成了金属结晶时的冷却曲线，如图 2-9 所示。从冷却曲线可以看到，纯金属液体在理论结晶温度 T_0 时，不会结晶。由于结晶时释放出结晶潜热，而补偿了向外界散失的热量，使温度回升到略低于 T_0，从而使冷却曲线出现了“平台”。结晶完成后，由于不再有潜热放出，温度继续下降。

液态金属结晶时必须冷却到理论结晶温度 T_0 以下才能进行，这种现象称为过冷。理论结晶温度 T_0 与实际结晶温度 T_n 之差称为过冷度，即 $\Delta T = T_0 - T_n$。过冷度 ΔT 与冷却速度有关，一般的规律是冷却速度越大，过冷度 ΔT 越大；过冷度 ΔT 越大，结晶的驱动力也越大，液态金属结晶的倾向也就越大。

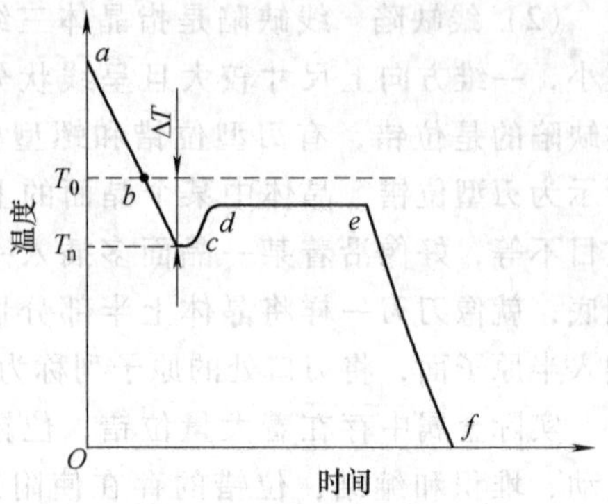

图 2-9　纯金属冷却曲线

2. 纯金属的结晶过程及其基本规律

纯金属的结晶过程可用图 2-10 来表示。液态金属结晶时，首先在液体中形成一些极微小的晶体，称为晶核，它不断吸收周围原子而长大。在这些晶核长大的同时，又出现新的晶核并逐渐长大，直至液体金属全部结晶完毕。

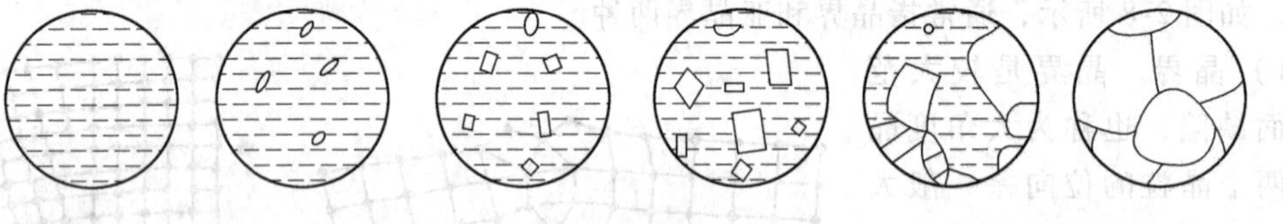
图 2-10　纯金属的结晶过程示意图

(1) 晶核的形成　实验证实，金属结晶的形核方式有两种：一种是液态金属非常纯净时，其内部的微小区域内也存在一些规则的、极不稳定的原子集团，在足够大的过冷度（纯铁的过冷度为259K）下，这些微小的原子集团直接变成结晶核心，人们称为自发形核或均匀形核；而实际的液体金属都或多或少地含有一些杂质，所以实际金属常常以另一种方式形核，是以液态金属中已有的模壁或外来杂质作为结晶的核心，称为非自发形核或不均匀形核。从热力学角度看，非自发形核要比自发形核容易得多。

(2) 晶核的长大　晶核形成后结晶是靠晶核长大进行的，它是液态金属的原子向晶核的聚集过程，当然是在过冷条件下实现的。根据研究和实验证明，金属的结晶是按照树枝方式长大的（见图 2-11），即由于热量散失和晶体周围过冷条件等种种因素的影响，晶核中任何一个凸起部分的生长速度都会领先于晶体的其他部分，而在晶体中形成晶轴。最先形成的晶轴称为一次晶轴，在它侧面形成的是二次晶轴。同理，二次轴上又会长出三次晶轴等。晶

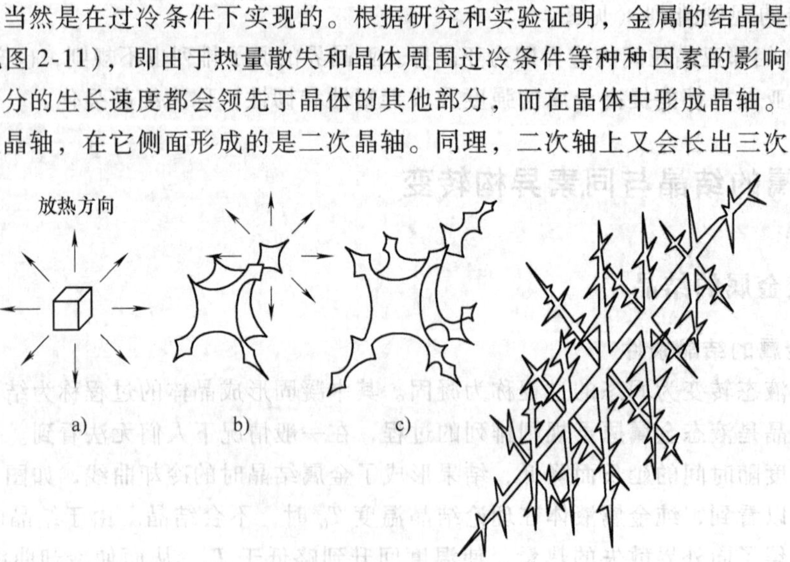

图 2-11　树枝状结晶示意图

体如此不断地生长，分支越来越多，就形成了树枝状晶体，简称枝晶。枝晶不断长大变粗，当碰到相邻枝晶且周围液态金属耗尽时，便停止生长，形成晶粒。结晶按枝晶生长，是由于晶核的棱角处有较好的散热条件，并且缺陷多，易于固定转移来的原子。如果在结晶过程中，有足够的液体金属填满各枝晶间的空隙，枝晶就不会显露出来。因此，往往是在金属的表面上能显示出枝晶的形貌。

综上所述，纯金属的结晶总是在恒温下进行的，结晶时有结晶潜热放出，结晶过程遵循形核和核长大规律，在有过冷度的条件下才能结晶。

2.2.2　晶粒大小及控制

1. 晶粒度的概念

晶粒度是晶粒大小的量度，常用单位体积中晶粒的数目 Z_V 或单位面积上晶粒的数目 Z_S 表示，也可以用晶粒的平均线长度（或直径）表示。影响晶粒度的主要因素是形核率 N 和长大速度 G。形核率越大，则结晶后相同体积内的晶粒就越多，越细小。如形核率不变，晶粒长大速度越小，则结晶所需的时间越长，生核越多，晶粒越细。

金属结晶后的晶粒越细小，金属的强度越高，同时塑性和韧性也越好。所以，细化晶粒通常是提高室温下金属材料力学性能的一个重要途径。

2. 晶粒大小的控制

控制晶粒度的方法主要有：

（1）增大过冷度　由于晶粒大小取决于形核率 N 与长大速度 G 的比值。如图 2-12 所示，当 ΔT 较小时，形核率 N 比长大速度 G 增长得慢，而当 ΔT 较大时，N 比 G 增长得快，并当 ΔT 增大到 T 时，N 与 G 均增大到一个最大值。曲线的后半部分以虚线表示，因为在现实生产技术中金属的结晶一般达不到如此高的过冷度，即使在高度过冷的情况下，凝固后的金属已不是晶体，而是非晶态金属。

因此，在一般液体金属的过冷范围内，过冷度 ΔT 越大，形核率 N 和长大速度 G 都增大，但前者的增大更快，因而比值 N/G 也增大，结果使晶粒细化。

（2）变质处理　变质处理是指有意向液体金属中加入某些与其结构相近的高熔点杂质，就可以依非自发形核的方式使晶粒细化。相应的处理称为变质处理。例如在铁液中加入硅铁、硅钙合金都能细化石墨。有些加入到液体金属中的高熔点杂质不是充当形核剂，而是使晶体长大速度减小。例如在 Al-Si 合金中加入钠盐，同样也可以达到细化晶粒的目的。

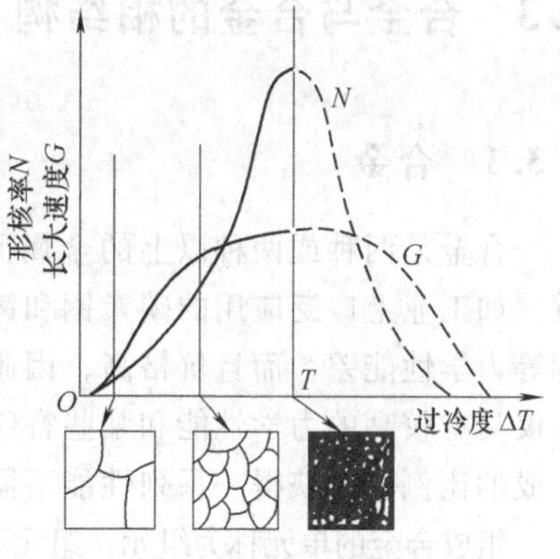

图 2-12　过冷度与形核率和长大速度的关系

（3）振动　结晶时采用机械振动、电磁振动和超声波振动等方法，使枝晶破碎，可以增加形核率，从而使晶粒变细。

2.2.3　金属的同素异构转变

大多数金属从液态结晶成为晶体后，在固态下只有一种晶体结构。但有些金属如铁、钛、钴、锡、锰等，在固态下，存在两种或两种以上的晶格形式。这类金属在冷却或加热过程中，其晶格形式会发生变化。金属在固态下随温度的改变，由一种晶格转变为另一种晶格的现象，称为同素异构转变，又称同素异晶转变。图2-13所示为纯铁在结晶时的冷却曲线。

纯铁在1538℃时由液态开始结晶，形成具有体心立方晶格的δ-Fe，温度继续降低到1394℃时发生同素异构转变，成为面心立方晶格的γ-Fe。γ-Fe再冷却到912℃时又发生一次同素异构转变，成为体心立方晶格的α-Fe。在912℃以下，纯铁的结构不再发生同素异构转变。以不同晶体结构存在的同一种金属的晶体称为该金属的同素异构体。纯铁就具有三种同素异构体，即δ-Fe、γ-Fe、α-Fe。其转变可用下式表示

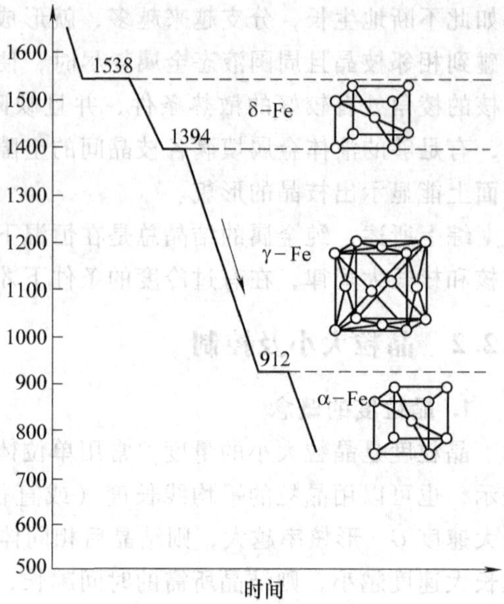

图 2-13　纯铁在结晶时的冷却曲线

$$\underset{\text{体心立方晶格}}{\delta\text{-Fe}} \overset{1394℃}{\rightleftharpoons} \underset{\text{面心立方晶格}}{\gamma\text{-Fe}} \overset{912℃}{\rightleftharpoons} \underset{\text{体心立方晶格}}{\alpha\text{-Fe}}$$

纯铁的同素异构转变是一种固态下的结晶转变过程，因晶格重组产生的体积变化，会在热处理时产生较大的内应力，导致金属变形或开裂，必须采取工艺措施予以防止。

2.3　合金与合金的相结构

2.3.1　合金

合金是两种或两种以上的金属元素或金属元素与非金属元素组成的具有金属特性的物质。如工业上广泛应用的碳素钢和铸铁主要是由铁和碳组成的合金。由于纯金属的强度、硬度等力学性能差，而且价格高，因此，目前工业生产中广泛使用的金属材料都是合金。合金不仅具有较高的力学性能和某些特殊的物理、化学性能，而且价格低廉。同时，通过调节其组成的比例，可获得一系列性能不同的合金，以满足不同的性能要求。

组成合金的单元称为组元，组元可以是元素或是稳定的化合物。由两个组元组成的合金称为二元合金，由三个组元组成的合金称为三元合金，由三个以上组元组成的合金称为多元合金。

2.3.2　合金的相结构

相是指合金中结构相同、成分和性能均一，并以界面相互分开的组成部分。合金结晶后可以是一种相，也可以若干种相组成多相合金。

用金相观察方法，在金属及合金内部看到的涉及晶体或晶粒的大小、方向、形状、排列

状态等组成关系的构造情况，称为组织。合金的性能取决于它的组织，而组织的性能又取决于其组成相的性质。

根据构成合金中合金相的原子排列方式的不同，合金的相结构可分为固溶体和金属化合物两大类型。

1. 固溶体

合金在固态时，组元间相互溶解，形成一种在某种组元晶格中包含其他组元的新相，称为固溶体。晶格与固溶体相同的组元称为固溶体的溶剂，其他组元称为溶质。根据溶质原子在溶剂晶格中占据的位置，可将固溶体分为置换固溶体和间隙固溶体。

（1）置换固溶体　溶质原子位于溶剂晶格中某些结点位置而形成的固溶体，称为置换固溶体，如图 2-14a 所示。

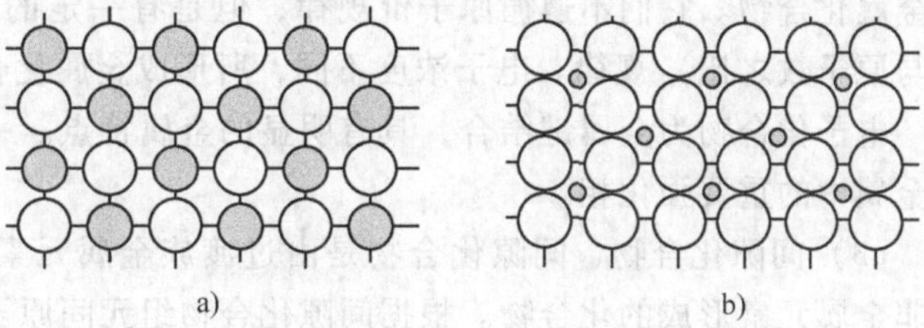

图 2-14　固溶体示意图

a）置换固溶体　b）间隙固溶体

形成置换固溶体的条件是溶质原子和溶剂原子直径之比在 0.85～1.15 范围内。符合这个条件的一般是金属元素和金属元素之间，晶格类型、原子直径差及它们在元素周期表中的位置是形成置换固溶体的重要因素。两者的晶格类型相同，原子直径差越小，在元素周期表中的位置越靠近，则溶解度越大，甚至能以任何比例溶解而形成无限固溶体。反之，若不能满足上述条件，则溶质在溶剂中的溶解度是有限的，这种固溶体称为有限固溶体。

（2）间隙固溶体　溶质原子分布于溶剂晶格间隙而形成的固溶体，称为间隙固溶体，如图 2-14b 所示。

间隙固溶体是由一些原子半径较小的非金属元素，如 H、O、C、B、N，溶入过渡族金属而形成的。研究表明，只有当溶质原子与溶剂原子的直径比值小于 0.59 时，间隙固溶体才有可能形成。此外，形成间隙固溶体还与溶剂金属的性质及溶剂晶格间隙的大小和形状有关。

（3）固溶体的性能　在固溶体中，由于溶质原子的溶入，导致晶格畸变，如图 2-15 所示。

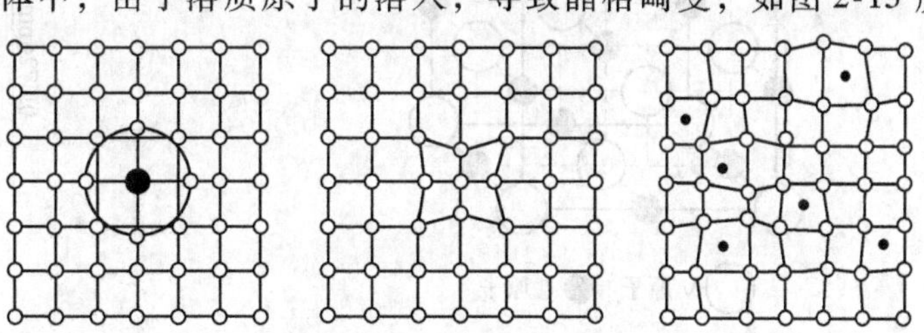

图 2-15　形成固溶体时的晶格畸变

溶质原子与溶剂原子的直径差越大，溶入的溶质原子越多，晶格畸变就越严重。晶格畸变使晶体变形的抗力增大，材料的强度、硬度显著提高的同时，还使其保持较好的塑性和韧性，这种现象称为固溶强化。例如镍固溶于铜中所组成的 Cu-Ni 合金，当其硬度由 38HBW 提高到 60～80HBW 时，伸长率 A 仍可保持在 50% 左右。这就说明，固溶体的强度和塑性、韧性之间有良好的配合。因此，实际使用的金属材料，大多数是单相固溶体合金或以固溶体为基体的多相合金。

2. 金属化合物

在合金中，当溶质含量超过固溶体的溶解度时，将析出新相。若新相的晶体结构不同于任一组元，则新相是组元间形成的化合物，称为金属化合物或金属间化合物，多数是金属与金属之间，或金属与非金属形成的化合物。化合物一般具有复杂的晶格，熔点高，硬而脆。当合金中出现化合物时，将使合金的强度、硬度提高，塑性、韧性降低。

常见的金属化合物有正常价化合物、电子化合物和间隙化合物。

(1) 正常价化合物　正常价化合物是指符合一般化合物的原子价规律的金属化合物。它们成分固定，并可用化学分子式表示，如 Mg_2Si、Mg_2Sn 等。由元素周期表中位置相距甚远、电化学性质相差很大的两种元素形成。

正常价化合物具有高的硬度和脆性，能弥散分布于固溶体基体中，可对金属起到强化作用。

(2) 电子化合物　电子化合物是由ⅠB族或过渡族元素与ⅡB、ⅢA、ⅣA族元素形成的金属化合物。它们不遵循原子价规律，但是有一定的电子浓度，并且服从其（价电子总数与原子数之比）规律。电子浓度不同，所形成金属化合物的晶体结构也不同。

电子化合物为金属键结合，具有明显的金属特点。一般熔点和硬度都高，脆性大，是非铁金属中的重要强化相。

(3) 间隙化合物　间隙化合物是由过渡族金属元素与硼、碳、氮、氢等原子直径较小的非金属元素形成的化合物。根据间隙化合物组元间原子半径之比和结构特征，又可分为间隙相和具有复杂结构的间隙化合物。

1) 间隙相。若非金属原子与金属原子半径之比小于 0.59，则形成具有简单晶体结构的间隙相，如 VC（见图 2-16）、TiC 等。

2) 间隙化合物。若非金属原子与金属原子半径之比大于 0.59，则形成具有复杂结构的间隙化合物。例如，钢铁中的 Fe_3C 就具有复杂的斜方晶格，如图 2-17 所示。其中铁原子可以部分被锰、铬、钼、钨等金属原子所置换，形成以间隙化合物为基的固溶体，如 $(FeCr)_3C$、Mn_3C、Fe_4W_2C、Cr_7C_3 等。

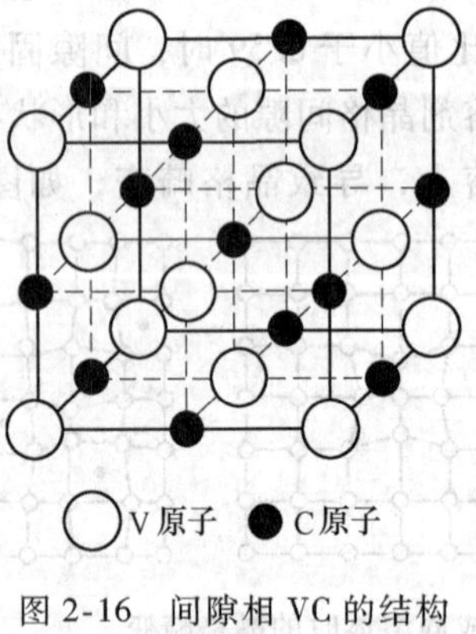

图 2-16　间隙相 VC 的结构

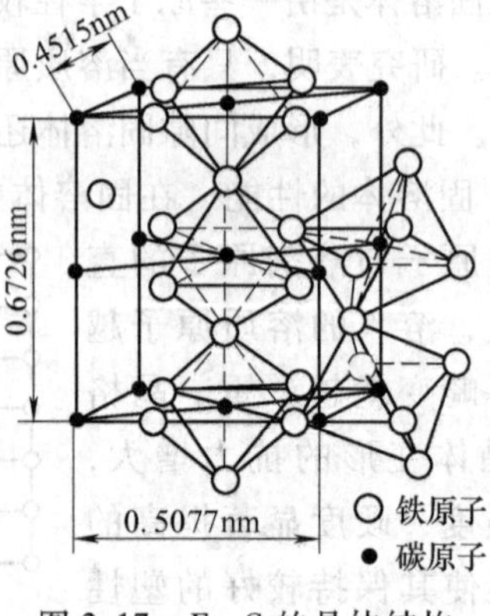

图 2-17　Fe_3C 的晶体结构

金属化合物一般都具有高的熔点和硬度，较大的脆性（硬而脆）。在金属材料中金属化合物是硬质合金、合金工具钢中的重要组成相。

2.4　二元合金相图

合金的成分和结构对合金的性能起着决定性的作用，但合金的性质也与固溶体和金属化合物的数量、大小、形状和分布有着很大的关系。因此有必要探求合金的成分、结构的形成、组织的特点及变化规律。合金相图就是研究这些规律的有效工具。

相图是表示合金的状态、温度及成分关系的图解。借助相图，可以确定任何一个给定成分的合金，在不同的温度和压力条件下由哪些相组成以及相的成分和相对含量。

2.4.1　匀晶相图

两组元在液态和固态均能无限互溶所形成的相图，称为匀晶相图。它是二元合金相图中最简单的一种，Cu-Ni 合金的相图（见图 2-18）便是典型代表。

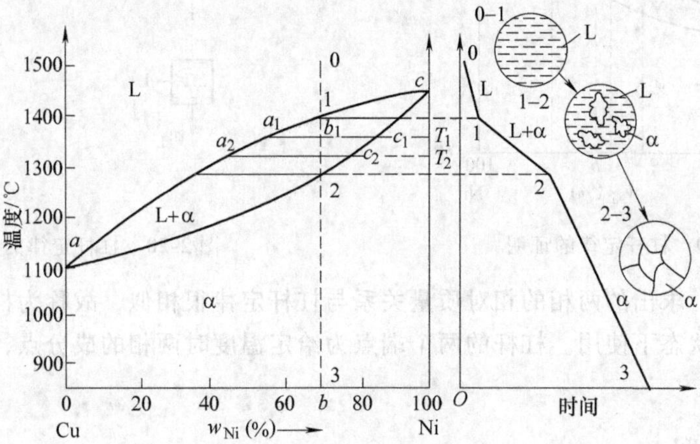

图 2-18　Cu-Ni 合金的相图与结晶过程示意图

液态、固态均能无限互溶形成单一的均匀固溶体合金的二元合金系统称为匀晶系。由液相结晶出单相固溶体的过程称为匀晶转变。匀晶转变可用下式表示，即 L→α。

匀晶结晶的特点如下：

1）固溶体结晶在一个温度区间内进行，即为一个温度阶段。

2）α 固溶体从液相中结晶出来的过程，同纯金属结晶相同，也存在形核与核长大的基本规律。

由于实际晶粒是趋于呈树枝状成长，因冷却速度快，原子扩散不均匀，造成晶粒内成分不均匀，即晶内偏析，也呈树枝状，因此称为枝晶偏析。枝晶偏析对材料的力学性能、耐蚀性能、工艺性能都不利。生产中可应用均匀化退火予以消除。

3）在两相区内，温度一定时，两相的成分（即 Ni 的质量分数）是确定的。确定相成分的方法是（见图 2-18）：过指定温度 T_1 作水平线，分别交液相线和固相线于 a_1 点和 c_1 点，则 a_1 点和 c_1 点在成分轴上的投影点即相应为 L 相和 α 相的成分。

随着温度的下降，液相成分沿液相线变化，固相成分沿固相线变化。温度到 T_2 时，L 相成分及 α 相成分分别为 a_2 点和 c_2 点在成分轴上的投影。

4）杠杆定律。在两相区内，某一温度下平衡的两相的相对质量比是一定的。如图 2-19 所示，在 T_1 温度时，两相的质量比可表达为

$$\frac{w_L}{w_\alpha}=\frac{bc}{ab}$$

式中　w_L——L 相的相对质量；

w_α——α 相的相对质量；

bc、ab——线段长度。

根据图 2-20 的线段关系，上式可改写成：

$$w_L ab = w_\alpha bc$$

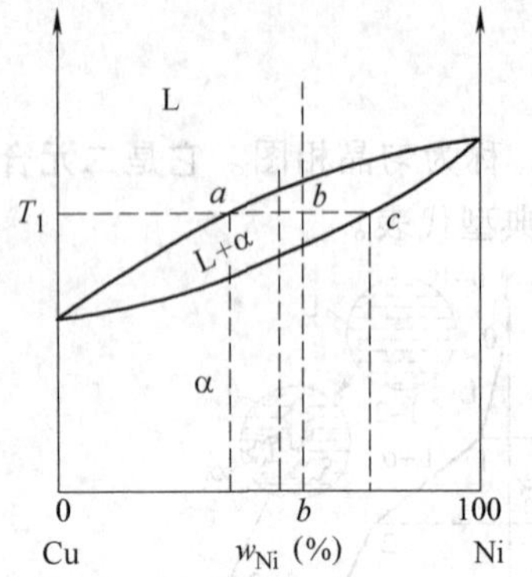

图 2-19　杠杆定律的证明

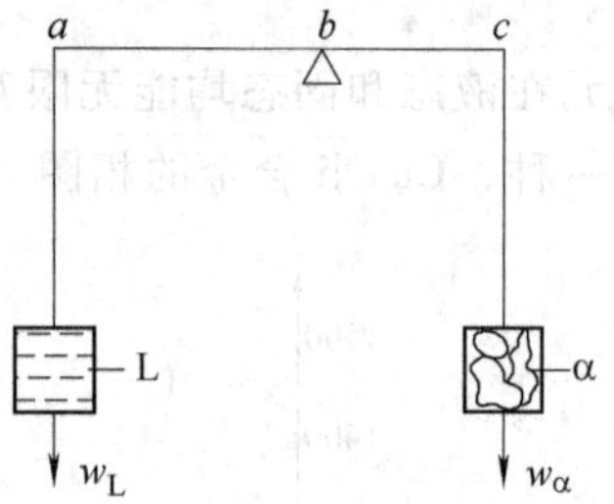

图 2-20　杠杆定律的力学比喻

由上式可见，求出的两相的相对质量关系与杠杆定律很相似，故称为杠杆定律。杠杆定律只适于在平衡状态下使用。杠杆的两个端点为给定温度时两相的成分点，而支点为合金的成分点。

2.4.2　共晶相图

两组元在液态时互溶，在结晶时发生共晶转变，形成共晶组织的相图，称为共晶相图。Pb-Sn、Pb-Sb、Cu-Ag 和 Al-Si 等合金系的相图均属于共晶相图，在许多合金相图中都包含共晶部分。

图 2-21 所示为常用的钎焊钎料 Pb-Sn 合金的相图。

共晶转变是指具有一定成分的液态合金，在一定温度时会同时结晶出两种成分不同的固相的转变，可表示为

$$L_E \xrightarrow{T_E} \alpha_C + \beta_D$$

共晶转变产物为两个相的机械混合物，称为共晶体。具有共晶转变的合金称为共晶合金。

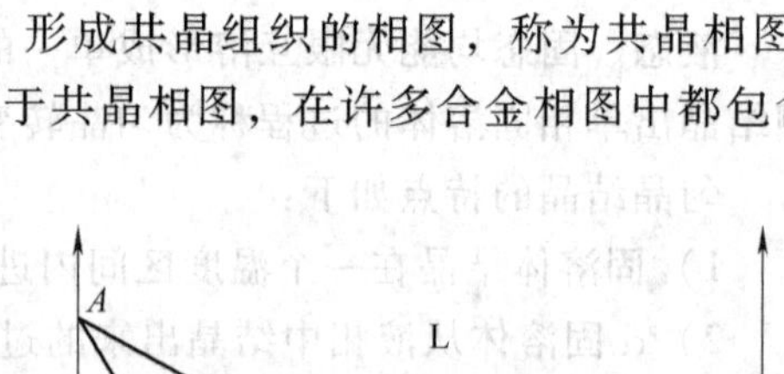

图 2-21　Pb-Sn 合金的相图

在由 A（Pb）和 B（Sn）两种组元组成的（见图 2-21）相图中，*AEB* 线是液相线，*ACEDB* 线是固相线。*A* 为 Pb 的熔点，*B* 为 Sn 的熔点，*CF*、*DG* 分别为 Sn 溶于 Pb 及 Pb 溶于 Sn 的溶解度曲线，又称为固溶线。合金系有三个相，即液相 L、固相 α 和 β，α 相是 Sn 溶于 Pb 的固溶体，β 相是 Pb 溶于 Sn 的固溶体。

随着温度下降，α 相中 Sn 和 β 相中 Pb 的含量将分别沿 *CF* 和 *DG* 减少，所以 *CF* 为 Sn 在 α 固溶体中的溶解度曲线，*DG* 为 Pb 在 β 固溶体中的溶解度曲线。α 相与 β 相的溶解度均随温度的降低而减小，从过饱和固溶体中析出另一相 $\beta_{Ⅱ}$ 或 $\alpha_{Ⅱ}$，发生脱溶转变。

相图中有三个单相区，即 L、α 及 β；有三个两相区，即 L+α、L+β 和 α+β；还有一个三相共存线，即 *CED* 线（可视为 L、α 和 β 三相共存区）。

在 *C* 点以左的合金，结晶终了时全部为 α 固溶体；在 *D* 点以右的合金，结晶终了时全部为 β 固溶体；成分在 *C* 与 *D* 之间的合金，当温度达到共晶线 *CED* 时，将发生共晶转变，$L_E \longrightarrow \alpha_C + \beta_D$。

成分为 *E* 的液态合金同时结晶出成分和结构都不相同的固相 α_C 及 β_D，这就是共晶转变。*E* 点为共晶点，*E* 点成分的合金称为共晶合金，*CE* 之间的合金为亚共晶合金，*ED* 之间的合金为过共晶合金。

2.4.3　包晶相图

两组元在液态下无限互溶，在固态下有限互溶，并发生包晶转变的相图，称为包晶相图。下面以 Pt-Ag 合金系为例，对包晶相图进行分析。

Pt-Ag 包晶相图（见图 2-22）中 *ADB* 是液相线，*ACEB* 为固相线，*CF* 及 *EG* 分别为 Ag 溶于 Pt 和 Pt 溶于 Ag 的溶解度曲线。

相图中有 L 液相和 α、β 固相三个单相区，以及三个两相区，即 L+α、L+β、α+β，还有一条三相平衡共存的水平线 *CED*。在 *CED* 水平线上发生包晶转变，即

$$L_D + \alpha_C \xrightarrow{T_E} \beta_E$$

即 *D* 点成分的液体和 *C* 点成分的 α 固溶体，在 *CED* 线相应的温度下相互作用，生成 *E* 点成分的 β 固溶体。β 相是在 L 相和 α 相包围下形成的。从 *C* 点至 *D* 点成分范围内的合金，在结晶过程中都会发生包晶转变。

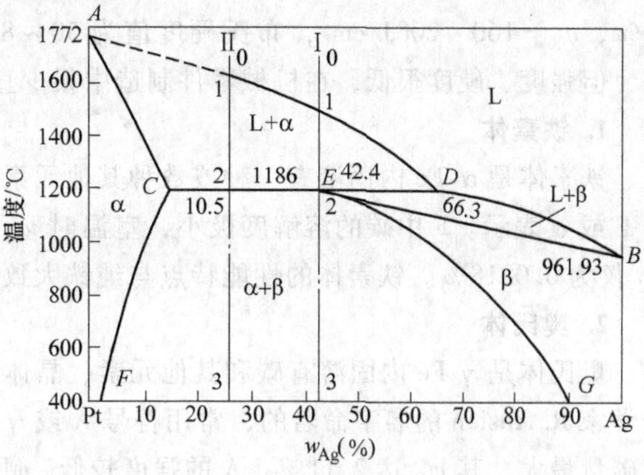

图 2-22　包晶相图

2.4.4　共析相图

从一个固相中同时析出成分和晶体结构完全不同的两种新固相的转变过程，称为共析转变。图 2-23 的下半部分为共析相图，其形状与共晶相图类似。*D* 点成分（共析成分）的合金从液相经过匀晶转变生成 γ 相后，继续冷却到 *D* 点温度（共析温度）时，在此恒温下发生共析反应，同时析出 *C* 点成分的 α 相和 *E* 点成分的 β 相，即

$$\gamma_D \xrightarrow{T_D} \alpha_C + \beta_E$$

$\alpha_C + \beta_E$ 称为共析体，*CDE* 为共析线。共析相图中各种成分合金的分析与共晶相图相似，由于共析反应是在固态下发生的，转变温度较低，原子扩散困难，因而易于达到较大的过冷度。所以共析产物比共晶产物要细密而均匀。

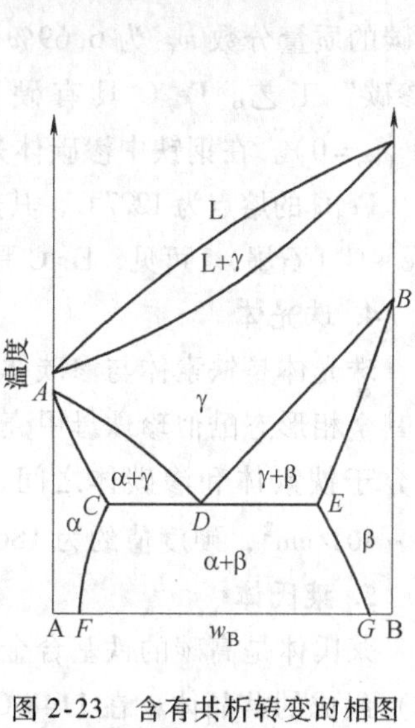

图 2-23　含有共析转变的相图

2.5 铁碳合金与铁碳合金相图

在现代工业中，使用最广泛的钢铁都属于铁碳合金的范畴。铁碳合金是以铁为主，加入少量的碳而形成的合金。由于铁有同素异构转变，它的晶体结构多，由此可以得到多种组织，故而铁碳合金性能的变化范围很宽，能满足生产上对多种性能的要求。为了熟悉和合理选用钢铁材料，必须从铁碳合金相图入手，研究其在各种温度下的成分、组织与性能之间的关系。

2.5.1 铁碳合金的基本组织与性能

在 Fe-C 相图的最左边是纯铁，其熔点或凝固点为 1538℃，相对密度为 7.87。铁具有同素异构转变特征。在铁碳合金中铁与碳两元素会形成固溶体与化合物。

纯铁在室温下的力学性能大致为：$R_m=180\sim230\text{MPa}$，$A_{11.3}=30\%\sim50\%$，$Z=70\%\sim80\%$，$a_K=160\sim200\text{J/cm}^2$，布氏硬度值为 50～80HBW。数据证实，纯铁的塑性和韧性很好，但强度、硬度很低，在机械零件制造中很少直接使用。

1. 铁素体

铁素体是 α-Fe 内固溶有一种或数种其他元素、晶体点阵为体心立方的固溶体，常用符号 F 或 α 表示。F 中碳的溶解度极小，室温时 w_C 为 0.0008%，在 727℃ 时溶碳量最大，但 w_C 仅为 0.0218%。铁素体的性能特点与纯铁大致相同：强度、硬度低，塑性好。

2. 奥氏体

奥氏体是 γ-Fe 内固溶有碳和其他元素、晶体结构为面心立方的固溶体。它是以英国冶金学家 R. Austen 的名字命名的，常用符号 A 或 γ 表示。A 中碳的溶解度较大，在 1148℃ 时溶碳量最大，其 w_C 达 2.11%，A 的强度较低，硬度不高，易于塑性变形，是绝大多数钢材在高温锻造或轧制时所要求的组织。

3. 渗碳体

渗碳体是晶体点阵为正交点阵、化学式近似于 Fe_3C（碳化三铁）的一种间隙化合物，其碳的质量分数 w_C 为 6.69%，常用符号 Fe_3C 或 C_m 来表示。“渗碳体”一名来自古代的“渗碳”工艺。Fe_3C 具有硬而脆的特性，其硬度值很高（约 800HBW），而塑性很差（$A_{11.3}=0$）。在钢铁中渗碳体是一种强化相。

Fe_3C 的熔点为 1227℃，其热力学稳定性不高，在一定条件下会分解为铁和石墨，即 $Fe_3C\rightarrow3Fe+G$（石墨）。可见，Fe_3C 是亚稳定相。这一点，在铸铁的石墨化退火中有重要意义。

4. 珠光体

珠光体是铁素体与渗碳体的两相（层片相间）机械混合物，常用符号 P 表示。珠光体以其金相形态酷似珍珠母甲壳光泽的外表面而得名。其碳的质量分数 w_C 为 0.77%。它的性能介于铁素体和渗碳体之间，大致性能数据为：$R_m=770\text{MPa}$，$A_{11.3}=20\%\sim30\%$，$a_K=30\sim40\text{J/cm}^2$，硬度值约为 180HBW。

5. 莱氏体

莱氏体是高碳的铁基合金在凝固过程中发生共晶转变所形成的奥氏体和碳化物（渗碳体）组成的共晶体，在 1148℃ 时用符号 Ld 表示，也称为高温莱氏体，碳的质量分数 w_C 为

4.3%，冷却到727℃时转变为变态（低温）莱氏体，称为 L′d。莱氏体是以德国冶金学家 A. Ledebur 的名字命名的。莱氏体的性能与渗碳体相似，硬而脆。

铁素体、奥氏体、珠光体、莱氏体的显微组织如图 2-24 所示。

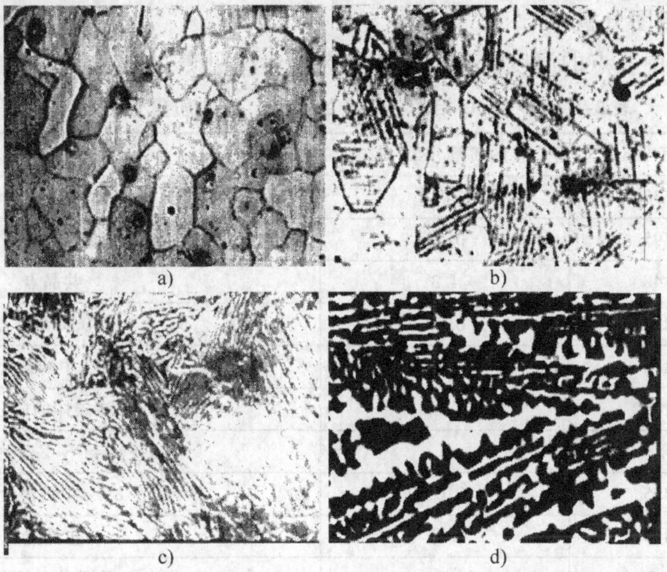

图 2-24　铁素体、奥氏体、珠光体、莱氏体的显微组织

a) 铁素体　b) 奥氏体　c) 珠光体　d) 莱氏体

2.5.2　铁碳合金相图

铁碳合金相图是指在极其缓慢加热或冷却的（实验）条件下，不同成分的铁碳合金，在不同的温度下所处状态的一种图形，如图 2-25 所示。

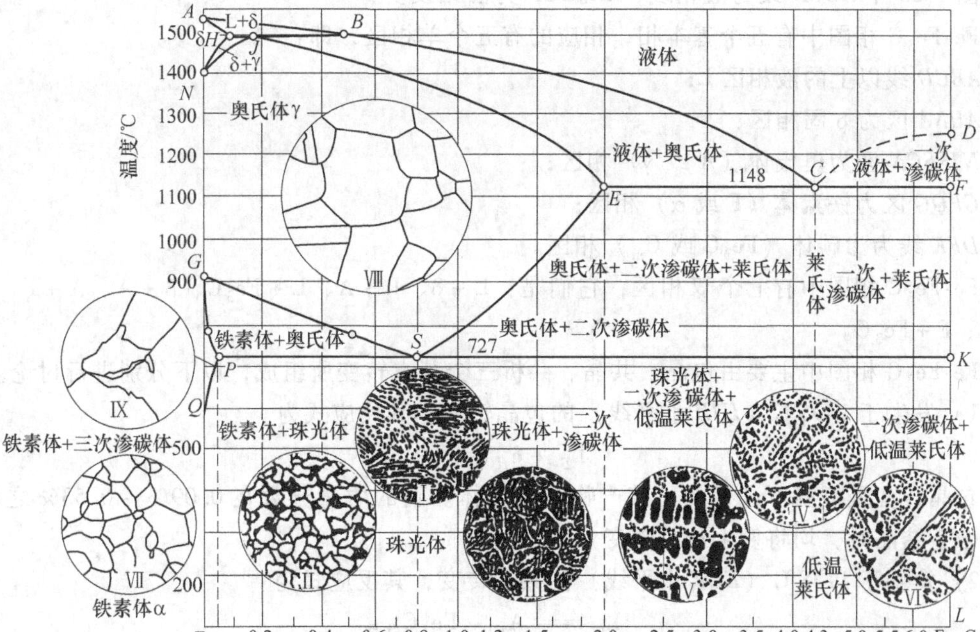

图 2-25　铁碳合金相图

由于 $w_C > 6.69\%$ 部分的铁碳合金脆性极大，所以没有实用意义。考虑到 Fe_3C 是一种稳定的渗碳体，将其视为独立的组元。因此，通常所研究的 Fe-C 相图实际是 Fe 与 Fe_3C 所组成的相图。

1. 铁碳合金相图分析

Fe-Fe_3C 相图中各点的温度、碳的质量分数及含义见表 2-1。

表 2-1 Fe-Fe_3C 相图中各点的温度、碳的质量分数及含义

符 号	温度/℃	碳的质量分数(%)	说 明
A	1538	0	纯铁的熔点
B	1495	0.53	包晶转变时液态合金成分
C	1148	4.3	共晶点
D	1227	6.69	渗碳体的熔点
E	1148	2.11	碳在 γ-Fe 中的最大溶解度
F	1148	6.69	渗碳体的成分
G	912	0	α-Fe ⇌ γ-Fe 转变温度
H	1495	0.09	碳在 δ-Fe 中的最大溶解度
J	1495	0.17	包晶点
K	727	6.69	渗碳体的成分
N	1394	0	γ-Fe ⇌ δ-Fe 的转变温度
P	727	0.0218	碳在 α-Fe 中的最大溶解度
S	727	0.77	共析点
Q	600	0.0057	600℃时碳在 α-Fe 中的溶解度

图 2-25 中 *ABCD* 线为液相线，*AHJECF* 为固相线。

Fe-Fe_3C 相图中有五个基本相，相应的有五个单相区，即：

ABCD 线以上的液相区 L；

AHNA 区为 δ 固相区；

NJESGN 区为奥氏体（A 或 γ）相区；

GPQG 区为铁素体（F 或 α）相区；

DFK 线为渗碳体（Fe_3C 或 C_m）相区。

Fe-Fe_3C 相图中有七个双相区，它们是：L + δ、L + A、L + Fe_3C、δ + A、A + F、A + Fe_3C、F + Fe_3C。

Fe-Fe_3C 相图中主要由包晶、共晶、共析三个基本转变所组成，以下分别进行讨论。

1）发生于 1495℃（*HJB* 水平线）的包晶转变，其反应式为

$$L_B + \delta_H \rightleftharpoons A_J$$

包晶转变是恒温下进行的，其产物是奥氏体。碳的质量分数在 0.09% ~0.53% 之间的铁碳合金结晶时，均将发生包晶转变。

2）发生于 1148℃（*ECF* 水平线）的共晶转变，其反应式为

$$L_C \rightleftharpoons A_E + Fe_3C_{共晶}$$

共晶转变的产物是奥氏体与渗碳体的机械混合物，称为莱氏体（Ld）。凡碳的质量分数

$w_C>2.11\%$ 的铁碳合金冷却至 1148℃时，均将发生共晶转变，从而形成莱氏体。

3）发生于 727℃（*PSK* 水平线）的共析转变，其反应式为

$$A_S \rightleftharpoons F_P + Fe_3C_{共析}$$

共析转变是恒温下进行的，其产物是铁素体与渗碳体的共析混合物，称为珠光体（P）。凡碳的质量分数 $w_C>0.0218\%$ 的铁碳合金冷却至 727℃时，均将发生共析转变。*PSK* 又称为 A_1 线

4）其余三条重要特征线

① *ES* 线，又称为 A_{cm} 线。*ES* 线是碳在 γ-Fe 中的溶解度线。从该线可以看出，γ-Fe 中的最大溶碳量在 1148℃时为 2.11%，而在 727℃时溶碳量仅为 0.77%。因此凡是碳的质量分数大于 0.77% 的铁碳合金从 1148℃冷却到 727℃时，就有渗碳体从奥氏体中析出，称为二次渗碳体（$Fe_3C_{Ⅱ}$）析出。而从液态直接析出的渗碳体称为一次渗碳体（$Fe_3C_{Ⅰ}$）。

② *GS* 线，又称为 A_3 线。铁碳合金在冷却过程中，由奥氏体析出铁素体的开始线，或者说是在加热时铁素体溶入奥氏体的终了线。

③ *PQ* 线。*PQ* 线是碳在 α-Fe 中的溶解度线。从该线可以看出，α-Fe 的最大溶碳量在 727℃时为 0.0218%，而在室温下仅为 0.0008%，几乎不溶碳。因此，凡是铁碳合金从 727℃冷却到室温时，均由铁素体中析出渗碳体，称为三次渗碳体（$Fe_3C_{Ⅲ}$）析出。因其数量很少，故一般不考虑。

应当指出，渗碳体的一次、二次、三次及共晶、共析渗碳体，没有本质上的区别，仅在其来源和分布方面有所不同，其碳的质量分数、晶体结构和本身的性能均相同。

对于铁碳合金相图还可以进一步划分“区域”，读者可以自行分析。

2. 典型铁碳合金的结晶过程

（1）铁碳合金的分类　根据 Fe-Fe_3C 相图，把铁碳合金分为三类、若干种。

1）$w_C<0.02\%$ 的铁碳合金为工业纯铁。

2）$0.02\%<w_C<0.77\%$ 的铁碳合金为亚共析钢。

3）$w_C=0.77\%$ 的铁碳合金为共析钢。

4）$0.77\%<w_C<2.11\%$ 的铁碳合金为过共析钢。

5）$2.11\%<w_C<4.3\%$ 的铁碳合金为亚共晶白口生铁。

6）$w_C=4.3\%$ 的铁碳合金为共晶白口生铁。

7）$4.3\%<w_C<6.69\%$ 的铁碳合金为过共晶白口生铁。

（2）典型铁碳合金的结晶过程

1）共析钢的结晶过程分析。在图2-26中合金Ⅰ为共析钢，它在 1 点以上为液相，温度缓慢降到 1 点时开始从液相中结晶出 A，降到 2 点时液相全部结晶为 A。2～3点之间 A 没有组织变化，继续缓慢冷却到 3 点，开始发生共析反应，A 转变为 P 至室

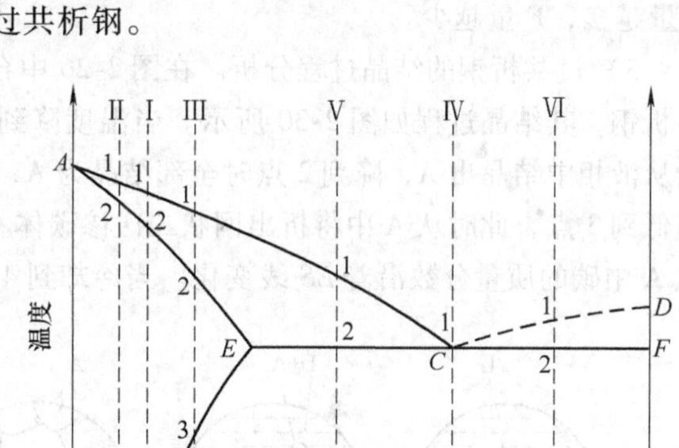

图 2-26　典型铁碳合金的结晶过程

温无组织变化。图 2-27 所示为共析钢结晶过程示意图。

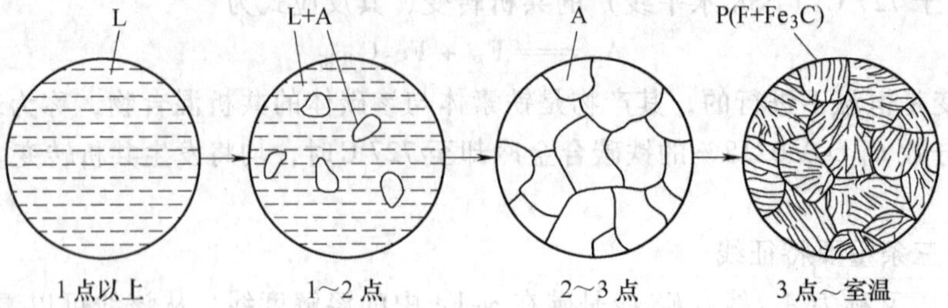

图 2-27 共析钢结晶过程示意图

2）亚共析钢的结晶过程分析。在图 2-26 中合金Ⅱ为 $w_C=0.45\%$ 的亚共析钢，其结晶过程如图 2-28 所示。当温度降到 1 点时开始从液相中结晶出 A，降到 2 点时全部结晶为 A，温度继续降低到 3 点，此时从 A 中析出 F，且 F 碳的质量分数沿 *GP* 线变化，A 中碳的质量分数沿 *GS* 线变化。当冷却到 4 点时，剩余 A 为 *S* 点成分（$w_C=0.77\%$），会发生共析反应，转变为 P，4 点至室温组织不再发生变化。

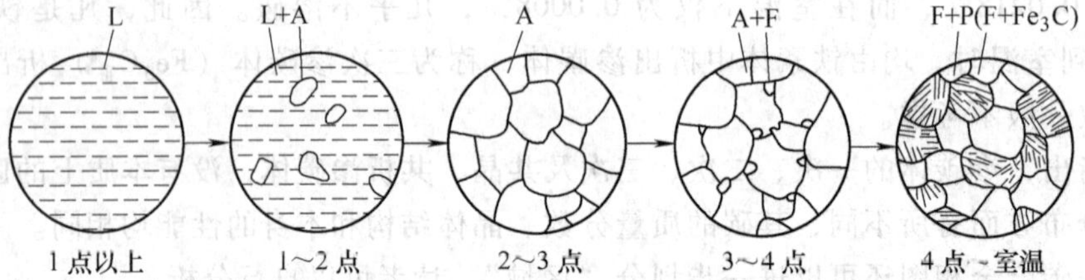

图 2-28 亚共析钢结晶过程示意图

此时先析出的 F 不变，所以合金Ⅱ冷却到室温，最终组织为 F 和 P。图 2-29 所示为 45 钢室温下的显微组织。所有亚共析钢的最终组织都是 F 和 P，只是 F 和 P 的相对量随着碳的质量分数的多少而变化。碳的质量分数越高，P 量越多，F 量越少。

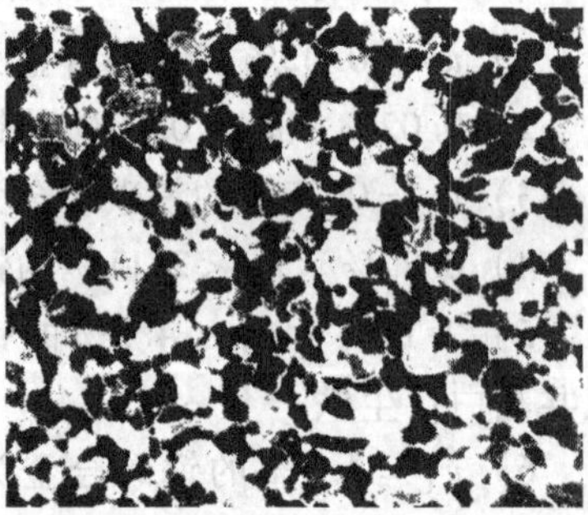

图 2-29 45 钢室温下的显微组织

3）过共析钢的结晶过程分析。在图 2-26 中合金Ⅲ为过共析钢，其结晶过程如图 2-30 所示。当温度降到 1 点时开始从液相中结晶出 A，降到 2 点时全部结晶为 A，温度继续降低到 3 点，此时从 A 中将析出网状二次渗碳体（Fe_3C_{II}），且 A 中碳的质量分数沿着 *ES* 线变化。当冷却到 4 点时，剩

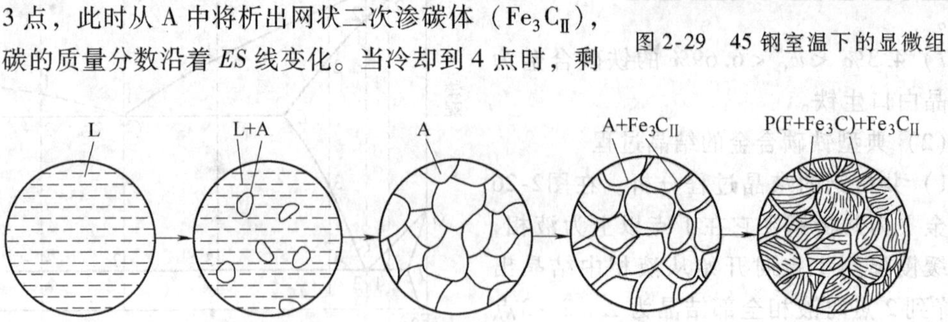

图 2-30 过共析钢结晶过程示意图

余 A 为 *S* 点成分，将发生共析反应，转变为 P，2 点至室温无组织变化。

所以合金Ⅲ冷却到室温的最终组织为 Fe_3C_{II} 和 P。图 2-31 所示为 T12 钢室温下的显微组织，此时二次渗碳体以网状分布。显然，过共析钢中碳的质量分数越高，Fe_3C_{II} 量越多，珠光体量越少。

4）共晶白口生铁的结晶过程分析。在图 2-26 中合金Ⅳ为共晶白口生铁，其结晶过程如图 2-32 所示。当温度在 1 点以上时铁碳合金为液相，温度降到 1 点时开始发生共晶反应，形成 Ld，继续冷却，由于 Ld 中 A 的碳的质量分数沿 *ES* 线减少，将不断析出 Fe_3C_{II}。当温度缓慢冷却到 2 点时，剩余 A 为 *S* 点成分，将发生共析反应，转变为 P。所以，合金Ⅳ冷却到室温的最终组织为变态莱氏体（L′d），如图 2-33 所示。

图 2-31　T12 钢室温下的显微组织

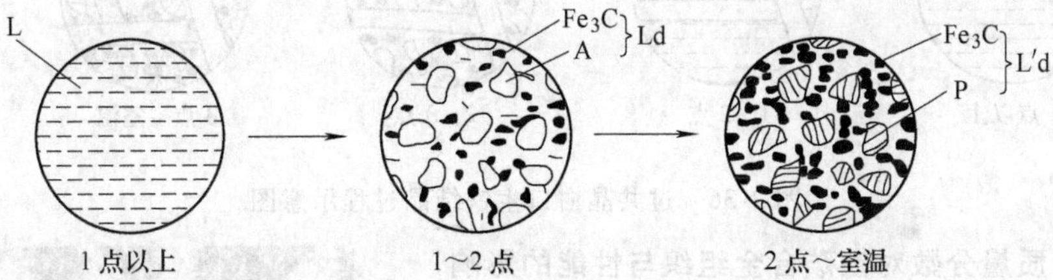

图 2-32　共晶白口生铁结晶过程示意图

5）亚共晶白口生铁的结晶过程分析。在图 2-26 中合金Ⅴ为亚共晶白口生铁，其结晶过程如图 2-34 所示。当温度降到 1 点时开始结晶出 A，从 1 点冷却到 2 点的过程中，A 不断增多，成分沿 *AE* 线变化；液体量减少，成分沿 *AC* 线变化。当冷却到 2 点（1148℃）时，组织为共晶成分的液相（$w_C=4.3\%$）和部分 A（$w_C=2.11\%$）。结晶出的那部分 A，在 2～3 点的冷却过程中，其碳的质量分数沿 *ES* 线减少，将不断析出二次渗碳体（Fe_3C_{II}），然后在 *S* 点将发生共析反应，转变为 P。剩下的液相转变过程与共晶白口生铁的转变过程相同。所以合金Ⅴ冷却到室温的最终组织为珠光体加二次渗碳体加变态莱氏体（$P+Fe_3C_{II}+$

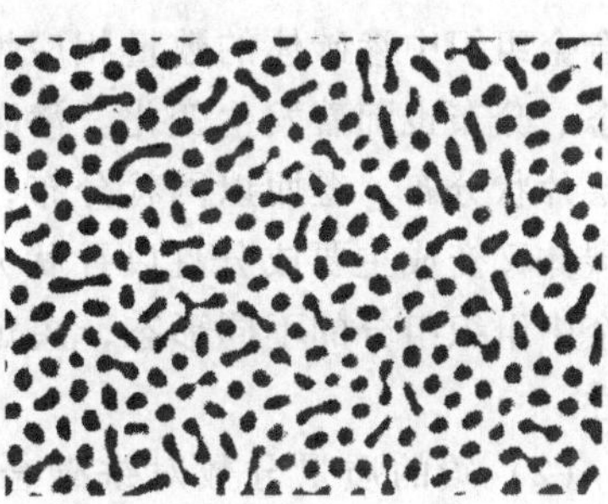

图 2-33　共晶白口生铁的显微组织

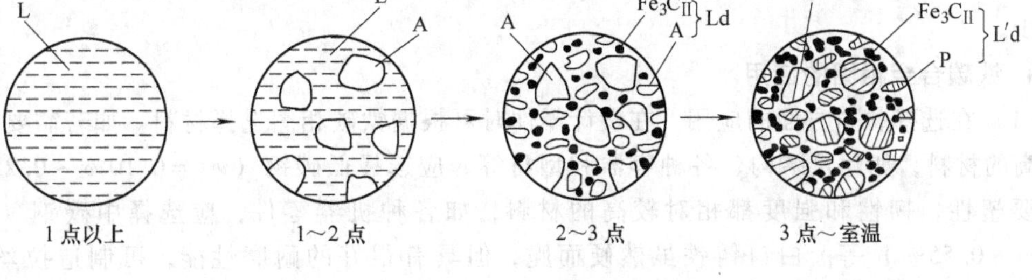

图 2-34　亚共晶白口生铁结晶过程示意图

L′d)，其显微组织如图2-35所示。

6）过共晶白口生铁的结晶过程分析。在图2-26中合金Ⅵ为过共晶白口生铁，其结晶过程如图2-36所示。当温度降到1点时开始结晶出一次渗碳体（Fe_3C_I），冷却到2点时组织为液相和一次渗碳体。一次渗碳体的成分和结构不变化，而液相转变过程与共晶白口铸铁的转变过程相同。所以合金Ⅵ冷却到室温的最终组织为一次渗碳体和变态莱氏体（Fe_3C_I + L′d），如图2-37所示。

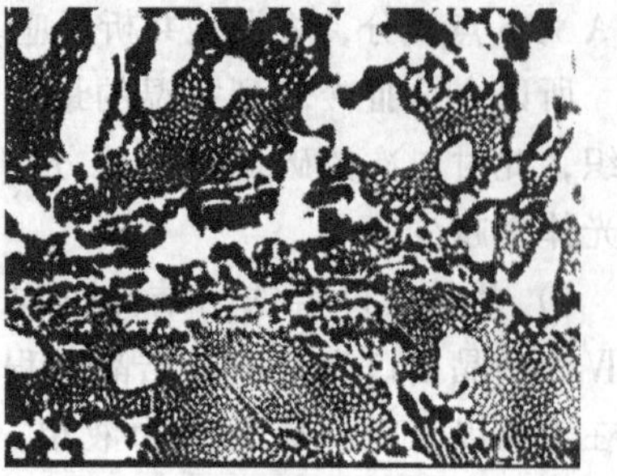

图2-35 亚共晶白口生铁的显微组织

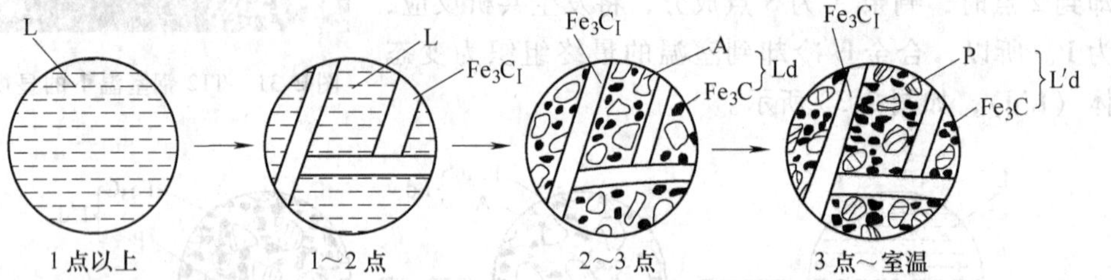

图2-36 过共晶白口生铁结晶过程示意图

3. 碳的质量分数对铁碳合金组织与性能的影响

（1）碳的质量分数对铁碳合金组织的影响　由铁碳合金相图可知，随着碳的质量分数的增加，不仅铁碳合金组织中渗碳体的数量相应增加，而且渗碳体的形态、分布也随着发生变化。渗碳体开始在珠光体中以层片状分布，继而以网状分布，最后形成莱氏体时渗碳体又变成主要成分且以针状分布。这表明，铁碳合金中组织组分的不同形态，决定了其性能变化的复杂性。

图2-37 过共晶白口生铁的显微组织

（2）碳的质量分数对铁碳合金性能的影响　图2-38表示了碳的质量分数对铁碳合金性能的影响。根据测试，当钢中碳的质量分数小于0.9%时，随着钢中碳质量分数的增加，钢的强度和硬度不断上升，而塑性与韧性不断下降。当钢中碳的质量分数大于0.9%时，由于网状渗碳体的存在，不仅钢的塑性与韧性进一步下降，而且强度也明显下降。为保证常用的钢具有一定的塑性与韧性，钢中碳的质量分数一般不超过1.3%。碳的质量分数超过2.11%的白口铸铁，其性能硬而脆，难以切削，工业上应用很少。

4. 铁碳合金相图的应用

（1）在选择材料方面的应用　在设计零件时可根据铁碳相图选择材料。如若需要塑性、韧性高的材料，如建筑结构、各种容器和型材等，应选择低碳钢（w_C = 0.10% ~0.25%）；若需要塑性、韧性和强度都相对较高的材料，如各种机器零件，应选择中碳钢（w_C = 0.30% ~0.55%）等。白口铸铁虽然硬而脆，但具有很好的耐磨性能，可制造拉丝模等工件。

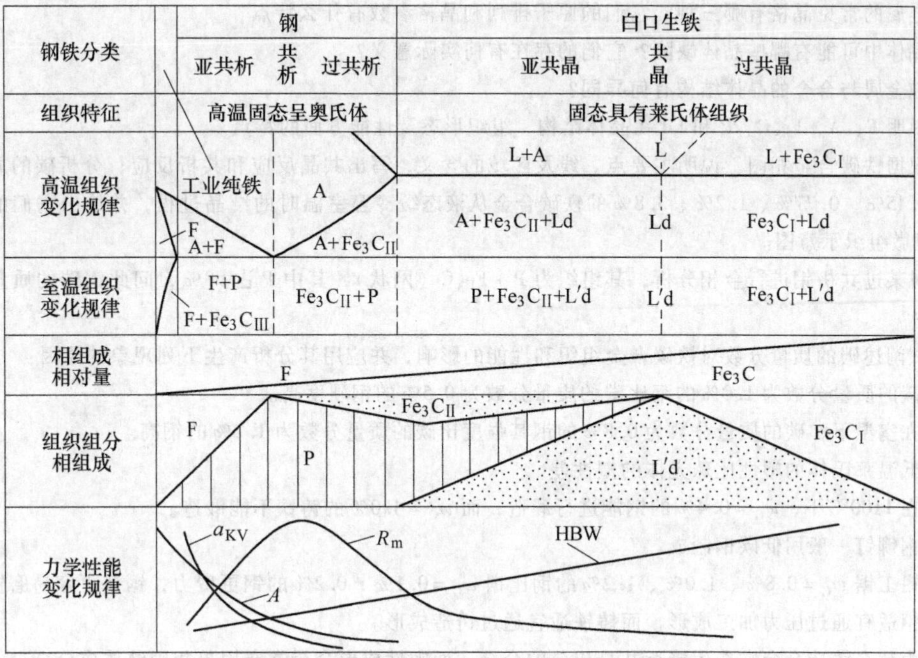

图2-38　碳的质量分数对铁碳合金性能的影响

(2) 在铸造工艺方面的应用　根据合金在铸造时对流动性的要求，可通过铁碳合金相图确定钢铁合适的浇注温度，一般在液相线以上50~100℃。共晶成分的铸铁，无凝固温度区间，且液相线温度最低，流动性好，分散缩孔少，铸造性能良好，因此在生产中得到了广泛的应用。

在铸钢生产中常选用碳的质量分数不高的中、低碳钢，其凝固温度区间较小，但液相线温度较高，过热度较小，流动性差，铸造性能不好。因此铸钢件在铸造后必须经过热处理，以消除组织缺陷。

(3) 在锻造工艺方面的应用　在塑性变形中，处于A状态的钢，其强度低，塑性好，可锻性好。因此，都要把钢加热到高温单相A区进行塑性变形。但始锻温度不宜太高，以免钢材氧化严重；终锻温度不能过低，以免钢材塑性变差产生裂纹。可根据图2-39选择合适的塑性变形温度。

(4) 在热处理工艺方面的应用　铁碳合金相图对于热处理工艺有着很重要的意义，是确定钢的各种热处理（退火、正火、淬火等）加热温度的根据。

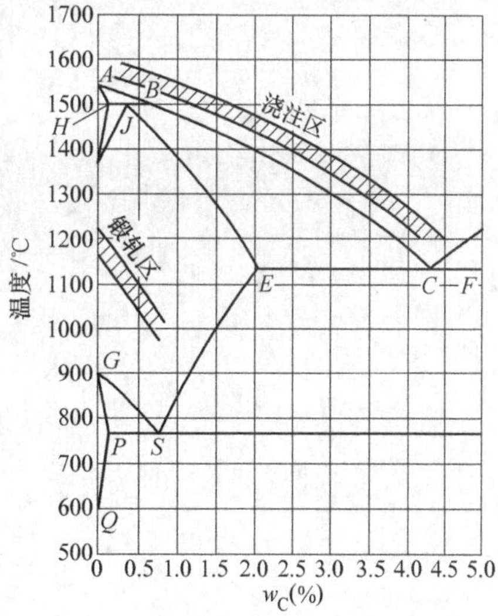

图2-39　Fe-Fe$_3$C相图与铸锻工艺关系

思　考　题

1. 解释下列名词：晶格、晶胞、晶粒、刃型位错、晶界、合金、组元、相、显微组织、固溶体、金属化合物、固溶强化。

2. 金属的常见晶格有哪三种？它们的原子排列和晶格参数有什么特点？

3. 晶体中可能有哪些晶体缺陷？它们的存在有何实际意义？

4. 纯金属与合金的晶体结构有何异同？

5. 说明 F、A、Fe_3C、P 和 Ld 在晶体结构、组织形态及性能方面的特点。

6. 根据铁碳合金相图，说明主要点、线及区域的含义，写出共晶反应和共析反应；分析碳的质量分数分别为 0.45%、0.77%、1.2%、3.8% 的铁碳合金从液态缓冷至室温时的结晶过程，并绘出它们的室温平衡状态显微组织示意图。

7. 对某过共析钢进行金相分析，其组织为 P + Fe_3C（网状），其中 P 占 93%，问此钢碳的质量分数大约是多少？

8. 试阐述碳的质量分数对铁碳合金组织和性能的影响，并应用其分析产生下列现象的原因：

1）碳的质量分数为 1.0% 的钢比碳的质量分数为 0.5% 的钢硬度高。

2）在室温下，碳的质量分数为 0.8% 的钢其强度比碳的质量分数为 1.2% 的钢高。

3）低温莱氏体的塑性比珠光体的塑性差。

4）在 1100℃下，w_C = 0.4% 的钢能进行锻造，而 w_C = 4.0% 的铸铁不能锻造。

5）钢铆钉一般用低碳钢制成。

6）钳工锯 w_C = 0.8%、1.0%、1.2% 的钢比锯 w_C = 0.1%、0.2% 的钢更费力，锯条更容易磨钝。

7）钢适宜通过压力加工成形，而铸铁适宜通过铸造成形。

8）为什么铸造合金常选用接近共晶成分的合金，而塑性成形合金常选用单相固溶体成分合金。

第3章　金属的热处理

教学基本要求

1. 了解强化金属材料的基本途径。
2. 具有分析和应用奥氏体等温转变图的初步能力，熟悉金属热处理原理的基本概念。
3. 熟练掌握热处理工艺基本知识，熟知工件整体热处理方法中的退火、正火、淬火、回火特点与应用。
4. 掌握热处理在机械零件加工工艺流程中的位置和作用的基本知识。
5. 了解热处理工件的结构工艺性及热处理新工艺知识。

3.1　金属热处理概述

热处理是指将固态金属或合金采用适当的方式进行加热、保温和冷却，以获得所需要的组织结构与性能的工艺。在热处理中温度和时间是决定热处理工艺的主要因素，因此热处理工艺可以用温度-时间曲线来表示，如图3-1所示，该曲线称为金属热处理工艺曲线。

通过适当的热处理，不仅可以提高金属的使用性能，改善金属的工艺性能，而且能够充分发挥金属的性能潜力，提高产品的质量和效益。据统计，在机床制造中有60%～70%的金属零部件要经过热处理；在汽车、拖拉机制造中有70%～90%的金属零部件要经过热处理；各种工具和滚动轴承等则100%的要进行热处理。

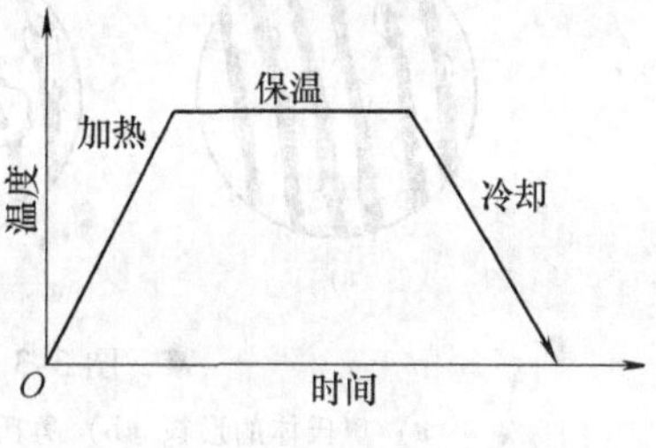

图3-1　金属热处理工艺曲线

热处理工艺区别于其他加工工艺（如铸造、锻造、焊接等）的特征是不改变工件的宏观形状，只改变材料的组织结构和性能。金属热处理只适用于固态下能发生组织转变的材料，无固态相变的材料则不能用热处理来进行强化。

按照工艺类型、工艺名称和实现工艺的加热方法，可将热处理工艺分为整体热处理、表面热处理和化学热处理三类。整体热处理包括退火、正火、淬火和回火；表面热处理包括表面淬火和回火、物理气相沉积、化学气相沉积；化学热处理包括渗碳、渗氮和碳氮共渗等。

按照热处理工艺在零件生产过程中的位置和作用不同，又可以将热处理工艺分为预备热处理和最终热处理两类。预备热处理是指为后续加工（如切削、冲压成形、冷拔成形等）或热处理作准备的热处理工艺；最终热处理是指使工件获得所需性能的热处理工艺。

3.1.1 钢在加热时的组织转变

由 $Fe\text{-}Fe_3C$ 相图得知，A_1、A_3 和 A_{cm} 是碳钢在极缓慢地加热或冷却时的转变温度，因此，A_1、A_3 和 A_{cm} 点都是平衡临界点。在实际生产中，加热和冷却并不是极缓慢的，因此钢不可能在平衡临界点进行组织转变。由图 3-2 可知，实际加热时各临界点的位置分别为图中的 Ac_1、Ac_3、Ac_{cm} 线，而实际冷却时各临界点的位置分别为 Ar_1、Ar_3、Ar_{cm} 线。

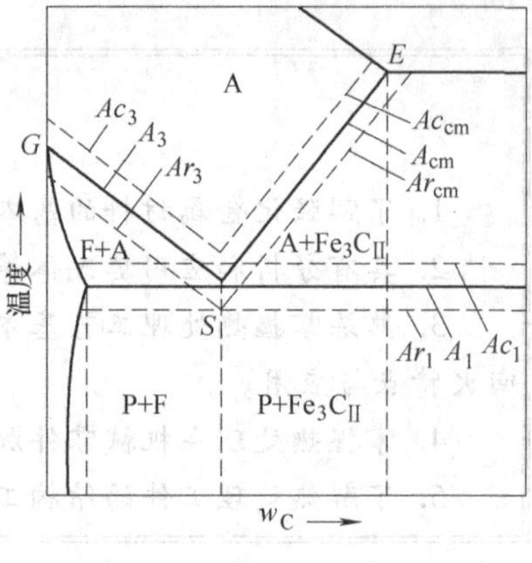

图 3-2 钢的临界点在 $Fe\text{-}Fe_3C$ 相图的位置

钢进行热处理时首先要加热，任何成分的碳钢加热到 A_1 温度以上时，其组织都要发生珠光体向奥氏体的转变，这种转变称为奥氏体化。这一转变过程是通过铁原子和碳原子的扩散进行的，因此珠光体向奥氏体的转变是一种扩散型相变。加热是热处理过程中的一个重要阶段，下面以共析钢为例，研究钢在加热时的组织转变规律。

1. 奥氏体的形成过程

将共析钢加热至 Ac_1 温度时，便会发生珠光体向奥氏体的转变，其转变过程也是一个形核和核长大的过程，一般可分为四个阶段，如图 3-3 所示。

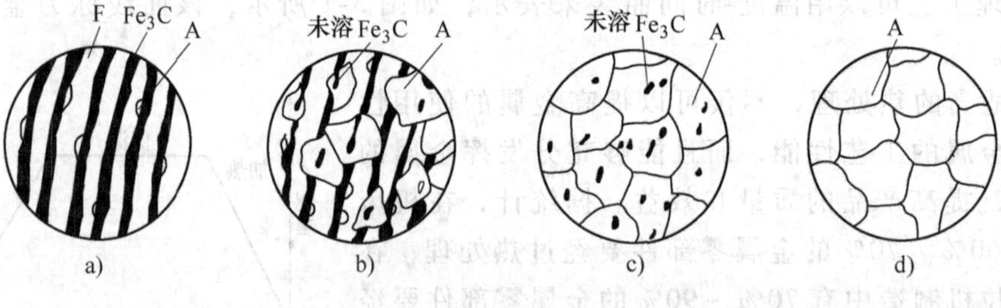

图 3-3 共析钢中奥氏体的形成过程示意图

a）奥氏体的形核 b）奥氏体的长大 c）残余渗碳体的溶解 d）奥氏体成分的均匀化

（1）奥氏体晶核的形成 奥氏体晶核优先在铁素体和渗碳体的两相界面上形成，这是因为相界面处成分不均匀，原子排列不规则，晶格畸变大，能为产生奥氏体晶核提供成分和结构两方面的有利条件。

（2）奥氏体晶核的长大 奥氏体晶核形成后，依靠铁素体的晶格改组和渗碳体的不断溶解，奥氏体晶核不断向铁素体和渗碳体两个方向长大。与此同时，新的奥氏体晶核也不断形成并随之长大，直至铁素体全部转变为奥氏体为止。

（3）残余渗碳体的溶解 在奥氏体的形成过程中，当铁素体全部转变为奥氏体后，仍有部分渗碳体尚未溶解（称为残余渗碳体），随着保温时间的延长，残余渗碳体将不断溶入奥氏体中，直至完全消失。

（4）奥氏体成分均匀化 当残余渗碳体溶解后，奥氏体中的碳成分仍是不均匀的，在原渗碳体处的碳含量比原铁素体处的要高。只有经过一定时间的保温，通过碳原子的扩散，才能使奥氏体中的碳成分均匀一致。

亚共析钢和过共析钢的奥氏体形成过程与共析钢基本相同，不同的是亚共析钢的平衡组织中除了珠光体外还有先析出的铁素体，过共析钢中除了珠光体外还有先析出的渗碳体。若加热至 Ac_1 温度，只能使珠光体转变为奥氏体，得到奥氏体 + 铁素体或奥氏体 + 二次渗碳体组织，称为不完全奥氏体化。只有继续加热至 Ac_3 或 Ac_{cm} 温度以上，才能得到单相奥氏体组织，即完全奥氏体化。

2. 影响奥氏体转变的因素

（1）加热温度　碳原子扩散速度的提高促进奥氏体化加快，并且与加热温度的提高成正比。

（2）加热速度　加热速度越快，过热度也大，发生转变的温度越高，完成转变的时间越短。

（3）化学成分　碳含量增大，则渗碳体数量增多，铁素体与渗碳体的相界面增大，使奥氏体的核心增多，可以促进奥氏体化进程。常见合金元素能明显影响奥氏体化的速度，如钴和镍等有加快转变过程的效果；铬、钼、钒等有降低转变速度的作用；硅、锰、铝等对转变过程基本没有影响。

（4）原始组织　在成分相同的钢材中，珠光体越细，相界面越大，形核机会越多，使得奥氏体形成速度变快；同时，奥氏体晶粒中碳的浓度梯度大了长大速度变快。

3. 奥氏体晶粒长大及其控制措施

当钢加热且珠光体向奥氏体转变刚刚结束时，奥氏体晶粒是比较细小的。如果继续加热或保温，奥氏体晶粒会变粗大。加热温度越高，保温时间越长，奥氏体晶粒越粗大。粗大的奥氏体晶粒在随后的冷却过程中会得到粗大晶粒的转变产物，从而使得钢的强度、塑性、韧性显著下降。因此，加热时获得细小晶粒的奥氏体对提高热处理效果和钢的性能有重要的意义。

为控制奥氏体晶粒长大，必须制订合理的热处理工艺，即合理选择加热温度、保温时间和加热速度等。一般都是将钢加热到临界点以上某一适当温度，保温时间的确定除应考虑相变需要外，还要考虑使工件内外温度一致。当加热温度相同时，加热速度越快，保温时间越短，晶粒越细，所以生产中常采用快速加热、短时保温的方法来细化晶粒。此外，加入一定量的合金元素（除 Mn、P 外），会阻碍奥氏体晶粒长大，从而达到细化晶粒的目的。

3.1.2　钢在冷却时的组织转变

钢经加热奥氏体化后，可以采用不同方式冷却，获得所需要的组织和性能。冷却过程是钢热处理的关键工序，实际生产过程中，在不同的加热速度、冷却方式、冷却速度下会得到不同的产物，对钢的组织和性能都有很大影响。

在钢的热处理工艺中，奥氏体化后的冷却方式通常有等温冷却和连续冷却两种。等温冷却是将已奥氏体化的钢迅速冷却到临界点以下的给定温度进行保温，使其在该等温温度下发生组织转变；连续冷却是将已奥氏体化的钢以某种冷却速度连续冷却，使其在临界点以下的不同温度进行组织转变。

1. 过冷奥氏体转变产物的组织与性能

奥氏体在相变点 A_1 以上是稳定相，冷却至 A_1 以下就成了不稳定相，必然要发生转变。但并不是冷却至 A_1 温度以下就立即发生转变，而是在转变前需要停留一段时间，这段时间称为孕育期。在 A_1 温度以下暂时存在的不稳定的奥氏体称为过冷奥氏体。在不同的过冷度下，过冷奥氏体将发生珠光体型转变、贝氏体型转变、马氏体型转变等三种类型的组织转变。现以共析钢为例进行讨论。

(1) 珠光体型转变　过冷奥氏体在 A_1 ~550℃温度范围等温时，将发生珠光体型转变。由于转变温度较高，原子具有较强的扩散能力，转变产物为铁素体薄层和渗碳体薄层交替重叠的层状组织，即珠光体型组织。等温温度越低，铁素体层和渗碳体层越薄，层间距越小，硬度越高。为区别起见，这些层间距不同的珠光体型组织分别称为珠光体（P）、索氏体（S）和托氏体（T），它们并无本质区别，也无严格界限，只是形态上不同，如图 3-4 所示。

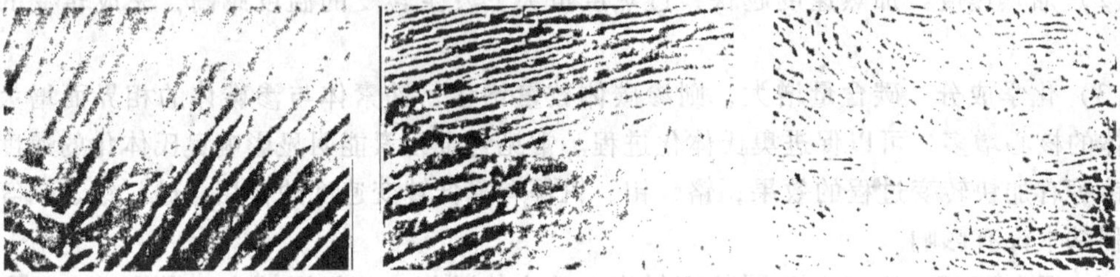

a)　b)　c)

图 3-4　共析钢过冷奥氏体高温转变组织
a) 珠光体（3800×）　b) 索氏体（8000×）　c) 托氏体（8000×）

(2) 贝氏体型转变　过冷奥氏体在 550℃ ~ Ms 温度范围等温时，将发生贝氏体型转变。由于转变温度较低，原子扩散能力较差，渗碳体已经很难聚集长大呈层状。因此，转变产物为由铁素体及其内分布着弥散的碳化物所形成的亚稳组织，称为贝氏体，用符号 B 来表示。它是以美国冶金学家 E. C. Bain 的名字命名的。由于等温温度不同，贝氏体的形态也不同，分为上贝氏体（$B_{上}$）和下贝氏体（$B_{下}$）。

上贝氏体组织形态呈羽毛状，强度较低，塑性和韧性较差（见图 3-5）；下贝氏体组织形态呈黑色针状（见图 3-6），强度较高，塑性和韧性也较好，即具有良好的综合力学性能。

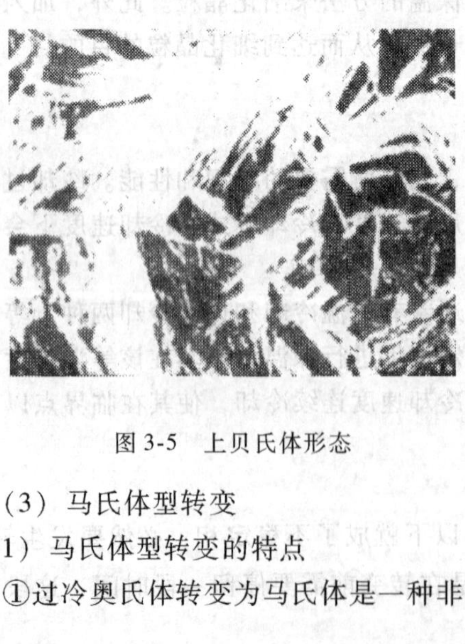

图 3-5　上贝氏体形态

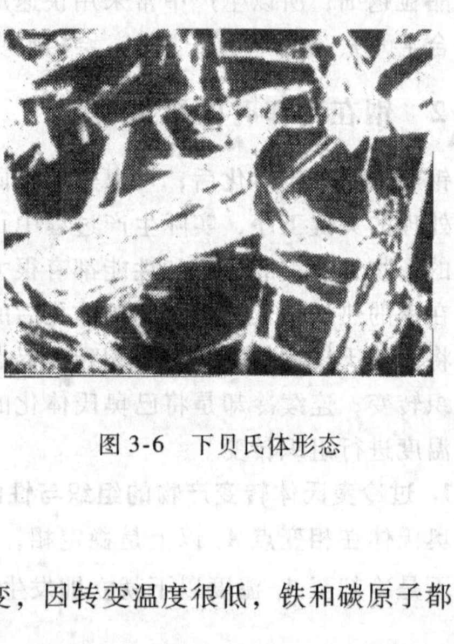

图 3-6　下贝氏体形态

(3) 马氏体型转变

1) 马氏体型转变的特点

①过冷奥氏体转变为马氏体是一种非扩散型转变，因转变温度很低，铁和碳原子都不能

进行扩散。铁原子沿奥氏体一定晶面，集中地（不改变相互位置关系）作一定距离的移动（不超过一个原子间距），使面心立方晶格转变为体心正方晶格，碳原子原地不动，过饱和地留在新组成的晶胞中，增大了其正方度 c/a，如图 3-7所示。因此马氏体就是碳在 α-Fe 中的过饱和固溶体。过饱和碳使 α-Fe 的晶格发生很大畸变，形成很强的固溶强化。

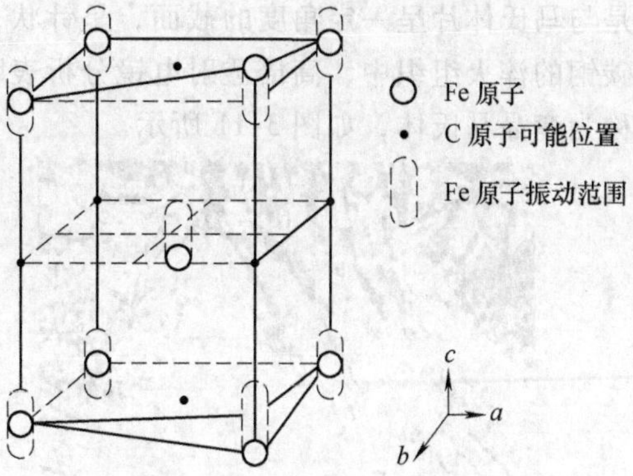

图 3-7　马氏体晶格示意图

②马氏体晶核的长大速度极快。

③奥氏体冷却到 *Ms* 点以下后，无孕育期，瞬时转变为马氏体。随着温度下降，过冷奥氏体不断转变为马氏体，是一个连续冷却的转变过程。

④马氏体转变是不完全性的，即使冷至 *Mf* 也要残留少量奥氏体（A′）。残留奥氏体的含量与 *Ms*、*Mf* 的位置有关。奥氏体中的碳含量越高，*Ms*、*Mf* 就越低（见图 3-8），残留奥氏体含量就越高（见图 3-9）。通常在碳的质量分数高于 0.6% 时，在转变产物中应标上残留奥氏体，碳的质量分数少于 0.6% 时，残留奥氏体可忽略。

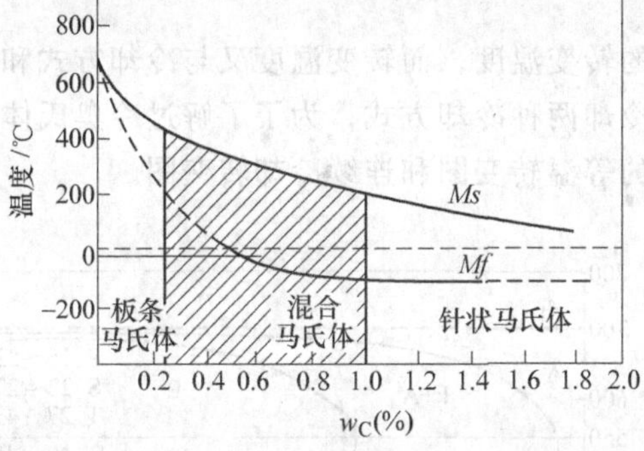

图 3-8　马氏体形态与碳含量的关系

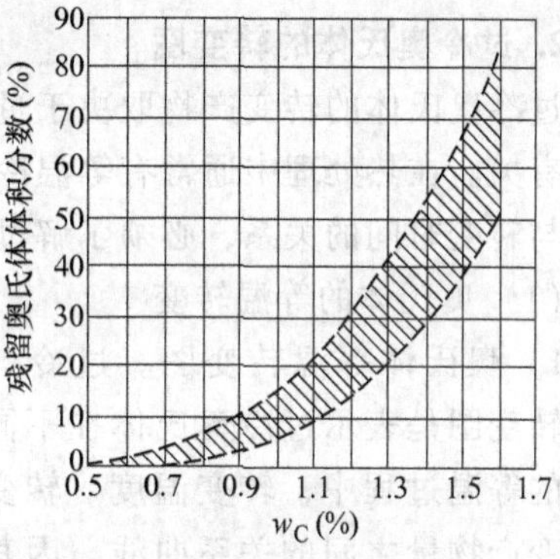

图 3-9　奥氏体的碳含量对残留奥氏体的影响

⑤马氏体形成时体积要膨胀，由此产生内应力，加之淬火冷却快，会使工件表面和心部产生温差而引起热应力。两者共同作用是造成工件淬火变形和开裂的主要原因。

2）马氏体的形态与特点。过冷奥氏体在 *Ms* 温度以下将产生马氏体型转变。马氏体是碳和合金元素在 α-Fe 中溶解而形成的过饱和固溶体，用符号 M 表示。这种单相的亚稳组织，是以德国冶金学家 A. Martens 的名字命名的。马氏体具有体心正方晶格，当发生马氏体型转变时，过冷奥氏体中的碳全部保留在马氏体中，形成过饱和的固溶体，产生严重的晶格畸变。

马氏体的组织形态因其成分和形成条件而异，通常分为板条马氏体和片状马氏体两种基本类型。板条马氏体在光学显微镜下所看到的只是边缘不规则的块状，故也称为块状马氏体。图 3-10 所示的马氏体主要产生于低碳钢的淬火组织中，在高倍透射电镜下可看到板条马氏体内有大量位错缠结的亚结构，所以低碳马氏体也称为位错马氏体。

片状马氏体其单个晶体的立体形态呈双凸透镜状，因每个马氏体的厚度与径向尺寸相比很小，所以粗略地说是片状，故我国通常称为片状马氏体。因在金相磨面上观察到的通常都是与马氏体片呈一定角度的截面，呈针状，故也称为针状马氏体。这种马氏体主要产生于高碳钢的淬火组织中，高倍透射电镜分析表明，针状马氏体内有大量孪晶，因此针状马氏体又称为孪晶马氏体，如图 3-11 所示。

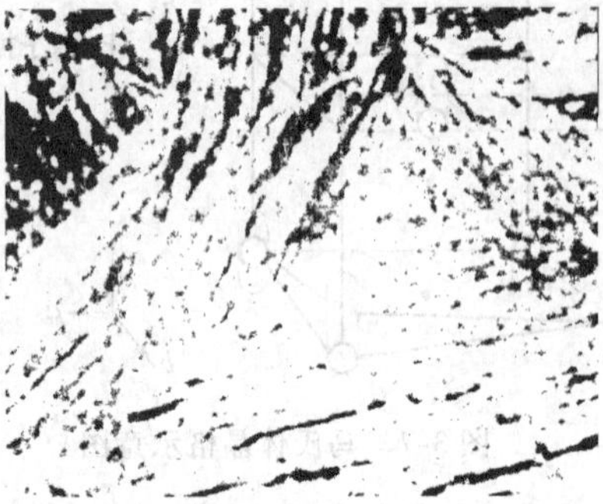

图 3-10 低碳马氏体的组织形态（1000×）

图 3-11 高碳马氏体的组织形态（1500×）

马氏体具有高的硬度和强度，这是马氏体的主要性能特点。马氏体的硬度主要取决于含碳量，而塑性和韧性主要取决于组织。板条马氏体具有较高硬度、较高强度与较好塑性和韧性相配合的良好的综合力学性能。片状马氏体具有比板条马氏体更高的硬度，但脆性较大，塑性和韧性较差。

2. 过冷奥氏体的转变图

过冷奥氏体的转变产物取决于过冷奥氏体的转变温度，而转变温度又与冷却方式和冷却速度有关。在热处理中通常有等温冷却和连续冷却两种冷却方式，为了了解过冷奥氏体的转变量与转变时间的关系，必须了解过冷奥氏体的等温转变图和连续冷却转变图。

（1）奥氏体的等温转变

1）奥氏体等温转变图。过冷奥氏体等温转变图是表示过冷奥氏体在不同过冷度下的等温过程中，转变温度、转变时间与转变产物量之间的关系曲线。因其形状与字母“C”的形状相似，所以又称为“C 曲线”，也称为“TTT”曲线。共析钢的过冷奥氏体等温转变图如图 3-12 所示。图中，A_1 为奥氏体向珠光体转变的相变点，A_1 以上区域为稳定奥氏体区。两条 C 形曲线中，左边的曲线为转变开始线，该线以左区域为过冷奥氏体区；右边的曲线为转变终了线，该线以右区域为转变产物区；两条 C 形曲线之间的区域为过冷奥氏体与转变产物共存区。水平线 Ms 和 Mf 分别为马氏体型转变的开始线和终了线。

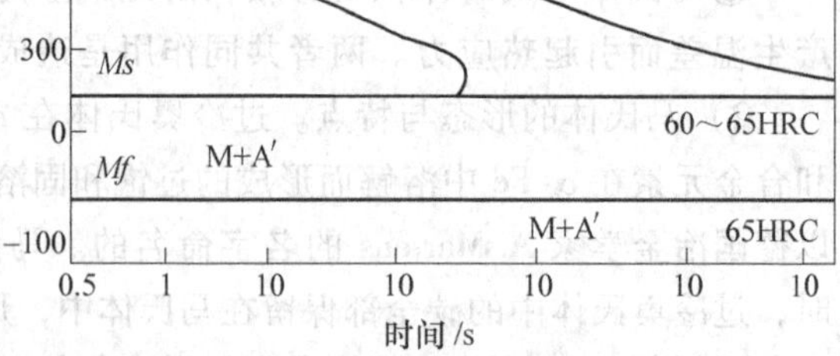

图 3-12 共析钢的过冷奥氏体等温转变图

2）影响等温转变图的因素

① 由共析钢过冷奥氏体的等温转变图可知，加热温度越高，保温时间越长，奥氏体成分就越均匀，晶粒也越大，晶界减少，使过冷奥氏体的形核率降低，增大了其稳定性，使等温转

变图右移；反之左移。过冷奥氏体转变所需孕育期的长短不同，即过冷奥氏体的稳定性不同。在约 550℃处的孕育期最短，表明在此温度下的过冷奥氏体最不稳定，转变速度也最快。

② 含碳量的影响。亚共析钢和过共析钢的过冷奥氏体在转变为珠光体之前，分别有先析出铁素体和先析出渗碳体的结晶过程。因此，与共析钢相比，亚共析钢和过共析钢的过冷奥氏体等温转变图多了一条先析相的析出线。同时等温转变图的位置也相对左移，说明亚共析钢和过共析钢过冷奥氏体的稳定性比共析钢要差，如图 3-13 所示。

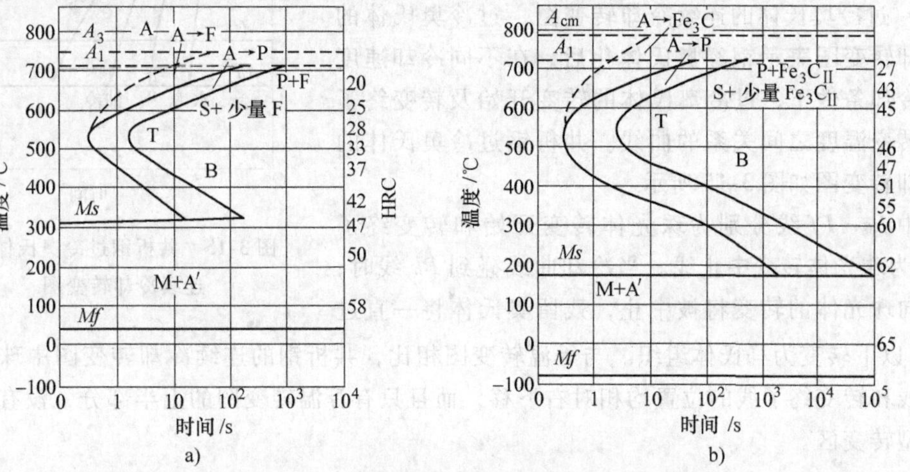

图 3-13　含碳量对碳钢等温转变图的影响

a）亚共析钢　b）过共析钢

在正常的加热条件下，亚共析钢的等温转变图随含碳量的增加而右移，过共析钢的等温转变图随含碳量的增加而左移，因此，共析钢的奥氏体最为稳定。这时由于过冷奥氏体的转变是一个形核与长大的过程，其中形核所起的作用更为关键，亚共析钢与过共析钢先共析相的析出促进了向珠光体转变的形核，而且由于亚共析钢含碳量越高，先共析铁素体析出越慢；过共析钢含碳量越高，先共析渗碳体越容易析出，使得共析钢的过冷奥氏体最为稳定。

③ 合金元素的影响。除 Co、Al 以外，其余所有合金元素溶入奥氏体后，都使过冷奥氏体稳定，即都使等温转变图右移。当过冷奥氏体中溶有较多的 Cr、Mo、W、V、Ti 等碳化物形成元素时，还会改变等温转变图的形状，如图 3-14 所示。需要指出的是，如果碳化物形成元素含量较多，形成了较为稳定的碳化物且在奥氏体化时未能全部溶解，则会降低过冷奥氏体的稳定性，使等温转变图左移。

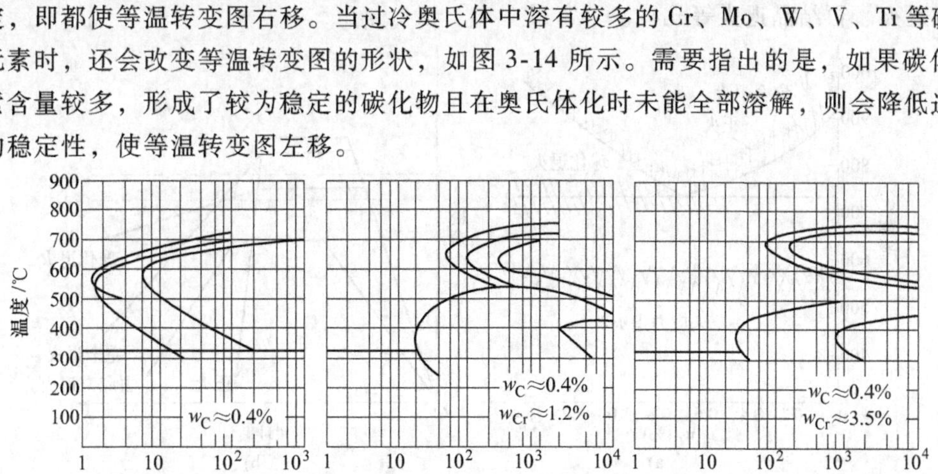

图 3-14　合金元素 Cr 对等温转变图的影响

等温转变图在生产上有重要用途。一方面可以用它来制订等温转变工艺及分析等温转变过程；另一方面又可以用来分析连续冷却转变过程及其制订热处理工艺；还可以利用等温转变图判定钢的淬透性，以方便选材，等等。目前生产的各钢种的等温转变图都已测出，需要时可查阅有关手册。

（2）过冷奥氏体的连续冷却转变图　过冷奥氏体的连续冷却转变图表示钢经奥氏体化后，在不同冷却速度的连续冷却条件下，过冷奥氏体的转变开始及转变终了时间与转变温度之间关系的曲线。共析钢过冷奥氏体的连续冷却转变图如图 3-15 所示。

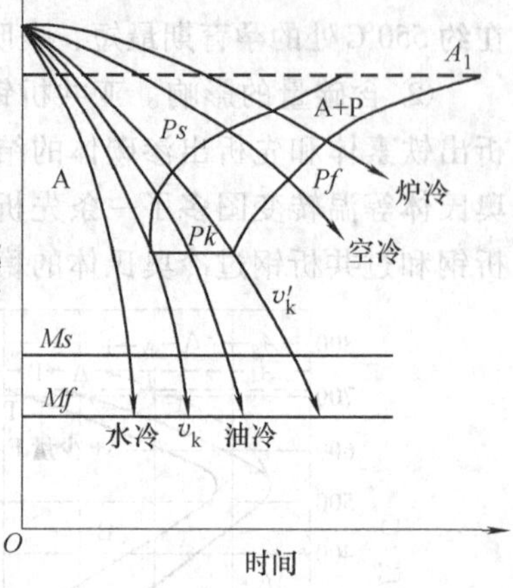

图 3-15　共析钢过冷奥氏体的连续冷却转变图

图中 *Ps*、*Pf* 线分别为珠光体转变开始和转变终了线，*Pk* 为珠光体转变中止线。当冷却曲线碰到 *Pk* 线时，奥氏体向珠光体的转变将被中止，残留奥氏体将一直过冷至 *Ms* 以下转变为马氏体组织。与等温转变图相比，共析钢的连续冷却转变图中珠光体转变开始线和转变终了线的位置均相对右下移，而且只有等温转变图的上半部分，没有中温的贝氏体型转变区。

3.2　金属的整体热处理工艺

整体热处理是对工件整体进行穿透加热的热处理工艺，包括退火、正火、淬火和回火。

3.2.1　退火

退火是将金属或合金加热到适当温度，保持一定时间，然后缓慢冷却的热处理工艺。根据钢的成分、退火的目的不同，退火常分为完全退火、等温退火、球化退火、去应力退火、均匀化退火、再结晶退火等几种。

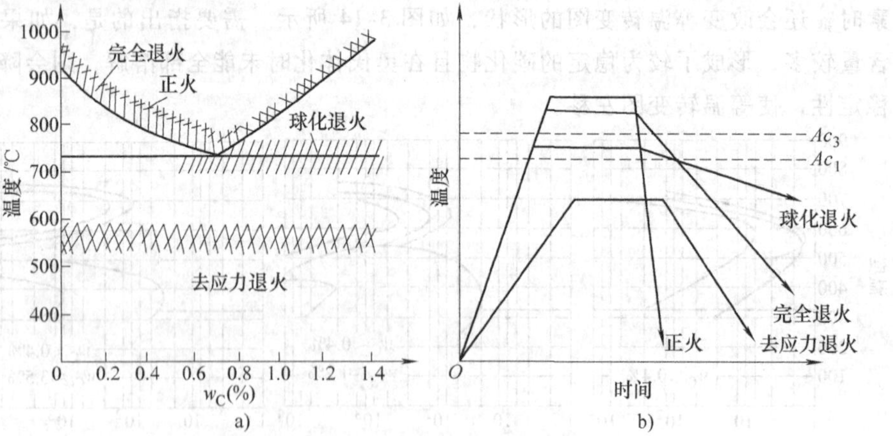

图 3-16　常用退火和正火工艺示意图。
a）加热温度范围　b）工艺曲线

图3-16为几种退火工艺示意图。

1. 完全退火

完全退火是将铁碳合金完全奥氏体化随之缓慢冷却，获得接近平衡状态组织的退火工艺。

完全退火的目的是细化晶粒，消除内应力与组织缺陷，降低硬度，提高塑性，为随后的切削和淬火做好组织准备。

完全退火主要用于亚共析钢的铸件、锻件、热轧型材和焊接结构，也可作为一些不重要钢件的最终热处理。过共析钢不适用完全退火，因为过共析钢加热到 Ac_{cm} 线以上缓慢冷却时，溶解在奥氏体内的渗碳体又重新沿奥氏体晶界析出，形成沿晶界分布的网状渗碳体组织，降低钢材的力学性能。

2. 等温退火

等温退火是指钢件或毛坯加热到高于 Ac_3（或 Ac_1）温度，保温适当时间后，较快冷却到珠光体转变温度区间的某一温度，并等温保持使奥氏体转变为珠光体型组织，然后在空气中冷却的退火工艺。

等温退火不仅可以有效地缩短退火时间、提高生产率，而且工件内外都是处于同一温度下发生组织转变，故能获得均匀的组织与性能。普通退火需要15~20h以上，而等温退火所需时间则大为缩短。

3. 球化退火

球化退火是使钢中碳化物球状化而进行的退火工艺。

由于这种退火只使珠光体发生转变，组织中的另一部分铁素体（亚共析钢）和渗碳体（过共析钢）并不发生转变，故又称为不完全退火。

球化退火的工艺特点是低温短时加热和缓慢地冷却。球化退火主要用于过共析成分的非合金钢（碳钢）和合金钢。过共析成分的非合金钢经热轧、锻造后，组织中会出现层状珠光体和二次渗碳体网，这不仅使钢的硬度增加、可加工性变坏，而且淬火时易产生变形和开裂。为了克服这一缺点，可采用球化退火，使珠光体中的层状渗碳体和二次渗碳体网都能球化，变成球状（粒状）的渗碳体。若钢原始组织中存在严重渗碳体网时，应采用正火将其消除后，再进行球化退火。

4. 去应力退火

去应力退火的工艺是为了去除由于塑性形变加工、焊接等造成的以及铸件内存在的残余应力而进行的退火。

去应力退火将工件缓慢加热到 Ac_1 以下100~200℃（一般为500~600℃），保温一定时间，然后随炉缓慢冷却至200℃再出炉冷却。由于去应力退火的加热温度低于 A_1，故去应力退火过程中不发生相变。由于加热温度很低，又称之为低温退火。

一些大型焊接结构件，由于体积庞大，无法装炉退火，可用火焰加热或感应加热等局部加热方法，对焊缝及热影响区进行局部去应力退火。

5. 均匀化退火

均匀化退火是指为了减少金属铸锭、铸件或锻坯的化学成分偏析和组织的不均匀，将其加热到高温，长时间保持，然后进行缓慢冷却，以达到化学成分和组织均匀化为目的的退火工艺。

均匀化退火是将钢加热到 Ac_3 以上 150～200℃（通常为 1000～1200℃），保温10～15h，然后再随炉缓冷到 350℃，再出炉冷却。钢中合金元素含量越高，其加热温度也越高。由于温度高、时间长，使均匀化退火后组织严重过热，因此，必须再进行一次完全退火或正火来消除过热缺陷。

均匀化退火需要时间很长，工件烧损严重，耗费能量很大，是一种成本很高的工艺，所以它主要用于质量要求高的优质高合金钢的铸锭和铸件。

6. 再结晶退火

再结晶退火是指经冷变形后的金属加热到再结晶温度以上，保持适当时间，使形变晶粒重新结晶为均匀的等轴晶粒，以消除形变强化和残余应力的退火工艺。

3.2.2 正火

正火是将钢加热到 Ac_3 或 Ac_{cm} 以上 30～50℃，保温适当时间后，在静止的空气中冷却的热处理工艺。

正火与退火的主要区别在于冷却速度不同，正火冷却速度较快，获得的珠光体组织较细，强度和硬度也较高。

正火与退火的目的相似，但正火态钢的力学性能较高，而且正火生产效率高，成本低，因此在工业生产中应尽量用正火代替退火。正火的主要应用是作为普通结构零件的最终热处理；作为低、中碳结构钢的预备热处理，可获得合适的硬度，便于切削；用于过共析钢消除网状二次渗碳体，为球化退火做好组织准备。

综上所述，为改善钢的可加工性，低碳钢宜用正火；共析钢和过共析钢宜用球化退火，且过共析钢宜在球化退火前采用正火消除网状二次渗碳体；中碳钢最好采用退火，但也可采用正火。

3.2.3 淬火

淬火是将钢件加热到 Ac_3 或 Ac_1 以上的某一温度，保持一定时间，然后以适当的速度冷却获得马氏体和（或）贝氏体组织的热处理工艺。

马氏体强化是钢最有效的强化手段，因此，淬火也是钢的最重要的热处理工艺。

1. 淬火加热温度

淬火加热温度是淬火工艺的主要参数。它的选择应以得到均匀细小的奥氏体晶粒为原则，以使淬火后获得细小的马氏体组织。为防止奥氏体晶粒粗化，淬火加热温度一般限制在临界点以上 30～50℃范围。碳钢的淬火加热温度范围如图 3-17 所示。

亚共析钢的淬火加热温度为 Ac_3 +（30～50℃）。这样可获得均匀细小的马氏体组织，若淬火加热温度过高，不仅会出现粗大马氏体组织，还会导致淬火钢的严重变形。若淬火加热温度过低，则会在淬火组织中出现铁素体，造成淬火钢硬度不足，甚至出现“软点”现象。

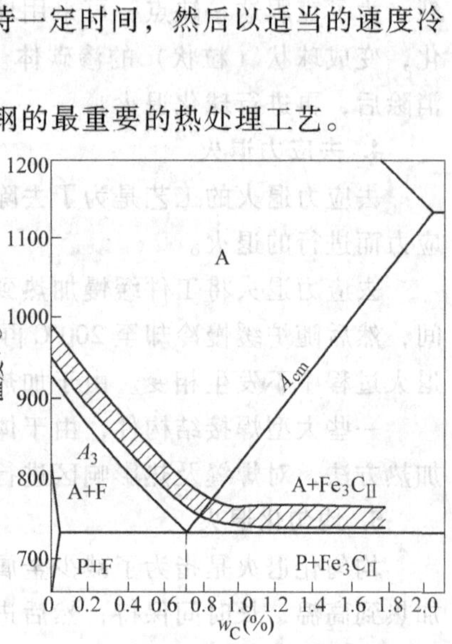

图 3-17 碳钢的淬火加热温度范围

共析钢和过共析钢的淬火加热温度为 Ac_1 +（30～50℃）。淬火后，共析钢组织为均匀细小的马氏体和少量残留奥氏体；过共析钢则可获得均匀细小的马氏体加粒状二次渗碳体和少量残留奥氏体的混合组织。过共析钢的这种正常淬火组织，有利于获得最佳硬度和耐磨性。若过共析钢的淬火加热温度过高，则会得到较粗大的马氏体和较多的残留奥氏体，这不仅降低了淬火钢的硬度和耐磨性，而且还会增大淬火变形和开裂倾向。

2. 淬火加热时间

淬火加热时间包括升温和保温时间。加热时间是指达到加热温度和获得奥氏体均匀化的时间。加热时间不能过长，也不能过短。热处理生产中主要考虑钢种、加热介质、加热速度、装炉方式、装炉量以及工件的形状、尺寸等因素。

3. 淬火冷却介质

冷却也是影响淬火质量的一个重要因素。因此选择合适的淬火冷却介质，对于达到淬火目的和保证淬火质量具有十分重要的意义。

淬火时既要保证奥氏体转变为马氏体，又要在淬火过程中减少应力，减小变形，防止开裂，保证钢件的淬火质量，因此必须选择合理的淬火冷却介质。从图3-18所示的等温转变图可以看出，理想的淬火冷却介质应该在鼻尖温度（A_1～550℃）以上时冷却速度慢一些；在鼻尖温度（650～500℃）附近冷却速度一定要大于 v_k，要快冷，以避免不稳定的奥氏体转变成其他组织；在鼻尖温度以下，特别是在马氏体转变温度区间（300～200℃），冷却速度要慢一些，以减少马氏体转变时产生的应力、变形与开裂的倾向。

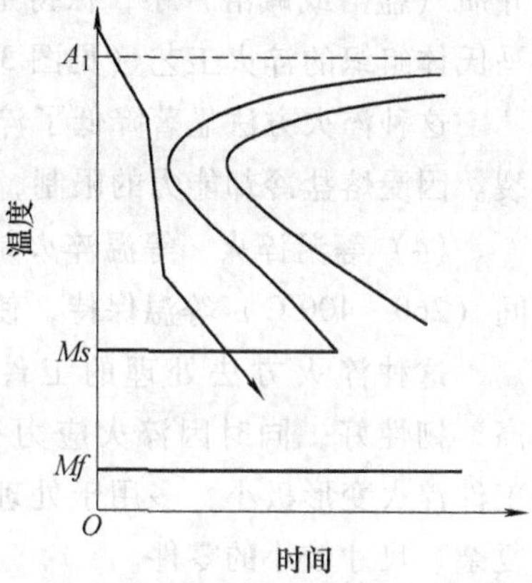

图3-18　理想冷却曲线

最常用的淬火冷却介质是水、盐水和油。

水是既经济又有很强冷却能力的淬火冷却介质。其不足之处是在650～550℃的范围内冷却能力不够强，而在300～200℃范围内冷却能力又偏强，不符合理想淬火冷却介质的要求。

盐水的淬火冷却能力比清水更强，尤其在650～550℃范围内具有很强的冷却能力，这对尺寸较大的非合金钢件的淬火是非常有利的。但是盐水在300～200℃以下温度范围内，冷却能力仍像清水那样相当强，能使工件变形加重，甚至发生开裂。此外，盐水对工件有锈蚀作用，淬过火的工件必须进行清洗。水和盐水主要适用于形状简单、硬度要求高而均匀、变形要求不严格的非合金钢零件的淬火。

油是一类冷却能力较弱的淬火冷却介质。淬火用油主要为各种矿物油，如锭子油、机油、柴油、变压器油等。油在高温区冷却速度不够，不利于非合金钢的淬硬，但有利于减少工件的变形。因此，在实际生产中，油主要用作过冷奥氏体稳定性好的合金钢和尺寸小的非合金钢零件的淬火冷却介质。

熔融状态的碱浴和硝盐浴也常用作淬火冷却介质。碱浴在高温区的冷却能力比油强而比水弱，而硝盐在高温区的冷却能力比油略弱。在低温区域，碱浴和硝盐浴的冷却能力都比油弱。因此碱浴和硝盐浴广泛用作截面不大、形状复杂、变形要求严格的工具钢的分级淬火或等温淬火的冷却介质。

4. 淬火冷却方法

由于淬火冷却介质不能完全满足淬火质量的要求，所以要选择适当的淬火方法，以保证在获得所需要的淬火组织和性能的前提下，尽量减小淬火应力、工件变形和开裂倾向。最常用的几种淬火方法如下：

（1）单液淬火　单液淬火是将奥氏体化后的钢件淬入一种介质中连续冷却获得马氏体组织的一种淬火方法（见图 3-19a）。这种方法操作简单，易实现机械化与自动化热处理，但它只适用于形状简单的非合金钢和合金钢零件的淬火。

（2）双液淬火　双液淬火是将钢件奥氏体化后先浸入一种冷却能力较强的介质，在钢件还未到达该淬火冷却介质温度之前即取出，马上浸入另一种冷却能力较弱的介质中冷却，如先水后油、先水后空气等（见图 3-19b）。

这种淬火法利用了两种介质的优点，获得了较为理想的冷却条件，在保证工件获得马氏体组织的同时，减小了淬火应力，能有效防止工件的变形或开裂。

（3）分级淬火　分级淬火是钢材奥氏体化后，随之浸入温度稍高于或稍低于 *Ms* 点液态介质（盐浴或碱浴）中，保持适当时间，待钢件内外都达到介质温度后取出空冷，以获得马氏体组织的淬火工艺（见图 3-19c）。

这种淬火方法显著降低了淬火应力，因而更为有效地减小或防止了淬火工件的变形和开裂。因受熔盐冷却能力的限制，它只适用于处理尺寸较小的工件。

（4）等温淬火　等温淬火是钢材或钢件加热奥氏体化，随之快冷到贝氏体转变温度区间（260～400℃）等温保持，使奥氏体转变为贝氏体的淬火工艺（见图 3-19d）。

这种淬火方法处理的工件强度高、韧性好，同时因淬火应力很小，工件淬火变形极小，多用于处理形状复杂、尺寸较小的零件。

（5）冷处理　冷处理是把淬火冷却到室温的钢继续冷却到零度以下（如 -70～-80℃）的处理工艺。冷处理适用于 *Ms* 温度位于 0℃ 以下的高碳钢和合金钢。冷处理可以使过冷奥氏体向马氏体的转变更完全，进一步减少残留奥氏体的数量，提高钢的硬度和耐磨性，并使尺寸稳定。冷处理的实质是淬火钢在 0℃ 以下的淬火。冷处理后必须进行低温回火，以消除所形成的应力及稳定新生成的马氏体组织。精密量具、滚动轴承等都应进行冷处理。

冷处理的方法是采用干冰（固态 CO_2）和酒精的混合剂或冷冻机冷却。

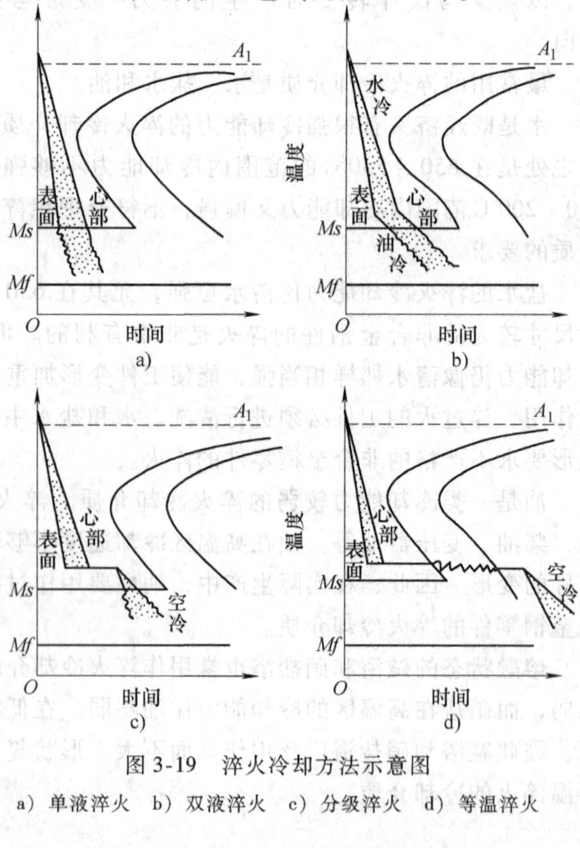

图 3-19　淬火冷却方法示意图

a）单液淬火　b）双液淬火　c）分级淬火　d）等温淬火

3.2.4　回火

1. 钢的回火及回火时组织和性能的变化

回火是钢件淬硬后，再加热到 Ac_1 点以下的某一温度，保温一定时间，然后冷却到室温的热处理工艺。

由于淬火钢硬度高，脆性大，存在着淬火内应力，且淬火后的组织马氏体和残留奥氏体都处于非平衡状态，是一种不稳定的组织，在一定条件下，经过一定的时间后，组织会向平衡组织转变，导致工件的尺寸形状改变，性能发生变化。为克服淬火组织的这些弱点而采取回火处理。

回火的目的是降低淬火钢的脆性，减少或消除内应力，使组织趋于稳定并获得所需要的性能。

淬火钢在回火过程中，随着加热温度的提高，原子活动能力增大，其组织相应发生以下四个阶段性的转变：

第一阶段（80～200℃）：马氏体开始分解。

第二阶段（200～300℃）：残留奥氏体分解。

第三阶段（300～400℃）：马氏体分解完成和渗碳体的形成。

第四阶段（400℃以上）：α 固溶体的再结晶与渗碳体的聚集长大。

2. 回火的种类及应用

根据对工件性能要求的不同，按其回火温度范围，可将回火分为以下几种：

（1）低温回火　低温回火是指淬火钢件在250℃以下的回火。低温回火所得组织为回火马氏体。其目的是在保持淬火钢的高硬度和高耐磨性的前提下，降低其淬火内应力和脆性，以免使用时崩裂或过早损坏。它主要用于各种高碳的切削刃具、量具、冷冲模具、滚动轴承以及渗碳件等，回火后硬度一般为 58～64HRC。

（2）中温回火　中温回火是指淬火钢件在 250～500℃之间的回火。中温回火所得组织为回火托氏体。其目的是获得高的屈强比、弹性极限和较高的韧性。因此，它主要用于各种弹簧和模具的处理，回火后硬度一般为 35～50HRC。

（3）高温回火　高温回火是指淬火钢件在高于500℃的回火。高温回火所得组织为回火索氏体。习惯上，将钢件淬火及高温回火复合热处理称为调质处理，其目的是获得强度、硬度和塑性、韧性都较好的综合力学性能。因此，广泛用于汽车、拖拉机、机床等的重要结构零件，如连杆、螺栓、齿轮及轴类。回火后硬度一般为 200～330HBW。

3. 回火脆性

淬火钢在某些温度区间回火或从回火温度缓慢冷却通过该温度区间脆化的现象称为回火脆性。冲击韧度值与回火温度的关系，如图 3-20所示。

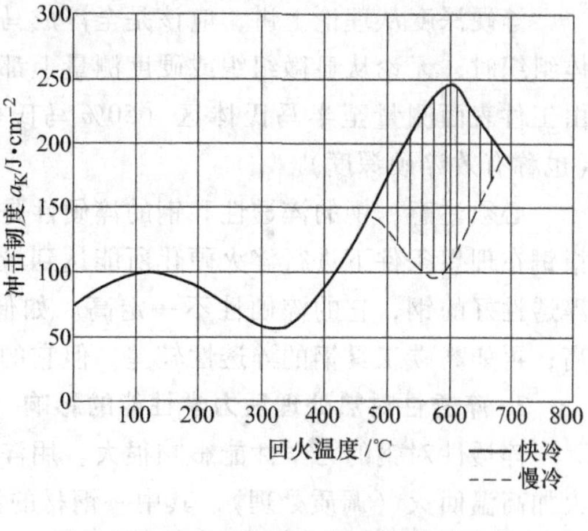

图 3-20　冲击韧度值与回火温度的关系

钢淬火后在 300℃左右回火时所产生的回火脆性称为第一类回火脆性，也称为低温回火脆性或不可逆回火脆性，几乎所有的淬火钢在该温度范围内回火时，都产生不同程度的回火脆性。第一类回火脆性一旦产生就无法消除，因此生产中一般不在此温度范围内回火。

含有 Cr、Mn、Cr-Ni 等元素的合金钢淬火后，在脆化温度（400~500℃）区回火，或经更高温度回火后缓慢冷却通过脆化温度区所产生的回火脆性称为第二类回火脆性，也称为高温回火脆性或可逆回火脆性。这类回火脆性主要发生在合金钢中，当淬火后在上述温度范围内长时间保温或以缓慢的速度冷却时，便发生明显的回火脆性。但回火后采取快冷时，这种回火脆性的发生就会受到抑制或消失。

3.3 钢的淬透性

3.3.1 淬透性的概念及对热处理后力学性能的影响

1. 淬透性的概念

淬透性是指在规定条件下，决定钢材淬硬深度和硬度分布的特性。

淬火时，工件截面上各处冷却速度是不同的。若以圆棒试样为例，淬火冷却时，其表面冷却速度最大，越到中心冷却速度越小，如图 3-21a 所示。表层部分冷却速度大于该钢的马氏体临界冷却速度，淬火后获得马氏体组织，在距表面某一深处的冷却速度开始小于该钢的马氏体临界冷却速度，则淬火后将有非马氏体组织出现，如图 3-21b 所示。所以这时工件未被淬透。用不同钢种制成的相同形状和尺寸的工件，在同样条件下淬火，淬透性好的钢，其淬硬深度较深；淬透性差的钢，其淬硬深度较浅。

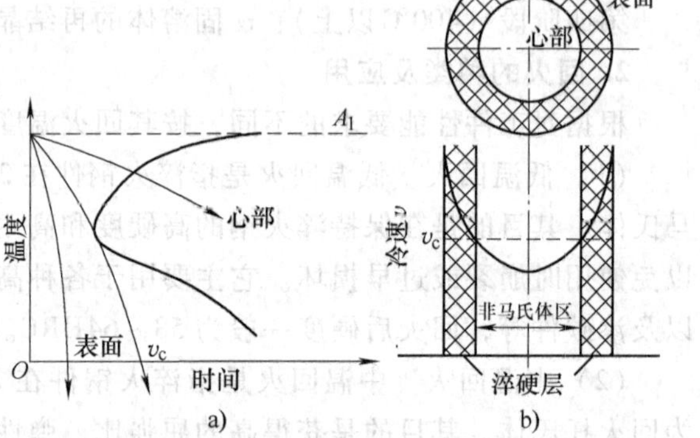

图 3-21 工件淬硬层与冷却速度的关系

a）工件截面上不同冷却速度 b）淬硬区与未淬硬区示意图

淬硬深度从理论上讲，应该是全淬成马氏体的深度，但实际上马氏体中混入少量非马氏体组织时，无论从显微组织或硬度测量上都难以辨别出来。因此，为了测试方便，通常是将由工件表面测量至半马氏体区（50% 马氏体和 50% 非马氏体）的垂直距离作为淬硬深度（也称有效淬硬深度）。

必须注意，钢的淬透性和钢的淬硬性是两种完全不同的概念，切勿混淆。钢的淬硬性是指钢在理想条件下进行淬火硬化所能达到最高硬度的能力，它主要取决于马氏体的含碳量。淬透性好的钢，它的淬硬性不一定高。如低碳合金钢的淬透性相当好，但它的淬硬性却不高；再如高碳工具钢的淬透性较差，但它的淬硬性很高。

2. 淬透性对热处理后力学性能的影响

淬透性对钢的力学性能影响很大。用淬透性不同的两种钢材制成直径相同的轴，进行淬火加高温回火（调质处理），其中一钢材的淬透性好，使轴的整个截面都淬透，另一种钢材的淬透性较差，轴未能淬透。这两根轴经调质处理后，其力学性能比较如图 3-22 所示。由图可见，二者硬度虽然相同，但力学性能却有明显差别。淬透性好的钢，其力学性能沿截面是基本相同的；而淬透性差的钢，其力学性能沿截面是不同的，越靠近心部，力学性能越低，特别是韧性更为明显。其原因是淬透的轴在调质后，整个截面都获得均匀的回火索氏体组织，其中渗碳体呈粒状分布。而未淬透的轴靠近心部的组织中，渗碳体仍为层片状，故性能较低。但在选材时，不能因此而都选用淬透性好的钢材，而是应该根据具体工件的受力情况、工作条件及其失效原因，来确定其对钢材淬透性的要求，然后再进行合理选材。

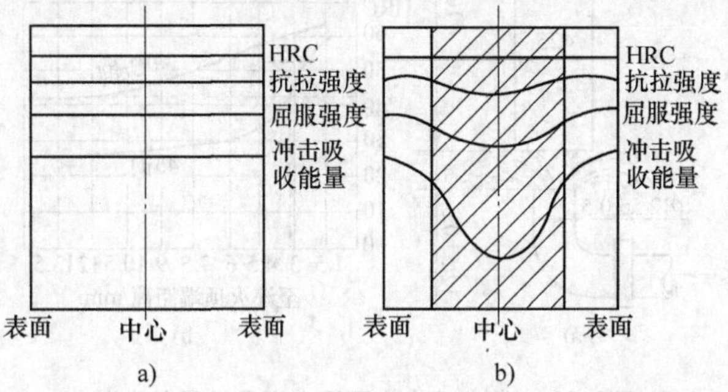

图 3-22　淬透性不同的钢调质处理后的力学性能对比

a）淬透的轴　b）未淬透的轴

3.3.2　影响淬透性及淬硬深度的因素

1. 影响淬透性的因素

凡能增加过冷奥氏体稳定性的因素，或者说凡使奥氏体等温转变图位置右移，减小马氏体临界冷却速度的因素，都能提高钢的淬透性。影响淬透性最主要的因素是奥氏体的化学成分和奥氏体化条件。

（1）奥氏体的化学成分　除钴以外的合金元素，当其溶入奥氏体后，都能增加过冷奥氏体的稳定性，降低马氏体临界冷却速度，使钢的淬透性增高。

（2）奥氏体化条件　奥氏体化温度越高，保温时间越长，则奥氏体晶粒越粗大，成分越均匀，残余渗碳体或碳化物的溶解也越彻底，使过冷奥氏体越稳定，奥氏体等温转变图越右移，马氏体临界冷却速度越小，故钢的淬透性越好。

2. 影响淬硬深度的因素

钢的淬硬深度与淬透性有密切关系，但两者并不完全相同。这是因为影响淬硬深度的主要因素除了钢的淬透性以外，还和工件的形状、尺寸和淬火冷却介质的冷却能力等外部因素有关。

在相同的奥氏体化条件下，同一钢种的淬透性是相同的。但它的淬硬深度却随工件的形状、尺寸和淬火冷却介质的冷却能力不同而变化。如同一钢种在相同的奥氏体化条件下，水淬要比油淬的淬硬深度深；小件要比大件的淬硬深度深。这绝不能因此就说成是同一种钢水淬比油淬的淬透性好，小件比大件的淬透性好。所以，只是在其他条件都相同的情况下，才可按淬硬深度来判定钢的淬透性高低。

3.3.3　淬透性的测定与表示方法

1. 端淬试验

淬透性的测定方法很多，结构钢端淬试验法是最常用的方法，其试验装置示意图及淬透性曲线如图 3-23 所示。

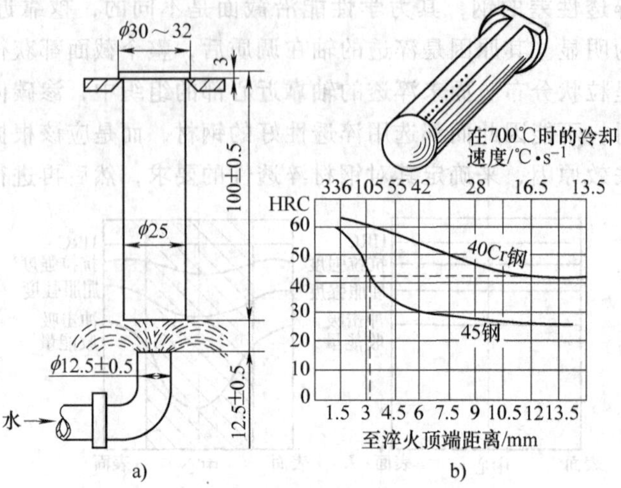

图 3-23 端淬试验装置示意图及淬透性曲线

a）端淬试验法 b）淬透性曲线

将试样加热至规定淬火温度后，置于支架上，然后从试样末端喷水冷却，如图 3-23a 所示。由于试样末段冷却最快，越往上冷却得越慢，因此，沿试样长度方向便能测出各种冷却速度下的不同组织和硬度。若从喷水冷却的末端起，每隔一定距离测一硬度点，则最后绘成如图 3-23b 所示的被测试钢种的淬透性曲线。

由图 3-23b 可见，45 钢比 40Cr 钢硬度下降得快，故 40Cr 钢比 45 钢的淬透性好。

2. 临界直径

钢材在某种介质中淬冷后，心部得到全部马氏体或 50% 马氏体组织时的最大直径称为临界直径，用 D_c 表示。临界直径是一种直观衡量淬透性的方法。显然，同一钢种在冷却能力大的介质中，比冷却能力小的介质中所得的临界直径要大。但在同一淬火冷却介质中，钢的临界直径 D_c 越大，则其淬透性越好。表 3-1 为几种常用钢的临界直径。

表 3-1 常用钢的临界直径

牌号	临界直径/mm		牌号	临界直径/mm	
	淬 水	淬 油		淬 水	淬 油
45	13～16.5	5～9.5	35CrMo	36～42	20～28
60	11～17	6～12	60Si2Mn	55～62	32～46
T10	10～15	<8	50CrVA	55～62	32～40
65Mn	25～30	17～25	38CrMoAlA	100	80
20Cr	12～19	6～12	20CrMnTi	22～35	15～24
40Cr	30～38	19～28	30CrMnSi	40～50	32～40
35SiMn	40～46	25～34	40MnB	50～55	28～40

3.4 金属的表面热处理与化学热处理

某些在冲击载荷、交变载荷及摩擦条件下工作的机械零件，如主轴、齿轮、曲轴等，要求工件的这些表面层具有高的硬度、耐磨性及疲劳强度，而工件的心部要求具有足够的塑性和韧性。为此，生产中常常采用表面热处理的方法，以达到强化工件表面的目的。

仅对工件表层进行热处理以改变其组织和性能的工艺称为表面热处理，本节主要讨论常用的表面热处理方法中的表面淬火和化学热处理。

3.4.1 钢的表面淬火

仅对工件表层进行淬火的工艺称为表面淬火。

工件经表面淬火后，表层得到马氏体组织，具有高的硬度和耐磨性，而心部仍为淬火前的组织，具有足够的强度和韧性。

根据加热方法的不同，常用的表面淬火有感应淬火、火焰淬火、激光淬火、接触电阻加热淬火等，其中以感应淬火和火焰淬火应用最广泛。

1. 感应淬火

利用感应电流通过工件所产生的热量，使工件表面、局部或整体加热并进行快速冷却的淬火工艺称为感应淬火。

(1) 感应淬火的基本原理　如图3-24所示，工件放入用空心纯铜管绕成的感应器内，给感应器通入一定频率的交流电，周围便存在同频率的交变磁场，于是在工件内部产生同频率的感应电流（涡流）。由于感应电流的趋肤效应（电流集中分布在工件表面）和热效应，使工件表层迅速加热到淬火温度，而心部则仍处于相变点温度以下，随即快速冷却，从而达到表面淬火的目的。

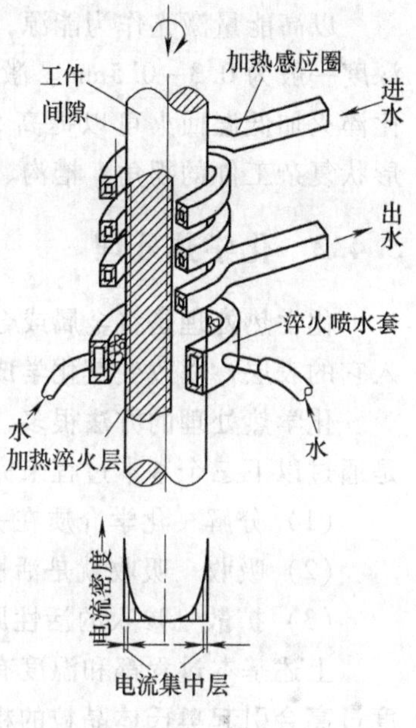

图3-24　感应淬火示意图

根据所用电流频率的不同，感应加热可分为高频感应加热、中频感应加热和工频感应加热三种。高频感应加热的常用频率为200～300kHz，淬硬层深度为0.5～2.0mm，适用于中、小模数的齿轮及中、小尺寸的轴类零件的表面淬火；中频感应加热的常用频率为2500～8000Hz，淬硬层深度为2～10mm，适用于较大尺寸的轴类零件和大模数齿轮的表面淬火；工频感应加热的电流频率为50Hz，淬硬层深度为10～20mm，适用于较大直径机械零件的表面淬火，如轧辊、火车车轮等。

(2) 感应淬火的特点与应用　与普通加热淬火相比，感应淬火加热速度快，加热时间短；淬火质量好，淬火后晶粒细小，表面硬度比普通淬火高，淬硬层深度易于控制；劳动条件好，生产率高，适于大批量生产。但感应加热设备较昂贵，调整、维修比较困难，对于形状复杂的机械零件，其感应圈不易制造，且不适合于单件生产。

碳的质量分数为0.4%～0.5%的碳素钢与合金钢是最适合于感应淬火的材料，如45钢、40Cr等。但也可以用于高碳工具钢、低合金工具钢以及铸铁等材料。为满足各种工件对淬硬层深度的不同要求，生产中可采用不同频率的电流进行加热。

2. 火焰淬火

火焰淬火是采用氧-乙炔（或其他可燃气体）火焰，对零件表面进行加热，随之淬火冷却的工艺，如图3-25所示。

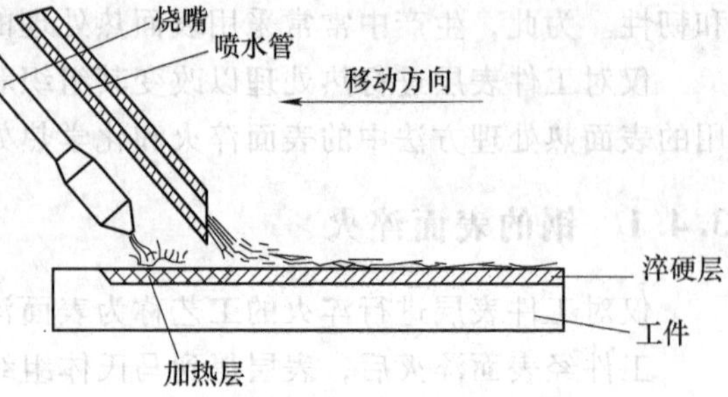

图 3-25 火焰淬火示意图

火焰淬火工件的材料，常选用中碳钢（如 35、40、45 钢等）和中碳低合金钢（如 40Cr、45Cr 等）。若碳的质量分数太低，则淬火后硬度较低；若碳和合金元素的质量分数过高，则易淬裂。火焰淬火还可以用于对铸铁件（如灰铸铁、合金铸铁等）进行表面淬火。

火焰淬火的有效淬硬层深度一般为 2 ~ 6mm，若要获得更深的淬硬层，往往会引起工件表面的严重过热，而且容易使工件产生变形或开裂现象。火焰淬火操作简单，但质量不稳定，淬硬层深度不易控制，故只适用于单件或小批量生产的大型工件，以及需要局部淬火的工具或工件。

3. 激光淬火

以高能量激光作为能源，以极快速度加热工件并自冷硬化的淬火工艺。激光淬火淬硬层深度一般为 0.3 ~ 0.5mm。激光淬火后表层可获得极细的马氏体组织，硬度高且耐磨性好，比淬火加低温回火可以提高 50%。激光淬火尤其适宜那些其他表面淬火方法极难做到的、形状复杂工件的拐角、槽沟、深孔的侧壁等位置的淬火。

3.4.2 化学热处理

化学热处理是将金属或合金工件置于一定温度的活性介质中保温，使一种或几种元素渗入它的表层，以改变其化学成分、组织和性能的热处理工艺。

化学热处理的方法很多，包括渗碳、渗氮、碳氮共渗以及渗金属等。但无论哪种方法都是通过以下三个基本过程来完成的：

（1）分解　化学介质在一定的温度下发生分解，产生能够渗入工件表面的活性原子。

（2）吸收　吸收就是活性原子进入工件表面溶于铁形成固溶体或形成化合物。

（3）扩散　渗入的活性原子由表面向中心扩散，形成一定厚度的扩散层。

上述基本过程都和温度有关，温度越高，各过程进行的速度越快，其扩散层越厚。但温度过高会引起奥氏体晶粒的粗大化，而使工件的脆性增加。

1. 渗碳

渗碳是为了增加钢件表层的含碳量和一定的碳浓度梯度，将钢件在渗碳介质中加热并保温，使碳原子渗入表层的化学热处理工艺。

渗碳的目的是提高工件表面的硬度、耐磨性及疲劳强度，并使其心部保持良好的塑性和韧性。

为保证工件渗碳后表层具有高的硬度和耐磨性，而心部具有良好的韧性，渗碳用钢一般为碳的质量分数为 0.1% ~0.25% 的低碳钢和低碳合金钢。

（1）渗碳方法　根据采用的渗碳剂不同，渗碳方法可分为固体渗碳、液体渗碳和气体渗碳三种。其中气体渗碳的生产率高，渗碳过程容易控制，在生产中应用最广泛。

气体渗碳就是工件在气体渗碳介质中进行渗碳的工艺。如图 3-26 所示，将装挂好的工件放在密封的渗碳炉内，滴入煤油、丙酮或甲醇等渗碳剂并加热到 900 ~ 950℃，渗碳剂在

高温下分解，产生的活性碳原子渗入工件表面并向内部扩散形成渗碳层，从而达到渗碳目的。其反应式如下

$$2CO \rightarrow CO_2 + [C]$$

$$CO_2 + 2H_2 \rightarrow 2H_2O + [C]$$

$$C_nH_{2n} \rightarrow nH_2 + n[C]$$

$$C_nH_{2n+2} \rightarrow (n+1)H_2 + n[C]$$

渗碳层深度主要取决于渗碳时间，一般按每小时 0.10～0.15mm 估算，或用试棒实测确定。

固体渗碳是将工件放在填充粒状渗碳剂的密封箱中进行渗碳的工艺。具体操作要用盖子和耐火泥将装填好的密封箱封好后，送入炉中加热到 900～950℃，保温一定的时间后出炉，零件便获得了一定厚度的渗碳层。固体渗碳法示意图如图 3-27 所示。

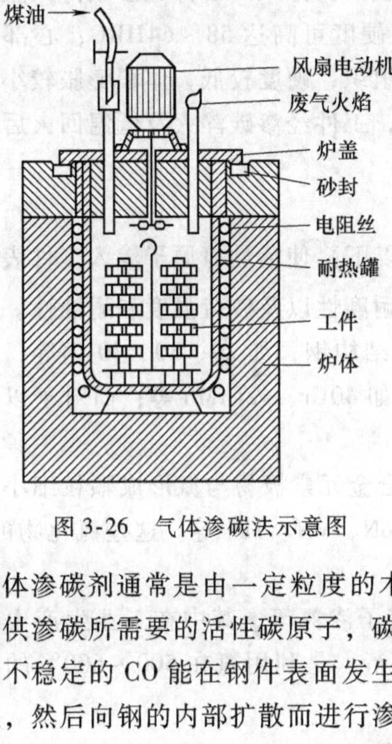

图 3-26　气体渗碳法示意图

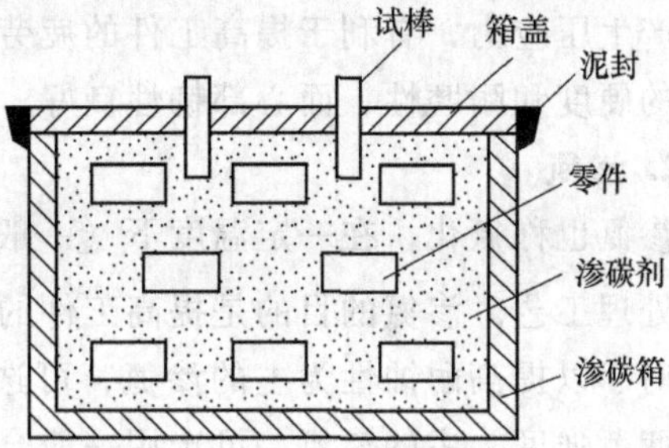

图 3-27　固体渗碳法示意图

固体渗碳剂通常是由一定粒度的木炭和少量的碳酸盐（$BaCO_3$ 或 Na_2CO_3）混合组成。木炭提供渗碳所需要的活性碳原子，碳酸盐只起催化作用。在渗碳温度下，固体渗碳剂分解出来的不稳定的 CO 能在钢件表面发生气相反应，产生活性碳原子［C］，并被钢件的表面所吸收，然后向钢的内部扩散而进行渗碳。固体渗碳剂的反应如下

$$BaCO_3\text{（或 }Na_2CO_3\text{）} \rightarrow BaO\ (Na_2O) + CO_2$$

$$CO_2 + C\text{（木炭粒）} \rightarrow 2CO$$

$$2CO \rightarrow CO_2 + [C]$$

固体渗碳的优点是设备简单，容易实现。与气体渗碳法相比，固体渗碳法的渗碳速度慢，劳动条件差，生产率低，质量不易控制，特别适宜于多品种、小批量生产。

（2）渗碳后的组织　工件经渗碳后，含碳量从表面到心部逐步减少，表面碳的质量分数可达 0.80%～1.05%，而心部仍为原来的低碳成分。若工件渗碳后缓慢冷却，从表面到心部的组织为珠光体＋网状二次渗碳体、珠光体、珠光体＋铁素体，如图 3-28 所示。

渗层的共析成分区与原始成分区之间的区域称为渗层的过渡区，通常规定：由渗碳工件表面向内至规定碳含量处的垂直距离称为渗碳层深度。渗碳层的深度取决于零件的尺寸和工作条件，一般为 0.5～2.5mm。渗碳层太薄，易造成工件表面的疲劳脱落；渗碳层太厚，则

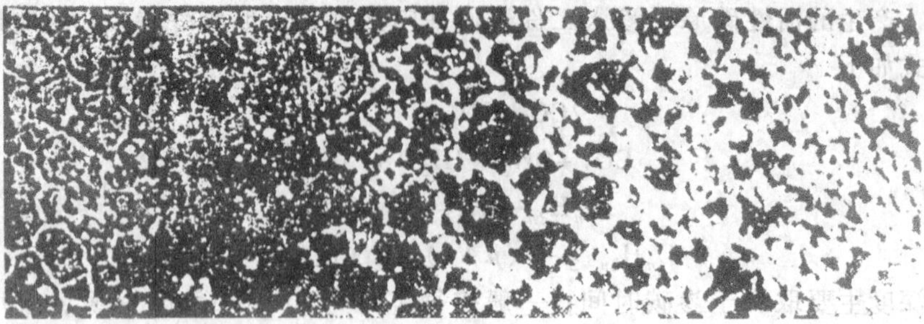

图 3-28 低碳钢渗碳缓冷后的组织

经不起冲击载荷的作用。

(3) 渗碳后的热处理 工件渗碳后的热处理工艺通常为淬火及低温回火。根据工件材料和性能要求的不同，渗碳后的淬火可采用直接淬火或一次淬火。工件经渗碳淬火及低温回火后，表层组织为回火马氏体和细粒状碳化物，表面硬度可高达 58～64HRC；心部组织取决于钢的淬透性，常为低碳马氏体或珠光体＋铁素体组织，硬度较低，体积膨胀较小，会在表层产生压应力，有利于提高工件的疲劳强度。因此，工件经渗碳淬火及低温回火后表面具有高的硬度和耐磨性，而心部韧性良好。

2. 渗氮

渗氮也称氮化，在一定温度下（一般在 Ac_1 温度以下）使活性氮原子渗入工件表面的化学热处理工艺。渗氮的目的是提高工件的表面硬度、耐磨性以及疲劳强度和耐蚀性。

对于以提高耐蚀性为主的渗氮，可选用优质碳素结构钢，如 20、30、40 钢等；对于以提高疲劳强度为主的渗氮，可选用一般合金结构钢，如 40Cr、42CrMo 等；而对于以提高耐磨性为主的渗氮，一般选用渗氮专用钢 38CrMoAlA。

渗氮用钢主要是合金钢，Al、Cr、Mo、V、Ti 等合金元素极易与氮形成颗粒细小、分布均匀、硬度很高而且稳定的氮化物，如 AlN、CrN、MoN、VN、TiN 等。这些氮化物的存在，对渗氮钢的性能起着重要的作用。

(1) 渗氮方法 常用的渗氮方法有气体渗氮和离子渗氮等，其中在工业生产中应用最广泛的是气体渗氮法。气体渗氮在专门的渗氮炉中进行，是利用氨在 500～600℃ 的温度下分解，产生活性氮原子，分解反应如下

$$2NH_3 \rightarrow 3H_2 + 2[N]$$

分解出的活性氮原子被工件表面吸收并向内层扩散，形成一定深度的渗氮层。当达到要求的渗氮层深度后，工件随炉降温到 200℃ 停止供氨，即可出炉空冷。为保证工件心部的力学性能，渗氮前工件应进行调质处理。

(2) 渗氮的特点与应用 与渗碳相比，渗氮后工件无需淬火便具有高的硬度、耐磨性和热硬性，良好的耐蚀性和高的疲劳强度，同时由于渗氮温度低，工件的变形小。但渗氮的生产周期长，一般要得到 0.3～0.5mm 的渗氮层，气体渗氮时间需 30～50h，成本较高；渗氮层薄而脆，不能承受冲击。因此，渗氮主要用于要求表面高硬度，耐磨、耐蚀、耐高温的精密零件，如精密机床主轴、丝杠、镗杆、阀门等。

3. 碳氮共渗与氮碳共渗

碳氮共渗是在一定温度下同时将碳、氮渗入工件表层奥氏体中，并以渗碳为主的化学热

处理工艺。

碳氮共渗有气体碳氮共渗和液体碳氮共渗两种，目前常用的是气体碳氮共渗。气体碳氮共渗是指在气体介质中将碳和氮同时渗入工件表层，并以渗碳为主的化学热处理工艺。其工艺过程与渗碳基本相似，常用渗剂为煤油＋氮气等，加热温度为820～860℃。然后还要进行淬火和低温回火。其表面组织为含氮马氏体，与渗碳相比，碳氮共渗加热温度低，零件变形小，生产周期短，渗层具有较高的硬度、耐磨性和疲劳强度，常用于汽车变速箱齿轮和轴类零件。

氮碳共渗即低温碳氮共渗，是使工件表层渗入氮和碳，并以渗氮为主的化学热处理工艺。它所用渗剂为尿素、甲酰胺或三乙醇胺等，加热温度为560～570℃，时间仅为1～4h，然后缓冷至室温。与一般渗氮相比，渗层硬度较低，脆性小，故也称为软氮化。氮碳共渗不仅适用于碳钢和合金钢，也可用于铸铁，常用于模具、高速钢刃具以及轴类零件。

4. 渗硼和渗硫

渗硼是将硼元素渗入工件表层的化学热处理工艺。具体是：将钢件置于渗硼介质中，加热至800～1000℃，保温1～6h，使活性硼原子［B］渗入钢件表层，获得高硬度、高耐磨性和良好的耐热性。为提高工件的心部性能，渗硼后应进行调质处理。结构钢渗硼后可代替工具钢制造刃具和模具；一般碳钢渗硼后可代替高合金耐热钢、不锈钢制造耐热、耐蚀零件。

渗硫是向工件表层渗入硫的过程。低温（150～250℃）电解渗硫可降低钢的摩擦因数，提高钢的抗咬合性能，但不能提高钢的硬度，一般用于碳素工具钢、渗碳钢、低合金工具钢、滚动轴承钢等制造的零件；中温（520～600℃）硫氮共渗能获得良好的减摩、耐磨和抗疲劳性能，对各类刃具和模具有良好的强化效果，并显著提高其使用性能。

3.5 其他热处理工艺简介

当代热处理技术的发展，主要体现在清洁热处理、精密热处理、节能热处理和少无氧化热处理等方面。先进的热处理技术可大幅度提高产品质量和延长使用寿命，故热处理新技术、新工艺的研究和开发备受关注，而且得到广泛应用。近年来计算机技术已用于热处理工艺控制。

3.5.1 真空热处理

真空热处理是指在低于一个大气压的环境中进行加热的热处理工艺，包括真空淬火、真空退火、真空化学热处理。真空热处理零件不氧化、不脱碳，表面光洁美观；升温慢，热处理变形小；可显著提高疲劳强度、耐磨性和韧性；表面氧化物、油污在真空加热时分解，被真空泵排出，劳动条件好。但是真空热处理设备复杂、投资和成本高。目前主要用于工模具和精密零件的热处理。

3.5.2 可控气氛热处理

可控气氛热处理是在成分可控制的炉内中进行的热处理。其目的是为了有效地进行渗碳、碳氮共渗等化学热处理，或防止工件加热时的氧化、脱碳，还可用于低碳钢的光亮退火及中、高碳钢的光亮淬火。通过建立气体渗碳数学模型、计算机碳势优化控制及碳势动态控制，可实现渗碳层浓度分布的优化控制、层深的精确控制，大大提高生产率。国外已经广泛用于汽车、拖拉机零件和轴承的生产，国内也引进了成套设备，用于铁路、车辆轴承的热处理。

3.5.3　形变热处理

形变热处理是将塑性变形与热处理有机结合，以提高材料力学性能的复合工艺。它能同时发挥形变强化和相变强化的作用，提高材料的强韧性，而且还可简化工序，降低成本，减少能耗和材料烧损。

1. 高温形变热处理

将钢加热到奥氏体区内后进行塑性变形，然后立即淬火、回火的热处理工艺，称为高温形变淬火，例如热轧淬火、锻热淬火等。与普通热处理相比，此工艺能提高强度10%～30%，提高塑性40%～50%，韧性成倍提高。它适用于形状简单的零件或工具的热处理，如连杆、曲轴、模具和刀具。

2. 低温形变热处理

将钢加热到奥氏体区后急冷至 Ar_1 以下，进行大量塑性变形，随即淬火、回火的工艺，又称为亚稳奥氏体的形变淬火。此工艺与普通热处理相比，在保持塑性、韧性不降低的情况下，可大幅度提高钢的强度和耐磨性。这种工艺适用于具有较高淬透性、较长孕育期的合金钢。

形变热处理主要受设备和工艺条件限制，应用还不普遍，对形状比较复杂的工件进行形变热处理尚有困难。形变热处理后对工件的可加工性和焊接也有一定影响。

3.5.4　超细化热处理

在加热过程中使奥氏体的晶粒度细化到10级以上，然后再淬火，可以有效地提高钢的强度、韧性和降低韧脆转化温度。这种使工件得到超细化晶粒的工艺方法称为超细化热处理。

奥氏体细化过程是首先将工件奥氏体化后淬火，形成马氏体组织后又以较快的速度重新加热到奥氏体化温度，经短时间保温后迅速冷却。这样反复加热、冷却循环数次，每加热一次，奥氏体晶粒就被细化一次，使下一次奥氏体化的形核率增加。而且快速加热时未溶的细小碳化物不但阻碍奥氏体晶粒长大，还成为形成奥氏体的非自发核心。用这种方法可获得晶粒度为13～14级的超细晶粒，并且在奥氏体晶粒内还均匀分布着高密度的位错，从而提高材料的力学性能。

3.5.5　高能束热处理

高能束热处理是利用电子束、等离子弧等高功率、高能量密度能源加热工件的热处理工艺总称。

1. 电子束热处理

电子束热处理是利用电子枪发射的电子束轰击金属表面，将能量转换为热能进行热处理的方法。电子束在极短时间内以密集能量（可达10^6～10^8W/cm^2）轰击工件表面而使表面温度迅速升高，利用自激冷作用进行冲击淬火或进行表面熔铸合金。

电子束加热工件时，表面温度和淬硬深度取决于电子束的能量大小和轰击时间。实验表明，功率密度越大，淬硬深度越深，但轰击时间过长会影响自激冷作用。

电子束热处理的应用与激光热处理相似，其加热效率比激光高，但电子束热处理需要在真空下进行，可控制性也差，而且要注意X射线的防护。

2. 离子热处理

离子热处理是利用低真空中稀薄气体的辉光放电产生的等离子体轰击工件表面，使工件表面成分、组织和性能改变的热处理工艺。

（1）离子渗氮　离子渗氮是在低于一个大气压的渗氮气氛中，利用工件（阴极）和阳极之间产生的辉光放电进行渗氮的工艺。常在真空炉内进行，通入氨气或氮、氢混合气体，炉压在133～1066Pa。接通电源，在阴极（工件）和阳极（真空器）间施加400～700V直流电压，使炉内气体放电，在工件周围产生辉光放电现象，并使电离后的氮正离子高速冲击工件表面，获得电子还原成氮原子而渗入工件表面，并向内部扩散形成渗氮层。

离子渗氮的优点是速度快，在同样渗层厚度的情况下仅为气体渗氮所需时间的1/3～1/4。渗氮层质量好、节能，而且无公害、操作条件良好，目前已得到广泛应用。缺点是零件复杂或截面悬殊时，很难同时达到统一的硬度和深度。

（2）离子渗碳　离子渗碳是将工件装入温度在900℃以上的真空炉内，在通入碳化氢的减压气氛中加热，同时在工件（阴极）和阳极之间施加高压直流电产生辉光放电，使活化的碳被离子化，在工件附近加速而轰击工件表面进行渗碳。

离子渗碳的硬度、疲劳强度和耐磨性等力学性能比传统渗碳方法高，渗速快，渗层厚度及碳含量容易控制，不易氧化，表面洁净。

（3）离子注入　离子注入是在高能量离子轰击下强行注入金属表面，以形成极薄具有特殊功能渗层的技术。在离子源形成的离子经过聚焦加速，形成离子束，并由质量分离器分离出所需离子，然后经过偏转、扫描等过程，对注入室内的工件（基极）进行轰击，形成合金渗层。整个过程在1.3×10^{-3}Pa的真空度下进行。试样的离子注入量可通过离子束电流和照射时间来测定。

离子注入技术在提高工程材料的表面硬度、耐磨性、疲劳抗力及耐蚀性等方面都有应用。

3.6 表面技术

表面技术是指改变零件的表面质量或表面状态，使其达到耐磨、耐蚀、强化、美观及精度要求的工艺，包括电镀、电刷镀、喷涂、涂装、电子束、离子束、激光束表面改性等。随着经济和科学技术的迅速发展，人们对各种产品抵御环境作用能力和长期运行的可靠性、稳定性提出了越来越高的要求，表面处理工艺也得到了迅速的发展。这里简单介绍一下具有广阔应用前景的表面处理新技术。

1. 化学气相沉积法

化学气相沉积是借助空间气相化学反应在基材表面上沉积固态薄膜的工艺技术，简称CVD法。

CVD法的反应温度多在1000℃以上，它包括以下三个过程：

1）产生挥发性运载化合物，如CH_4、H_2、$TiCl_4$等（除了涂层物质之外的其他反应产物必须是挥发性的）。

2）将挥发性化合物输送到沉淀区。

3）发生化学反应生成固态产物（如 TiC 或 TiN 等）。

所以说 CVD 法是利用气态物质在一固体表面上进行化学反应而生成固态沉积物的过程。目前最常用的 CVD 法其反应类型有热分解反应、氢还原反应、化学合成反应和化学传输型反应、激光激发反应等几种。

CVD 法的主要工艺参数有温度、压力和反应物供给配比，只有这三者很好地协调才能获得符合质量的膜层和一定的成膜生产率。

CVD 法的特点如下：

1）沉积层纯度高，沉积层与基体结合力强。

2）可沉积多种金属合金、半导体元素、难熔的碳化物和陶瓷，这是其他方法无法做到的。

3）能均匀涂覆几何形状复杂的零件，这是因为 CVD 法过程具有高度的分散性。

4）工艺重复性好，适于批量生产，成本低廉。

但也应注意到，CVD 法的沉积温度通常很高，一般在 1000～1100℃之间，因此基材的选择、沉积层或所得工件的质量都受到了限制。目前 CVD 技术的趋向是朝低温和高真空两个方向发展。如通过等离子体环境来诱发载气分解（形成沉积物），这样就减少了对热能的大量需要，从而大大扩展了沉积材料的范围。又如加拿大学者近年来研究的低温化学气相沉积 TiN 的新方法（LTCVD 法），其沉积温度为 450～600℃，使沉积的刀具既能保持高硬度又不发生扭曲，涂层厚度为 1～10μm，粘着力、耐蚀性、耐磨性皆好。

化学气相沉积法主要包括常压化学气相沉积、低压化学气相沉积和等离子体化学气相沉积等。

目前，CVD 法在电子、宇航、光学、能源等工业中广泛用于制备化合物单晶、同质和异质外延单晶层，制备耐磨、耐热、耐蚀和抗辐射的多晶保护层。此外，CVD 是大规模集成电路制作的核心工艺，已广泛用于制备半导体外延层、PN 结、扩散源、介质隔离、扩散掩蔽膜等。

2. 物理气相沉积法

物理气相沉积是把金属蒸气离子化后在高压静电场中使离子加速并直接沉积于金属表面形成覆层的方法，简称 PVD 法。它具有沉积温度低、沉积速度快、薄膜成分和结构可控、无公害等特点。物理气相沉积法主要包括真空蒸镀、溅射镀膜和离子镀。

（1）真空蒸镀　真空蒸镀是在真空条件下，用加热蒸发的方法使镀膜材料（膜料）蒸发或升华转化为气相，然后凝聚在基体表面的方法。根据蒸镀材料熔点的不同，其加热方式有电阻加热、电子束加热、激光加热等多种。真空蒸镀是 PVD 法中最早用于工业生产的一种方法，该方法工艺成熟，设备较完善，低熔点金属蒸发效果好，可用于制备介质膜、电阻、电容等，也可以在塑料薄膜和纸张上连续蒸镀铝膜。但因膜层结合力差，曾一度发展缓慢。电真空技术的发展和光固化涂料的诞生，使得真空蒸镀再度复兴，并广泛应用。

（2）溅射镀膜　溅射镀膜是在真空室中，利用荷能粒子轰击材料表面，使其原子获得足够的能量而溅出进入气相，然后在工件表面沉积的过程。其优点是汽化粒子动能大、适用材料广泛（包括基体材料和镀膜材料）、均镀能力好，但沉积速度慢、设备昂贵。

（3）离子镀　离子镀是在真空条件下，借助于一种惰性气体的辉光放电使气体或被蒸发物质部分离子化，气体或被蒸发物质离子经电场加速后对带负电荷的基体轰击的同时把蒸发物或其反应物沉积在基体上。离子镀兼具真空蒸镀的沉积速度快和溅射镀膜的离子轰击清洁表面的特点。真空蒸镀和溅射镀膜沉积的粒子主要为原子和分子，且粒子能量较低。而离子镀的沉积粒子除了原子、分子外，还有部分能量高达几百甚至上千电子伏特的离子一起参与成膜。这些高能粒子可以打入基体约几纳米的深度，从而大大提高涂层的结合力。此外，惰性气体离子与镀膜材料离子在基板表面上发生的溅射，还可以清除工件表面的污染物，进一步改善结合力。因此离子镀有如下特点：

1）膜层附着力强而不易脱落，这是其重要特性。

2）沉积速率快，镀层质量好，可镀得厚度为 30μm 的膜层。

3）可镀材质广泛，几乎无所不能镀。

物理气相沉积技术是一种对材料表面进行改性处理的高新技术，最初和最成功的发展是在半导体工业、航空航天等特殊领域。在机械工业中作为一种新型的表面强化技术起始于20 世纪 80 年代初，而且主要集中在切削工具的表面强化。以改善机械摩擦副零件性能为目的的研究近 10 多年才受到广泛重视，是现在重点开发的新领域。物理气相沉积技术现已广泛用于机械、航空、电子、轻工和光学等工业部门中制备耐磨、耐蚀、耐热、导电、磁性、光学、装饰、润滑、压电和超导等各种镀层。随着 PVD 设备的大型化、连续化和不断完善，它的应用范围和可镀工件尺寸不断扩大，已成为国内外近 20 年来争相发展和采用的先进技术之一，它作为高新技术在先进制造技术和技术进步中占有重要的地位。

3. 离子注入

离子注入就是在真空中把气体或固体蒸气源离子化，通过加速后把离子直接注入固体材料表面，从而改变材料表面（包括近表面数十到数千埃的深度）的成分和结构，达到改善性能的目的。可通过离子注入进行表面改性的材料除金属材料以外，目前已扩展到高分子材料和陶瓷材料。

（1）离子注入的特点　金属材料离子注入的优点如下：

1）几乎所有的元素都可以注入，而且可得到高的表面浓度，获得非平衡结构和合金相。例如虽然铜和钨不互溶，却可以将钨离子注入铜基体中；氮在钢中溶解度很低，通过氮离子注入的方法可以使钢表面氮浓度很高，并形成亚稳的氮化物。

2）离子注入可以在室温下进行，不需要把待处理的部件加热，从而可保持其外形和尺寸不变。

3）离子注入的深度和浓度易于控制，可以重复。

4）注入层和基体之间结合力强，界面连续。

其主要缺点是：注入层较薄；离子直线注入，对可以处理的部件的形状有一定要求，复杂部件很难处理；设备费用昂贵。

（2）离子注入技术的应用范围

1）提高耐磨性能。氮离子注入的铁合金人造骨，磨损可降低三个数量级，使用寿命提高 100 倍；硬质合金制造的拉丝模具、工具钢制造的塑料挤压模具、切纸刀和橡胶切刀、钻头、冲头等，通过离子注入都可以使使用寿命提高几倍到十几倍。

2）提高耐蚀性能。在钢表面离子注入一层铬，可以得到与铝合金相当的耐蚀性能。

3）提高抗氧化性能。对一些金属，如铁、锆、铬、镍和铜等，离子注入钇、铯、铝等抗氧化元素可以使其表面氧化速率降低很多。

（3）离子注入金属材料表面改性的通常方式

1）常规注入。将欲引入表面的元素离子直接注入，如将氮离子直接注入钢的表面。

2）反冲注入。将欲引入元素先喷涂于金属表面，然后再以其他离子（以惰性气体离子）的能量将镀层元素反冲到基底中去。

3）离子束混合。将元素A和B预先交替地镀在基体上，组成多层膜轰击扩散镀层。该法仍然是先镀后轰，但轰击时辅以适当的加热，等于一边轰一边扩散。由于加热到一定的温度，轰击所产生的点缺陷就可以运动，因而造成元素的种种迁移效应，使离子穿入深度可以加大。

4. 激光束表面改性技术

激光是由受激辐射引起的并通过谐振放大了的光。激光与一般光的不同之处是纯单色，具有相干性，因而具有强大的能量密度。由于激光束能量密度高（$10^6W/cm^2$），可在短时间内将工件表面快速加热或熔化，而心部温度基本不变；当激光辐射停止后，由于散热速度快，又会产生“自激冷”。激光束表面改性技术主要应用于以下几方面：

（1）激光表面淬火　激光表面淬火又称激光相变硬化。激光表面淬火件硬度高（比普通淬火高15%～20%）、耐磨、耐疲劳，变形极小，表面光亮。已广泛用于发动机缸套、滚动轴承圈、机床导轨、冷作模具等。

（2）激光表面合金化　预先用镀膜或喷涂等技术把所要求的合金元素涂敷到工件表面，再用激光束照射涂敷表面，使表面膜与基体材料表层融合在一起并迅速凝固，从而形成成分与结构均不同于基体的、具有特殊性能的合金化表层。利用这种方法可以进行局部表面合金化，使普通金属零件的局部表面经处理后可获得高级合金的性能。该方法还具有层深层宽可精密控制、合金用量少、对基体影响小、可将高熔点合金涂敷到低熔点合金表面等优点，已成功用于发动机阀座和活塞环、涡轮叶片等零件的性能和寿命的改善。

激光束表面改性技术还可用于激光涂敷，以克服热喷涂层的气孔、夹杂和微裂纹缺陷；还可用于气相沉积技术，以提高沉积层与基体的结合力。

5. 电子束表面改性技术

电子束表面改性技术是以在电场中高速移动的电子作为载能体，电子束的能量密度最高可达$10^9W/cm^2$。除所使用的热源不同外，电子束表面改性技术与激光束表面改性技术的原理和工艺基本类似。凡激光束可进行的处理，电子束也都可进行。

与激光束表面改性技术相比，电子束表面改性技术还具有以下特点：

1）由于电子束具有更高的能量密度，所以加热的尺寸范围和深度更大。

2）设备投资较低，操作较方便（无需像激光束处理那样在处理之前进行“黑化”）。

3）因需要真空条件，故零件的尺寸受到限制。

3.7 热处理工件的结构工艺性

零件的结构工艺性，是指所设计的零件在能满足使用要求的前提下实施制造的可行性和经济性，即制作零件结构的难易程度。零件的结构工艺性是评定零件结构优劣的主要指标之一。

3.7.1 热处理工艺对零件结构的要求

热处理零件结构工艺性是指在设计需要进行热处理的零件时，特别是需淬火的零件，既要考虑保证零件的使用性能要求，又要考虑热处理工艺对零件结构的要求。如果零件结构工艺性不合理，则可能造成淬火变形、开裂等热处理缺陷，从而使零件报废，造成不必要的损失。在设计时，必须充分考虑淬火零件的结构、形状及各部分的尺寸以及加工工艺与热处理工艺性的关系。一般应注意以下几点：

1. 避免尖角与棱角

零件的尖角与棱角是淬火应力集中的地方，容易成为淬火裂纹源。一般尽量将其设计成圆角、倒角，如图3-29所示。

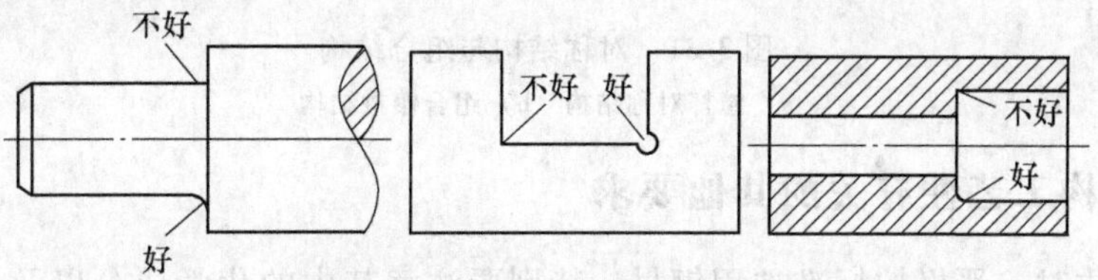

图3-29 台阶处避免尖角

2. 避免截面厚薄悬殊，合理安排槽孔结构

截面厚薄悬殊的零件淬火冷却时，由于冷却不均匀会造成零件变形和开裂。如图3-30所示，一般对于截面尺寸差异明显的零件，利用开设工艺孔、变不通孔为通孔等措施，尽量变截面不均匀为均匀过渡，以达到减少热处理变形与开裂的目的。

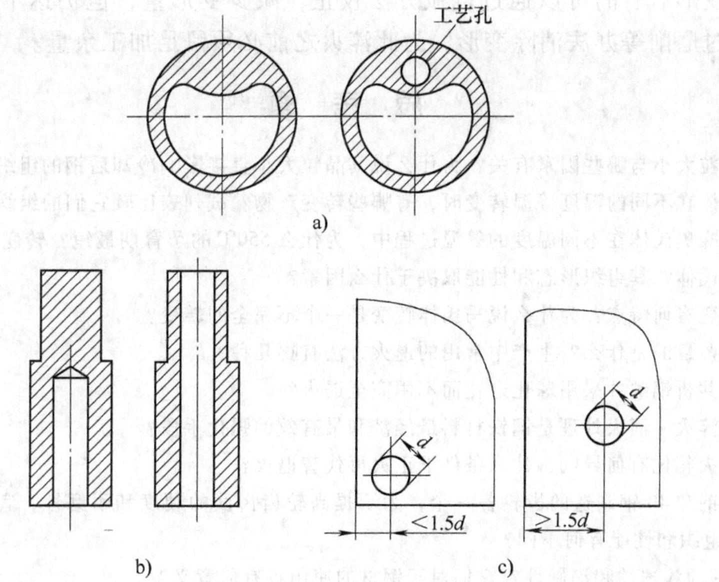

图3-30 不均匀截面的情况

a）利用工艺孔 b）壁厚求均匀 c）边孔守规范

3. 结构设计尽量对称，镶拼组合减轻开裂

由于开口或不对称结构零件淬火时应力分布不均匀，容易引起变形，故应改为封闭或对称结构，如图 3-31a 所示。对某些有淬裂倾向而各部分工作条件要求不同的零件或形状复杂的零件，尽可能采用组合结构或镶拼结构，如图 3-31b 所示。

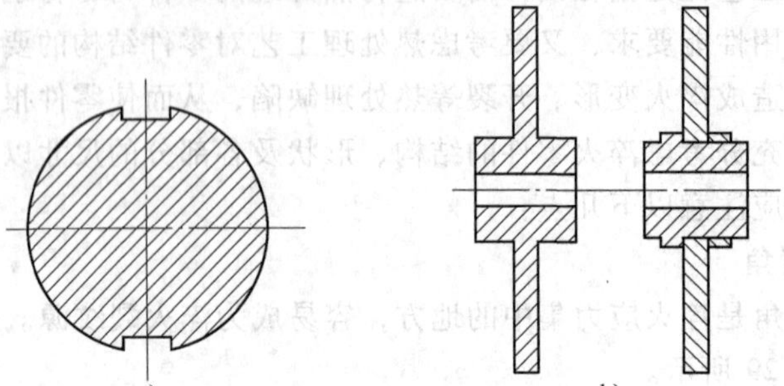

图 3-31 对称结构与组合结构
a）镗杆对称结构 b）组合镶拼结构

3.7.2 和结构工艺性有关的其他要求

在选择材质时，严格按标准选用钢材，特别要注意其中的化学成分以及 S、P 含量和非金属夹杂等级是否符合标准。合理安排加工工艺路线，通过淬火之前的热处理（退火、正火等）将组织调整到正常组织，内应力予以消除，特别要使组织细化。

前道工序的冷加工及热加工不要留下表面及内部裂纹及深的刀痕。淬火前工件预留足够的加工余量。生产或试验积累的资料对一定材质、一定形状的零件，在一定的淬火加热工艺下变形有一定指导意义，应该注意利用。

零件淬火变形后有的可以通过机械方法校正，减少变形量，但仍达不到要求的公差值时，则需要通过磨削等办法消除变形，为此淬火之前必须留足加工余量。

思 考 题

1. 奥氏体晶粒大小与哪些因素有关？为什么说其晶粒大小直接影响冷却后钢的组织和性能？
2. 过冷奥氏体在不同的温度等温转变时，有哪些转变产物？试列表比较它们的组织和性能。
3. 共析钢过冷奥氏体在不同温度的等温过程中，为什么 550℃ 的孕育期最短？转变速度最快？
4. 什么是马氏体？其组织形态和性能取决于什么因素？
5. 马氏体转变有何特点？为什么说马氏体转变是一个不完全的转变？
6. 退火的主要目的是什么？生产中常用的退火方法有哪几种？.
7. 为什么过共析钢锻件采用球化退化而不用完全退火？
8. 为什么说淬火 + 回火处理是钢铁材料最经济和最有效的强化手段？
9. 正火与退火相比有何异同？什么条件下正火可代替退火？
10. 现有 20 钢和 40 钢制造的齿轮各一个，为了提高轮齿齿面的硬度和耐磨性，宜采用何种热处理工艺？热处理后的组织和性能有何不同？
11. 什么是钢的淬透性和淬硬性？它们对于钢材的使用各有何意义？
12. 回火的目的是什么？为什么淬火工件务必要及时回火？
13. 为什么生产中对刃具、冷作模具、量具、滚动轴承等热处理常采用淬火 + 低温回火，对弹性零件

则采用淬火 + 中温回火，而对轴、连杆等零件却采用淬火 + 高温回火？

14. 在硬度相同的条件下，为什么经调质处理的工件比正火后的工件具有较好的力学性能？

15. 用 T12 钢制造的丝锥，其成品硬度要求为 > 60HRC，加工工艺过程为：轧制→热处理 1→机加工→热处理 2→机加工。

1）写出各热处理工序的名称及作用。

2）制订最终热处理的工艺规范（加热温度、淬火冷却介质）。

16. 什么是表面淬火？为什么机床主轴、齿轮等中碳钢零件常采用感应淬火？

17. 什么是化学热处理？化学热处理包括哪几个基本过程？常用的化学热处理方法有哪几种？

18. 渗碳的目的是什么？为什么渗碳零件均采用低碳钢或低碳合金钢制造？

19. 为什么钢经渗碳后还需进行淬火 + 低温回火处理？

20. 常用碳氮共渗的方法有哪几种？其主要目的和应用范围如何？

第4章　工业用钢与铸铁

教学基本要求

1. 熟练掌握工业用钢的分类与编号表示方法。

2. 熟悉钢铁中合金元素的含量与作用，掌握确定最终热处理工艺名称、特点与相应组织。

3. 熟悉铸铁的石墨化过程特点与影响。

4. 熟悉铸铁的分类、牌号、性能特点并能熟练选用。

5. 了解工程材料新发展。

4.1　概述

工业用钢是应用最为广泛的金属材料。

按 GB/T 13304.1—2008 的定义：钢是以铁为主要元素，碳的质量分数一般在 2% 以下，并含有其他元素的材料。

通常工业用钢包括非合金钢、低合金钢、合金钢三类。非合金钢由于价格低廉、易于获取，通过碳含量的控制和热处理可使其性能得到改善，能满足生产的基本需求，因而应用广泛。

随着现代工业和科学技术的迅速发展，机械设备普遍向重载、高速、高（低）温、高压、多功能、精密、可靠等方向发展，对钢材具有较高的强度、良好的塑性和韧性，以及耐高压、耐高（低）温、耐腐蚀等物理、化学性能要求，只有低合金钢、合金钢可以胜任。

4.1.1　工业用钢的分类与牌号

1. 钢的分类

GB/T 13304.1—2008、GB/T 13304.2—2008《钢分类》中规定了钢的常用分类方法，其中按化学成分的不同，钢分为非合金钢、低合金钢和合金钢。

GB/T 13304.1—2008 严格规定了非合金钢、低合金钢、合金钢各自的合金元素含量界限值（质量分数）。上述三类钢材又分别按照主要质量等级、主要性能或使用特性进行细化分类，本节仅以非合金钢为例作介绍。

（1）按主要质量等级分类

1）普通质量非合金钢。普通质量非合金钢是指生产过程中不规定需要特别控制质量要求的钢。例如：Q195、Q235 的 A、B 级等。

2）优质非合金钢。优质非合金钢是指生产过程中需要特别控制质量（如控制晶粒度，降低硫、磷含量，改善表面质量或增加工艺控制等），以达到比普通质量非合金钢特殊的质量要求，但这种钢的生产控制不如特殊质量非合金钢严格。常见的优质非合金钢有：碳素结构钢 GB/T 700 中除普通质量 A、B 级以外的所有牌号；优质碳结钢中 10、20 等钢；锅炉用钢 Q245R、铁道用钢 U74 等。

3）特殊质量非合金钢。特殊质量非合金钢是指生产过程中需要特别严格控制质量和性能（如控制淬透性和纯洁度）的非合金钢。常见的特殊质量非合金钢有：优质碳素结构钢中的 65Mn、75、80 钢；汽车用钢中的 CR220BH；焊条用钢 H08E、H08C 等。更多钢例详见 GB/T 13304. 2—2008。

而传统习惯中按碳质量分数高低划分的低碳钢（$w_C<0.25\%$）、中碳钢（$w_C=0.25\% \sim 0.60\%$）和高碳钢（$w_C>0.60\%$）等均属于非合金钢中的不同质量等级的钢种。

（2）按钢的主要性能或使用特性分类　包括按最高强度（或硬度）为主要特性的非合金钢，如冷成形用薄钢板；按规定最低强度为主要特性的非合金钢，如造船、压力容器用钢；以限制含碳量为主要特性的非合金钢、非合金工具钢、专门电工用非合金钢、其他非合金钢等。

合金钢按主要使用特性分为工程结构用钢、机械结构用钢、工具钢、不锈钢、耐蚀钢和耐热钢、轴承钢、特殊物理性能钢及其他用钢等。

2. 钢铁产品牌号表示方法

在 GB/T 221—2008 中规定了新的钢铁产品牌号表示方法。新标准中不仅可采用汉字及汉语拼音，还可用英文单词。钢铁产品牌号的表示，通常采用大写汉语拼音字母、化学元素符号和阿拉伯数字相结合的方法表示。为了便于国际交流和贸易的需要，也可采用英文字母或国际惯例表示符号。化学元素采用国际化学元素符号表示，如 Ni、Cr 等（混合稀土元素用“RE”表示）。

为便于熟悉、掌握 GB/T 221—2008 中钢铁产品牌号的表示方法，本节对国家标准中的表述作了部分摘录，以飨读者。

（1）碳素结构钢和低合金结构钢　碳素结构钢和低合金结构钢的牌号通常由四部分组成：第一部分，前缀符号＋强度值（以 N/mm^2 或 MPa 为单位），其中通用结构钢前缀符号为代表屈服强度的拼音的字母“Q”；第二部分，钢的质量等级，用英文字母 A、B、C、D、E、F…表示；第三部分，脱氧方式表示符号，即沸腾钢、半镇静钢、镇静钢、特殊镇静钢分别以“F”“b”“Z”“TZ”表示，镇静钢、特殊镇静钢表示符号通常可以省略；第四部分，产品用途、特性和工艺方法表示符号。

例如，HRBF335 表示细晶粒热轧带肋钢筋，其汉字为热轧带肋钢筋＋细，英语单词为 Hot Rolled Ribbed Bars＋Fine；采用字母 HRBF；其屈服强度特征值为 $335N/mm^2$。

根据需要，低合金高强度结构钢的牌号也可以采用两位阿拉伯数字（表示平均碳的质量分数，以万分之几计）加规定的元素符号及必要时加代表产品用途、特性和工艺方法的表示符号，按顺序表示。

例如：碳质量分数为 0.15%～0.26%，锰质量分数为 1.20%～1.60% 的矿用钢牌号为 20MnK。

（2）合金结构钢和合金弹簧钢等　合金结构钢牌号通常也由四部分组成：第一部分，以两位阿拉伯数字表示平均碳的质量分数（以万分之几计）；第二部分，合金元素含量，以化学元素符号及阿拉伯数字表示；第三部分，钢材冶金质量，即高级优质钢、特级优质钢分别以 A、E 表示；第四部分，产品用途、特性或工艺方法表示符号。合金结构钢和合金弹簧钢牌号示例见表 4-1。

表 4-1 合金结构钢和合金弹簧钢牌号示例（摘自 GB/T 221—2008）

序号	产品名称	第一部分	第二部分	第三部分	第四部分	牌号示例
1	合金结构钢	w_{C} 0.22%～0.29%	w_{Cr} 1.50%～1.80% w_{Mo} 0.25%～0.35% w_{V} 0.15%～0.30%	高级优质钢	—	25Cr2MoVA
2	锅炉和压力容器用钢	w_{C}≤0.22%	w_{Mn} 1.20%～1.60% w_{Mo} 0.45%～0.65% w_{Nb} 0.025%～0.050%	特级优质钢	锅炉和压力容器用钢	18MnMoNbER
3	优质弹簧钢	w_{C} 0.56%～0.64%	w_{Si} 1.60%～2.00% w_{Mn} 0.70%～1.00%	优质钢	—	60Si2Mn

车辆车轴用钢、非调质机械结构钢、工具钢、轴承钢及钢轨钢等的牌号表示方法示例见表 4-2。不同类型钢及其牌号表示方法见表 4-3。

表 4-2 车辆车轴用钢、非调质机械结构钢、工具钢、轴承钢及钢轨钢等的牌号表示方法示例（摘自 GB/T 221—2008）

产品名称	第一部分			第二部分	第三部分	第四部分	牌号示例
	汉字	汉语拼音	采用字母				
车辆车轴用钢	辆轴	LiANG ZHOU	LZ	w_{C} 0.40%～0.48%	—	—	LZ45
机车车辆用钢	机轴	JI ZHOU	JZ	w_{C} 0.40%～0.48%	—	—	JZ45
非调质机械结构钢	非	FEI	F	w_{C} 0.32%～0.39%	w_{V} 0.06%～0.13%	w_{S} 0.035%～0.075%	F35VS
碳素工具钢	碳	TAN	T	w_{C} 0.80%～0.90%	w_{Mn} 0.40%～0.60%	高级优质钢	T8MnA
合金工具钢	w_{C} 0.85%～0.95%			w_{Si} 1.20%～1.60% w_{Cr} 0.95%～1.25%	—	—	9SiCr
高速工具钢	w_{C} 0.80%～0.90%			w_{W} 5.50%～6.75% w_{Mo} 4.50%～5.50% w_{Cr} 3.80%～4.40% w_{V} 1.75%～2.20%	—	—	W6Mo5Cr4V2
高速工具钢	w_{C} 0.86%～0.94%			w_{W} 5.90%～6.70% w_{Mo} 4.70%～5.20% w_{Cr} 3.80%～4.50% w_{V} 1.75%～2.10%	—	—	CW6Mo5Cr4V2
高碳铬轴承钢	滚	GUN	G	w_{Cr} 1.40%～1.65%	w_{Si} 0.45%～0.75% w_{Mn} 0.95%～1.25%	—	GCr15SiMn
钢轨钢	轨	GUI	U	w_{C} 0.66%～0.74%	w_{Si} 0.85%～1.15% w_{Mn} 0.85%～1.15%	—	U70MnSi

表 4-3　不同类型钢及其牌号表示方法

分类		牌号举例	牌号含义及举例说明
非合金钢	普通碳素结构钢	Q235AF	牌号由“Q＋屈服强度值＋质量等级符号＋脱氧方法符号”四个部分组成。“Q”为“屈”字汉语拼音字首；有 A、B、C、D 四个质量等级，从 A→D 质量依次提高；脱氧方法符号 F、Z、TZ 分别表示沸腾钢、镇静钢和特殊镇静钢，Z 和 TZ 在钢号中可省略。如 Q235AF 表示屈服强度大于 235MPa，质量为 A 级的沸腾钢
非合金钢	优质碳素结构钢	20、45	牌号用两位数字表示钢中平均碳的质量万分数。如 45 钢表示平均碳的质量分数为 0.45% 的优质碳素结构钢
非合金钢	碳素工具钢	T8、T8A	牌号由“T＋数字＋质量级别”的方法表示。“T”为“碳”字汉语拼音字首，其后数字表示其平均碳的质量千分数，如为高级优质钢，则在数字后面加符号“A”表示。如 T8 表示平均碳的质量分数为 0.8% 的优质碳素工具钢，而 T8A 为高级优质碳素工具钢
非合金钢	铸造碳钢	ZG230-450	铸造碳钢碳的质量分数一般小于 0.65%，牌号由“ZG＋两组数字”表示，“ZG”为“铸钢”汉语拼音字首，其后第一组数字为其屈服强度值，第二组为其抗拉强度值（该数值适用于厚度小于 100mm 的铸钢件）。如 ZG2307-450 表示屈服强度为 230MPa、抗拉强度为 450MPa 的工程用铸造碳钢
低合金钢	低合金高强度结构钢	Q345、Q345C	牌号由“Q＋屈服强度值＋质量等级符号（A、B、C、D、E）”三个部分组成。如 Q345C 表示屈服强度为 345MPa，质量等级为 C 级的低合金高强度结构钢
低合金钢	其他类型低合金钢	H10MnSi U70MnSi	这类钢因用途不同有不同的牌号，如 H10MnSi 为焊接用钢，U70MnSi 为钢轨用钢等，在此不一一列举
合金钢	合金结构钢	40Cr 60Si2Mn GCr15	牌号由“数字＋元素符号＋数字”表示。前面两位数字表示平均碳的质量万分数，合金元素符号后面的数字表示合金元素的质量分数。当其平均质量分数小于 1.5% 时，只标出元素符号，不标数字。如 40Cr 钢，表示平均碳的质量分数 w_C＝0.4%，平均铬的质量分数 $w_{Cr}<1.5\%$ 的合金结构钢。若质量为高级优质钢，则在牌号末加标“A”字 GCr15 表示铬的质量分数为 1.5%（铬含量用质量千分数表示）、碳的质量分数为 0.9% 的滚动轴承钢
合金钢	合金工具钢	9SiCr CrWMn W18Cr4V	牌号前的数字表示平均碳的质量千分数，但当平均碳的质量分数 $w_C\geqslant1.0\%$ 时，牌号中不标碳含量。高速钢例外，其平均碳的质量分数 $w_C<1.0\%$ 也不标出。合金元素的表示法与合金结构钢相同。如 CrWMn 钢，表示 $w_C\geqslant1.0\%$，w_{Cr}、w_W、$w_{Mn}<1.5\%$ 的合金工具钢；9SiCr 表示 $w_C=0.9\%$，w_{Si}、$w_{Cr}<1.5\%$ 的合金工具钢。此外，由于合金工具钢都属于高级优质钢，故牌号中不再标“A”字
合金钢	特殊性能钢	12Cr18Ni9	牌号前面的两位数字表示平均碳的质量分数（以万分之几计），当平均碳的质量分数不大于 0.03% 时，用三位数字表示（以十万分之几计）。合金元素的表示法与合金结构钢相同。如 12Cr18Ni9，表示碳的质量分数为 0.15%，铬、镍的质量分数为 18%、9%

3. 钢铁及合金统一数字代号体系

国家标准 GB/T 17616—1998 对钢铁及合金产品牌号规定了统一数字代号，与现行的 GB/T 221—2008 钢铁产品牌号表示方法等同时并用。统一数字代号有利于现代化数据处理设备进行存储和检索，便于生产和使用。

统一数字代号由固定的 6 位符号组成，左边第 1 位用大写拉丁字母作前缀（“I”和“O”除外），后接 5 位阿拉伯数字。每个统一数字只适用于一个产品牌号。

统一数字代号的结构形式如下：

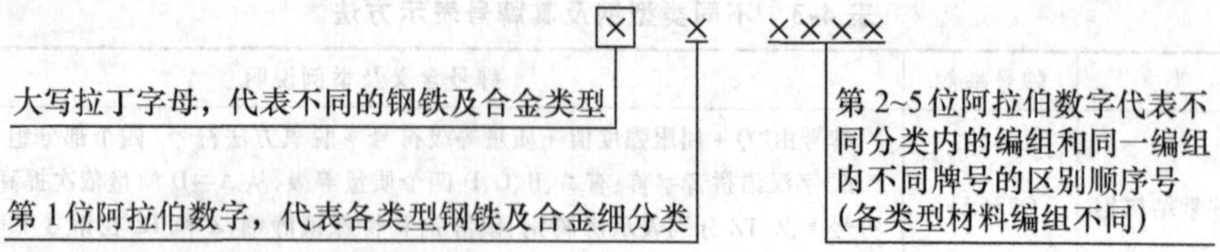

钢铁及合金的类型与每个类型产品牌号统一数字代号见表4-4。

表4-4 钢铁及合金的类型与统一数字代号

钢铁及合金的类型	统一数字代号	钢铁及合金的类型	统一数字代号
合金结构钢	A×××××	杂类材料	M×××××
轴承钢	B×××××	粉末及粉末材料	P×××××
铸铁、铸钢及铸造合金	C×××××	快淬金属及合金	Q×××××
电工用钢和纯铁	E×××××	不锈、耐蚀和耐热钢	S×××××
铁合金和生铁	F×××××	工具钢	T×××××
高温合金和耐蚀合金	H×××××	非合金钢	U×××××
精密合金及其他特殊物性材料	J×××××	焊接用钢及合金	W×××××
低合金钢	L×××××		

例如：U20202，表示20（非合金钢）优质碳素结构钢；A73402表示合金调质钢中的40MnVB；B00150表示含铬滚动轴承钢中的GCr15；S30408表示奥氏体型不锈钢中的06Cr19Ni10等。

4.1.2 杂质对钢质量的影响

在实际的钢铁冶炼过程中，不可避免地带入少量的锰、硅、硫、磷等元素，它们的存在必然对钢的性能产生影响。

1. 锰和硅

锰和硅是钢中的有益元素，来源于炼钢原料——生铁和脱氧剂锰铁、硅铁等，室温下，能溶于铁素体，对钢有一定的固溶强化作用。同时，锰具有一定的脱氧和脱硫能力，可减轻硫的有害影响，改善钢材的加工性能；锰还能增加珠光体的相对量，并使它细化，利于钢的强度提高。非合金钢中锰的质量分数一般在0.25%~0.80%之间；硅一般不超过0.40%。

2. 硫和磷

硫和磷是钢中的有害元素，来源于生铁和燃料，炼钢时难以完全去除。

固态下，钢中的硫常以硫化亚铁（FeS）形式存在。硫化亚铁会与铁形成低熔点（985℃）的共晶体（FeS + Fe），分布在晶界。由于硫化亚铁塑性很差，当钢被加热到1000~1200℃进行锻压加工时，奥氏体晶界上低熔点共晶体早已熔化，晶粒间的结合受到破坏，使钢在压力加工时沿晶界开裂，这种现象，称为热脆。为避免热脆，必须严格控制硫的含量，并增加锰含量。因为锰可优先与硫形成高熔点（1620℃）的MnS，呈颗粒状分布于晶内，MnS在高温下有一定的塑性，从而避免发生热脆。

但在易切削钢中硫与锰形成的MnS则不仅易于断屑，方便切削，而且能减轻硫的危害。因此，在易切削钢中硫又是有益的合金元素。

磷一般能全部溶于铁素体，起固溶强化作用，增加钢的强度、硬度，但使塑性、韧性显著降低。此脆化现象在低温时更为严重，故称为冷脆。此外，磷还会使钢的焊接性变差。在某些场合下磷也是有益元素，例如，在制造炮弹头的钢材中，磷增大脆性，可使爆炸碎片增加，增加杀伤力；在钢中磷适量又利于切削，增加钢的耐蚀性。

4.1.3　合金元素在钢中的作用

钢是以 Fe 为基的 Fe-C 合金，加入的合金元素与 Fe 和 C 之间以及合金元素之间的相互作用是合金结构和组织变化的基础，并且直接影响着钢中的组织和相变过程，达到改变钢的性能的目的。

1. 合金元素对钢中基本相的影响

（1）强化铁素体　大部分合金元素加入钢中都能或多或少地溶入铁素体而形成合金铁素体，由于溶入元素的原子直径与铁的原子直径有差别，因此会引起铁素体的晶格畸变，使塑性变形抗力增加，形成固溶强化，使强度、硬度升高，但塑性和韧性有所下降。而其中 $w_{Cr} \leqslant 2\%$、$w_{Ni} \leqslant 5\%$、$w_{Mn} \leqslant 1.5\%$ 时，在强化铁素体的同时，仍能提高韧性。图 4-1 和图 4-2 为常见合金元素对铁素体硬度和冲击韧度的影响。

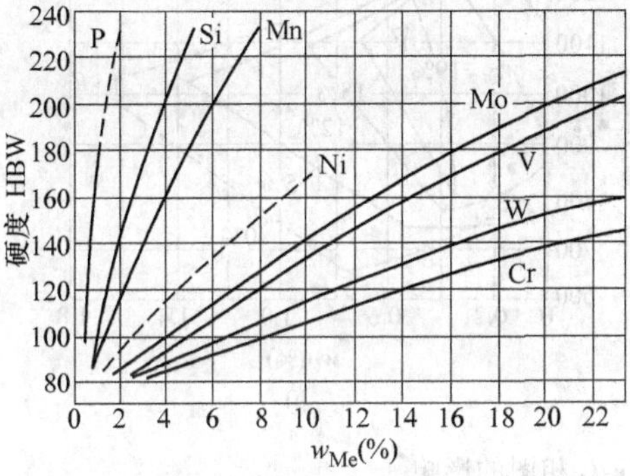

图 4-1　合金元素对铁素体硬度的影响（Me 表示合金元素）

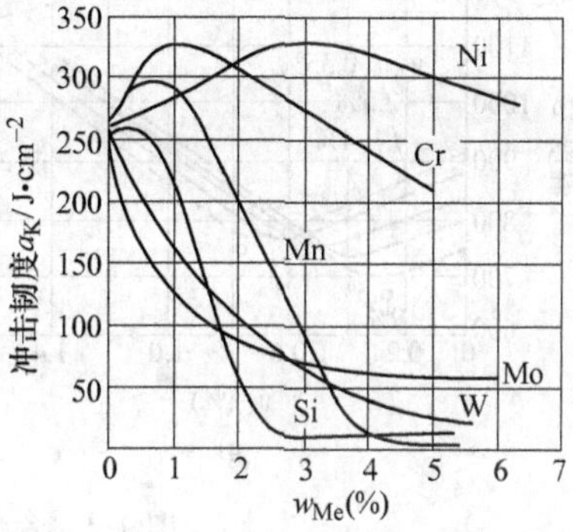

图 4-2　合金元素对铁素体冲击韧度的影响（Me 表示合金元素）

（2）形成合金碳化物　依据合金元素与碳亲和的能力，由强到弱的顺序是：钛、钒、铌、钨、钼、铬、锰和铁，可将合金元素分成：

1）弱碳化物形成元素（如锰、铁），如 $(Fe, Mn)_3C$ 等类稳定性较差的合金渗碳体或渗碳体。

2）中强碳化物形成元素（如铬、钼、钨等），质量分数较低（0.5%～3%）时，有部分合金元素溶入渗碳体，置换其中的铁原子而形成合金渗碳体，如 $(Fe, Cr)_3C$、$(Fe, W)_3C$ 等。合金渗碳体较渗碳体更稳定，硬度也较高，是一般低合金钢中碳化物的主要存在形式。

3）强碳化物形成元素（如钛、钒、铌及钨、钼质量分数大于 5% 时），主要与碳形成特殊碳化物，如 TiC、VC、NbC、W_2C、Mo_2C 等。特殊碳化物与合金渗碳体的晶格结构不同，属于具有复杂晶格的间隙化合物，具有更高的熔点、硬度和耐磨性，也更为稳定。尤其是在钢中弥散分布时，能显著提高钢的强度、硬度和耐磨性，而不明显降低其韧性，这对提高工模具的使用性能极为有利，但在加工工艺中必须采用较大的锻造比和适当的热处理工艺配合，才能更好地发挥钢材潜力。

2. 合金元素对 $Fe\text{-}Fe_3C$ 相图的影响

（1）改变奥氏体区的范围

1）扩大奥氏体区的元素。添加镍、锰、钴、铜等元素会扩大奥氏体（γ相）区，使 *GS* 线向左下方移动，共析转变温度与共析成分向低温、低碳方向移动。若钢中含有大量这类元素，会使相图中γ相区域一直扩展到室温以下，室温可形成单相奥氏体组织，称为奥氏体钢，如 Mn13 耐磨钢、12Cr18Ni9 不锈钢等均属于奥氏体钢。

2）缩小奥氏体区的元素。添加铬、钨、钼、钒、钛、铝、硅等元素缩小奥氏体（γ相）区，使 *GS* 线向左上方移动，共析转变温度与共析成分向高温、低碳方向移动。若钢中加入大量这类元素，甚至可能使γ相区完全消失，室温形成稳定的单相铁素体组织，此类钢称为铁素体钢。如工业用高硅变压器钢、$w_{Cr}=17\%\sim28\%$ 的高铬不锈钢等都属于铁素体钢。

图 4-3 为合金元素（Mn 和 Cr）对 $Fe\text{-}Fe_3C$ 相图的影响。

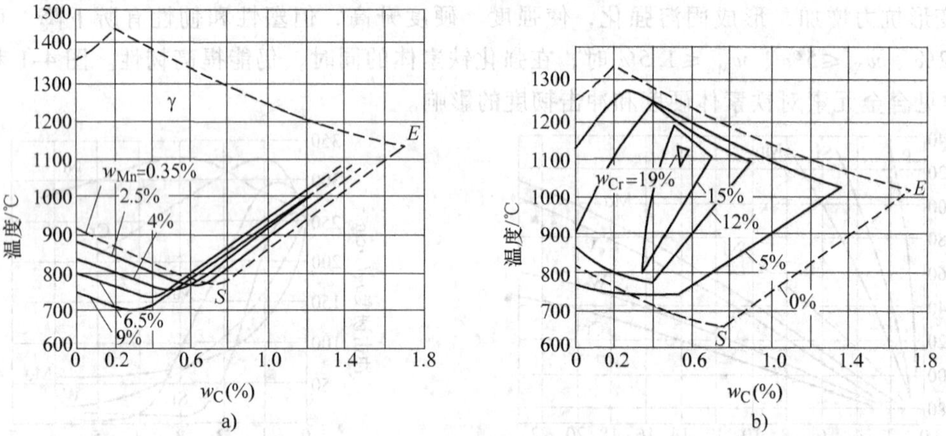

图 4-3 合金元素对 $Fe\text{-}Fe_3C$ 相图的影响

a）Mn 扩大γ相区 b）Cr 缩小γ相区

（2）改变相图中 *E*、*S* 点的位置 合金元素加入钢中均使 $Fe\text{-}Fe_3C$ 相图中的 *S* 点、*E* 点左移。*S* 点左移，表明合金钢中共析成分碳的质量分数减少，即 $w_C<0.77\%$。*E* 点左移，则表明出现莱氏体的碳质量分数降低。例如，$w_C=0.4\%$ 的碳钢原属亚共析钢，但加入质量分数为 13% 的铬元素后，则成为共析钢，如 40Cr13 不锈钢。又如 $w_W=18\%$ 的高速钢，即使其 w_C 仅为 0.7%～0.8%，铸态组织中就出现了合金莱氏体，也称为莱氏体钢。

显然，合金元素使 $Fe\text{-}Fe_3C$ 相图的相变点发生改变，不再适用于合金钢。因此，合金钢的热处理等工艺应根据多元铁基合金系相图分析。

3. 合金元素对钢的热处理的影响

（1）合金元素对钢加热转变的影响 合金钢奥氏体化的基本过程与非合金钢一样，也包括晶核的形成、长大及碳化物的溶解和均匀化等过程。而这些过程基本上是由碳的扩散来控制的。除钴、镍外，大多数合金元素特别是强碳化物形成元素，如钛、钒、钨、钼、铬等，因形成的碳化物稳定性高，难溶，可显著阻碍碳的扩散，减缓奥氏体的形成。对含有这些元素的合金钢，应采用升高加热温度和延长保温时间的措施，使合金元素溶入奥氏体，提高钢的淬透性。

非碳化物形成元素和弱碳化物形成元素，如铝、硅、锰等，则对奥氏体转变速度影响不大。

（2）合金元素对钢冷却转变的影响

1）合金元素对过冷奥氏体分解的影响。合金元素（除钴外）溶入奥氏体后，使铁、碳原子扩散困难，过冷奥氏体稳定性增加，奥氏体等温转变图右移，其形状与非合金钢相似（见图 4-4a），降低了钢的临界冷却速度，增大了钢的淬透性，从而减少了钢的淬火变形与开裂。而铬、钼、钨等强碳化物形成元素溶入奥氏体，由于它们对推迟珠光体转变与贝氏体转变的作用不同，除使奥氏体等温转变图右移外，还使奥氏体等温转变图出现两个鼻尖（见图 4-4b），上部是珠光体转变区，下部是贝氏体转变区，在两区之间的过冷奥氏体有较大的稳定性。

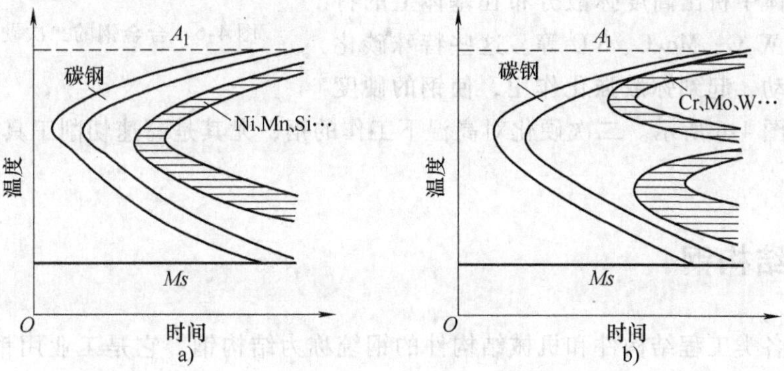

图 4-4　不同合金元素对奥氏体等温转变图的影响示意图

由于多种合金元素同时加入，使奥氏体等温转变图右移，增加了马氏体临界冷却速度，使钢的淬透性得到提高，所以，目前淬透性好的钢多采用“多元少量”的原则。合金钢淬透性好，在生产中具有非常重要的意义，淬火时大多数可在油中冷却，减少工件变形与开裂倾向；特别是大截面工件，淬火后得到较大的淬硬深度，可提高其承载能力。

2）合金元素对马氏体转变的影响。除钴、铝外，由于大多数合金元素都使马氏体转变点 *Ms* 及 *Mf* 的温度下降。*Ms* 和 *Mf* 越低，淬火后残留奥氏体量就越多，从而降低了钢淬火后的硬度，淬火组织不稳定。其中锰、铬、镍的影响尤其明显。

利用冷处理或多次回火可减少残留奥氏体量，但这要根据零件性能要求而定。图 4-5 表示不同合金元素对 $w_C = 1.0\%$ 的钢淬火后残留奥氏体量的影响。

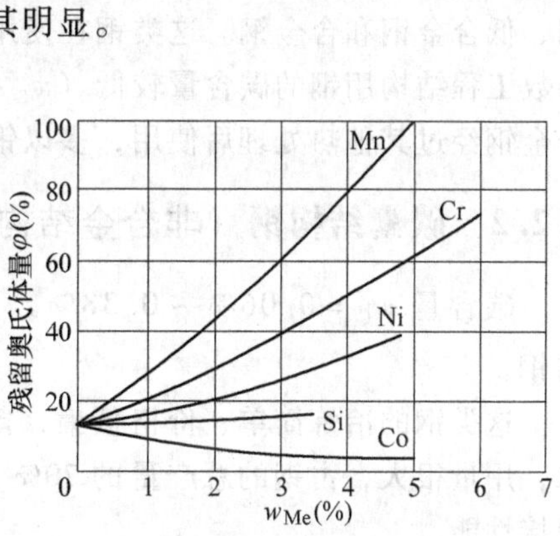

图 4-5　合金元素对钢淬火后残留奥氏体量的影响（Me 表示合金元素）

（3）合金元素对钢回火转变的影响

1）提高淬火钢的耐回火性。耐回火性是指淬火钢件在回火时，抵抗软化的能力。合金元素溶入马氏体后，使原子的扩散速度减慢，延缓了回火时的转变，要采用比非合金钢更高的回火温度才发生马氏体分解、残留奥氏体分解及碳化物析出聚集长大，即提高了耐回火性。因此，在同一温度回火，合金钢的强度、硬度比非合金钢高，其淬火残余应力消除得更彻底，塑性、韧性较高。

碳化物形成元素铬、钨、钼、钒、铌等对提高耐回火性有较强的作用，而非碳化物形成元素硅也可以明显减慢马氏体的分解速度。

2）产生二次硬化现象。含有中强或强碳化物形成元素（如钨、钼、钛）的钢，在回火温度升高到500～600℃时，其硬度并不降低，反而升高，这种回火时硬度升高的现象称为二次硬化。这是因为，上述合金含量较多的合金钢，在该温度内回火时，会从马氏体中析出高度弥散分布在基体上的特殊碳化物，如 W_2C、Mo_2C、VC 等。这些特殊碳化物阻碍位错运动，起到弥散强化作用，使钢的硬度反而升高，如图4-6所示。二次硬化对高温下工作的钢，尤其是高速切削工具及热加工模具等应特别重视。

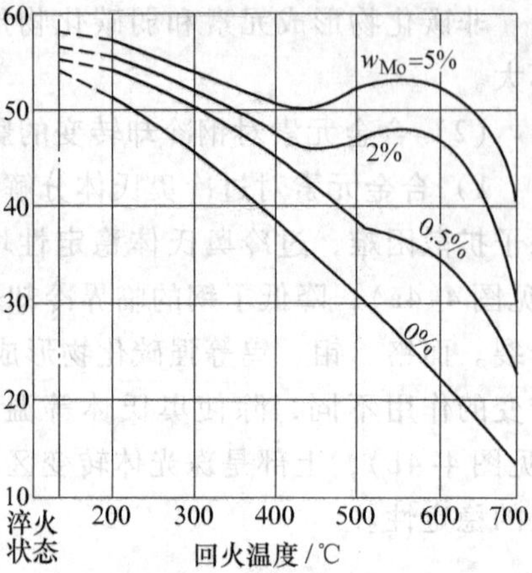

图4-6　合金钢的二次硬化示意图

4.2　工程结构钢

用于制造各类工程结构件和机械结构件的钢统称为结构钢，它是工业用钢中用途最广、用量最大的一类钢。

结构钢可分为工程结构用钢和机械结构用钢。工程结构用钢主要用于各种工程结构，一般采用普通结构钢，如普通碳素结构钢和低合金高强度结构钢。机械结构用钢主要用于制造各种机器零件，一般是优质结构钢，如优质碳素结构钢和合金结构钢。

4.2.1　概述

工程结构用钢是指用于桥梁、车辆、压力容器、船舶、建筑、起重机械、地质石油钻探、石油输气管线、高压电线塔、电站和国防等工程结构的钢，包括用于工程结构的非合金钢、低合金钢和合金钢。这类钢在使用之前，大多数要进行焊接施工、变形加工等，所以大多数工程结构用钢的碳含量较低（$w_C<0.25\%$），经正火或热轧后供货，只有少数工程用的合金钢经过其他热处理后使用，多以钢带、钢板、钢管、型钢等型材提供给用户。

4.2.2　碳素结构钢（非合金结构钢）

碳含量 $w_C=0.06\%\sim0.38\%$，用于建筑及其他工程结构的铁碳合金称为碳素结构钢。

这类钢的冶炼简单、价格低廉，能够满足一般工程结构与普通机械结构零件的性能要求，用量很大，占钢的总产量的70%～80%。此类钢强度不高，具有良好的塑性、韧性及焊接性能。

通常以各种规格（圆钢、方钢、工字钢、钢筋等）、热轧空冷状态供货，一般不进行热处理。表4-5列出了碳素结构钢的牌号、成分、性能及应用（原Q255牌号已被取消）。

表 4-5　碳素结构钢的牌号、成分、性能及应用

牌号	统一数字代号	等级	脱氧方法	化学成分(质量分数)(%),不大于					力学性能			应用举例
				C	Si	Mn	P	S	屈服强度 R_{eH}/MPa	抗拉强度 R_m/MPa	断后伸长率 A(%)	
Q195	U11952	—	F、Z	0.12	0.30	0.50	0.035	0.040	195	315 ~ 430	33	用于载荷不大的结构件、铆钉、垫圈、地脚螺栓、开口销、拉杆、螺纹钢筋、冲压件和焊接件
Q215	U12152	A	F、Z	0.15	0.35	1.20	0.045	0.050	215	335 ~ 450	31	
	U12155	B						0.045				
Q235	U12352	A	F、Z	0.22	0.35	1.40	0.045	0.050	235	370 ~ 500	26	用于结构件、钢板、螺纹钢筋、型钢、螺栓、螺母、铆钉、拉杆、齿轮、轴、连杆等;Q235C、D 可用作重要的焊接结构件等
	U12355	B		0.20				0.045				
	U12358	C	Z	0.17			0.040	0.040				
	U12359	D	TZ				0.035	0.035				
Q275	U12752	A	F、Z	0.24	0.35	1.50	0.045	0.050	275	410 ~ 540	22	强度较高,可用于承受中等载荷的零件,如键、链、拉杆、转轴、链轮、链环片、螺栓及螺纹钢筋等
	U12755	B	Z	0.21 0.22			0.045	0.045				
	U12758	C	Z	0.20			0.040	0.040				
	U12759	D	TZ				0.035	0.035				

4.2.3　低合金高强度结构钢和合金结构钢

1. 低合金高强度结构钢

低合金高强度结构钢是一种低碳、低合金含量的结构钢，又称为普低钢。其 $w_C < 0.2\%$，合金元素的质量分数 <3%。这类钢比相同含碳量的碳素结构钢的强度提高了 30% 以上，节约钢材 30% 以上，相同载荷时可使构件自重轻、强度高又可靠。主要用于建筑结构、桥梁、船舶、车辆、铁道、高压容器、石油天然气管线等工程结构件。

例如，主跨度 128m 的武汉长江大桥建造时采用的是 Q235 钢；主跨度 160m 的南京长江大桥建造时应用的是 Q345（16Mn）钢；主跨度 216m 的九江长江大桥建造时选用的是 Q420（15MnVN）钢。

（1）性能特点

1）具有较高的屈服强度、塑性和韧性。

2）良好的冷成形性、焊接性，焊接性好是这类钢的基本特征。

3）较好的耐蚀性和低的韧脆转变温度，特别适用于高寒地区的构件和运输工具。

（2）成分特点

1）低的碳含量，保证了良好的塑性、韧性和焊接性、冷成形性能。

2）锰为主加元素，主要起强化基体——铁素体的作用。又添加一些细化晶粒和第二相强化的元素，如 V、Ti、Nb 等。为了提高耐大气腐蚀的使用性能，添加了少量的 Cu、P、Al、Cr、Ni 等合金元素。为了改善性能，在高级别、高屈服强度的低合金钢（如 Q460E 等）中加入一些 Mo、稀土等合金元素。

3）该类钢的 S、P 含量有五个等级（A、B、C、D、E）。

（3）热处理特点　普低钢通常在热轧后经退火或正火状态使用，焊接成形后不再进行热处理。对 Q345 钢进行低碳马氏体处理，构件的某些性能能进一步提高。常用的低合金高强度结构钢牌号、性能见表 4-6，新旧标准对照及主要用途见表 4-7。

表 4-6 常用低合金高强度结构钢的牌号、力学性能

牌号	质量等级	化学成分(质量分数)(%)															力学性能		
		C	Si	Mn	P	S	Nb	V	Ti	Cr	Ni	Cu	N	Mo	B	Als	屈服强度 R_{eL}/MPa	抗拉强度 R_m/MPa	断后伸长率 A(%)
					不大于											不小于			
Q345	A	≤0.20	≤0.50	≤1.70	0.035	0.035	0.07	0.15	0.20	0.30	0.50	0.30	0.012	0.10	—	—	≥345	470~630	≥20
	B				0.035	0.035													
	C				0.030	0.030										0.015			≥21
	D	≤0.18			0.030	0.025													
	E				0.025	0.020													
Q390	A	≤0.20	≤0.50	≤1.70	0.035	0.035	0.07	0.20	0.20	0.30	0.50	0.30	0.015	0.10	—	—	≥390	490~650	≥20
	B				0.035	0.035													
	C				0.030	0.030										0.015			
	D				0.030	0.025													
	E				0.025	0.020													
Q420	A	≤0.20	≤0.50	≤1.70	0.035	0.035	0.07	0.20	0.20	0.30	0.80	0.30	0.015	0.20	—	—	≥420	520~580	≥19
	B				0.035	0.035													
	C				0.030	0.030										0.015			
	D				0.030	0.025													
	E				0.025	0.020													
Q460	C	≤0.20	≤0.60	≤1.80	0.030	0.030	0.11	0.20	0.20	0.30	0.80	0.55	0.015	0.20	0.004	0.015	≥460	550~720	≥17
	D				0.030	0.025													
	E				0.025	0.020													
Q500	C	≤0.18	≤0.60	≤1.80	0.030	0.030	0.11	0.12	0.20	0.60	0.80	0.55	0.015	0.20	0.004	0.015	≥500	610~770	≥17
	D				0.030	0.025													
	E				0.025	0.020													
Q550	C	≤0.18	≤0.60	≤2.00	0.030	0.030	0.11	0.12	0.20	0.80	0.80	0.80	0.015	0.30	0.004	0.015	≥550	670~830	≥16
	D				0.030	0.025													
	E				0.025	0.020													
Q620	C	≤0.18	≤0.60	≤2.00	0.030	0.030	0.11	0.12	0.20	1.00	0.80	0.80	0.015	0.30	0.004	0.015	≥620	710~880	≥15
	D				0.030	0.025													
	E				0.025	0.020													
Q690	C	≤0.18	≤0.60	≤2.00	0.030	0.030	0.11	0.12	0.20	1.00	0.80	0.80	0.015	0.30	0.004	0.015	≥690	770~940	≥14
	D				0.030	0.025													
	E				0.025	0.020													

表 4-7　常用低合金高强度结构钢牌号新旧标准对照及主要用途

新标准(GB/T 1591—2008)	旧标准(GB/T 1591—1988)	主要用途
Q295(A、B)	09MnV、09MnNb、09Mn2、12Mn	桥梁、车辆、锅炉、容器
Q345(A ~ E)	09MnCuPTi、10MnSiCu、12MnV、14MnNb、16Mn、16MnRE	桥梁、车辆、压力容器、化工容器、船舶、建筑结构
Q390(A ~ E)	10MnPNbRE、15MnV、15MnTi、16MnNb	桥梁、船舶、压力容器、电站设备、起重设备、管道
Q420(A ~ E)	15MnVN、14MnVTiRE	大型桥梁、高压容器、大型船舶
Q460(C、D、E)		大型重要桥梁、大型船舶

(4) 普低钢的发展　在制造受热 400 ~ 500℃ 锅炉、高压容器时，要求更高强度（> 500MPa）级别的合金结构钢，仅以铁素体与珠光体的基本组织就“捉襟见肘”了，通过添加 Mo、B、Cr 等合金元素可以延缓珠光体转变，在空冷（正火）条件下得到大量下贝氏体组织，在保持良好韧性和加工工艺性能的基础上，显著提高屈服强度。典型的牌号有 14CrMnMoVB 等，详见表 4-8。

表 4-8　几种低碳贝氏体型钢

牌　号	化学成分(%)					
	w_C	w_{Mn}	w_{Si}	w_V	w_{Mo}	w_{Cr}
14MnMoV	0.10 ~ 0.18	1.20 ~ 1.50	0.20 ~ 0.40	0.08 ~ 0.16	0.45 ~ 0.65	—
14MnMoVBRE	0.10 ~ 0.16	1.10 ~ 1.60	0.17 ~ 0.37	0.04 ~ 0.10	0.30 ~ 0.60	—
14CrMnMoVB	0.10 ~ 0.15	1.10 ~ 1.60	0.17 ~ 0.40	0.03 ~ 0.06	0.32 ~ 0.42	0.90 ~ 1.30

牌　号	化学成分(%)		板厚	力学性能		
	w_B	w_{RE}(加入量)	mm	抗拉强度/MPa	屈服强度/MPa	伸长率(%)
14MnMoV	—	—	30 ~ 115（正火回火）	≥620	≥500	≥15
14MnMoVBRE	0.0015 ~ 0.006	0.15 ~ 0.20	6 ~ 10（热轧态）	≥650	≥500	≥16
14CrMnMoVB	0.002 ~ 0.006	—	6 ~ 20（正火回火）	≥750	≥650	≥15

普低钢的发展趋势更多的是：通过微合金化与控制轧制相结合，促进最佳强韧化效果；多元微合金化，改变基体组织；采用真空冶炼、真空去气等先进的冶炼工艺，促进超低碳化，保证韧性，利于焊接工艺性提高。

如国家体育场——“鸟巢”用钢材名为：Q460EZ235，为我国目前的顶级建筑用钢，在国家标准中 E 代表特级，Z235 表明“鸟巢”用钢是顶级的。据称用 Q460EZ235 钢建造的“鸟巢”工程具有抗八级强震之能力。

2. 低合金耐候钢

低合金耐候钢是在碳素结构钢的基础上加入少量的铜、铬、镍、钼、磷等合金元素，使其在钢的表面形成一层连续致密的保护膜，又称为耐大气腐蚀钢。与碳素结构钢相比具有良好的耐大气腐蚀能力。

耐候钢按其性质和用途一般分为以下两大类：

（1）焊接结构用耐候钢　如12MnCuCr等，既考虑其耐候性，又兼顾强度、韧性和焊接性能，主要用于桥梁、建筑及有耐候要求的焊接结构件。

（2）高耐候性结构钢　如09CuPCrNi-B，主要考虑其耐候性而作为一般结构用钢，用于铁路车辆、建筑、农业机械、塔架及其他耐候性要求高的工程结构件。

高耐候性结构钢的牌号、成分及力学性能见表4-9。

表4-9　高耐候性结构钢的牌号、成分及力学性能

牌号	化学成分(%)								力学性能		
	w_C	w_{Si}	w_{Mn}	w_P	w_S	w_{Cu}	w_{Cr}	w_{Ni}	屈服强度 R_{eL}/MPa	抗拉强度 R_m/MPa	伸长率 A(%)
09CuPCrNi-A	≤0.12	0.25～0.75	0.20～0.50	0.07～0.15	≤0.040	0.25～0.55	0.30～1.25	≤0.65	343	480	22
09CuPCrNi-B	≤0.12	0.10～0.40	0.20～0.50	0.07～0.12	≤0.040	0.25～0.45	0.30～0.65	0.25～0.50	294	431	24
09CuP	≤0.12	0.20～0.40	0.20～0.50	0.07～0.12	≤0.040	0.25～0.45			294	412	24

4.2.4　微合金化低碳高强度钢简介

随着中国制造业的发展壮大，为了经济腾飞的需要，冶金行业对低合金结构钢的成分及工艺进行了大量的研发与引进技术，发展了门类众多、专业范围较广、使用的工业部门较多的低合金工程结构钢，许多钢号已纳入国家标准。例如：汽车、自行车、压力容器、低温压力容器、锅炉、船舶、桥梁、农机、矿山机械、石油天然气管线、铁道、建筑用钢筋等低合金工程结构钢均有标准，用户可根据构件或零件的工作条件、使用性能和工艺要求来选择合适的低合金结构钢牌号。

1. 油气管材用钢

石油和天然气是当今世界经济发展的主要能源，它的输送用管材选用格外受到重视，总的是向管壁更厚、直径更大、强度更高的方向发展。要求钢材必须具有高的韧性、断裂扩展抗力和优异的低温韧性，同时要求有优良的焊接性能。表4-10给出了海底管线用钢的典型成分和性能，表4-11为焊接大口径天然气、石油输送管道钢的化学成分。

表4-10　海底管线用钢的典型成分和性能

钢的类型		控制轧制钢			淬火回火钢
		No.1	No.2	No.3	
化学成分(%)	w_C	0.15	0.10	0.08	0.11
	w_{Mn}	1.50	1.30	1.35	1.30
	w_{Si}	0.35	0.32	0.30	
	w_P	0.025			
	w_S	0.005～0.020	0.005	0.007	0.004

（续）

钢的类型		控制轧制钢 No. 1	控制轧制钢 No. 2	控制轧制钢 No. 3	淬火回火钢
化学成分(%)	w_{Al}	0.015 ~ 0.055	0.037	0.03	0.029
	w_{Nb}	0.05	0.03	0.02	0.01
	w_{V}	0.08	0.04	0.07	0.07 ~ 0.08
	w_{N}		0.004	0.007	0.009
	w_{Cr}		0.17	0.12	
	w_{Cu}			0.17	
屈服强度/MPa		414	479	503	537
抗拉强度/MPa			597	593	614
冲击吸收能量母材(−10℃)/J		47	91	161	152

表 4-11　焊接大口径天然气、石油输送管道钢的化学成分

钢　号	化学成分(%) w_C	w_{Si}	w_{Mn}	w_{Mo}	w_{Cu}	w_{Ni}	w_{Nb}	$w_{其他}$	显微组织
No. A	≤0.04		1.70	0.025	0.25	0.21	0.06		条状铁素体
No. B	≤0.06	≤0.35	1.20 ~ 1.90① 1.50 ~ 2.20②	0.25 ~ 0.35			0.03 ~ 0.09	0.40P 0.025S	条状铁素体
Fama 钢	≤0.03		2.50 ~ 3.40				0.05 ~ 0.10		条状铁素体

① 钢板厚度≤16mm。
② 钢板厚度 >16mm。

2. 海洋采油平台用钢

海上采油平台是大型海洋结构，其服役环境极其恶劣，长期经受风浪袭击、浮水碰撞等。因此对海上采油平台用钢提出了更多、更高、更严格的要求，如高的强度、优异的韧性，特别是低温韧性和断裂韧度；较高的抗疲劳性；优良的焊接性、成形性和耐蚀性。根据其使用要求，国内外一般是在碳锰系和硅锰系基础上添加铌、钒、钛、铝等元素进行微合金化，并且采用控制轧制、控制冷却和控制沉淀等工艺，综合运用各种强化机制生产满足海洋结构使用的微合金化低碳高强度钢，其屈服强度已达 500 ~ 700MPa。表 4-12 为国外海洋用微合金化低碳高强度钢的性能与用途。

表 4-12　国外海洋用微合金化低碳高强度钢的性能与用途

钢　种	生产工艺(状态)	厚度/mm	力学性能 屈服强度 R_{eL}/MPa	力学性能 抗拉强度 R_m/MPa	用　途
BS4360-50D	快冷	<75	434	517	海上采油平台
RS4360-50E	正火	40 ~ 63	384	513	海上采油平台
ABSEH36-060	控轧	32	416	513	海上采油平台
ASTMA537-2	控轧	50.8	488	593	海上采油平台

3. 跨海桥梁用钢

对于跨海桥梁用钢的基本要求是：高强度，以减轻跨海桥梁的自重，良好的低温韧性和抗脆断性能。为此，钢材应具有良好的焊接性能和耐海洋大气腐蚀性能。我国上海至宁波的跨海大桥选用了我国自制的高强度钢板。表4-13为跨海桥梁用钢的化学成分。

表4-13 跨海桥梁用钢的化学成分

钢种	化学成分(%)										
	w_C	w_{Si}	w_{Mn}	w_P	w_S	w_{Cu}	w_{Ni}	w_{Cr}	w_{Mo}	w_V	w_B
K-TEN80	0.11	0.27	0.84	0.011	0.005	0.21	0.75	0.47	0.39	0.035	
	0.11	0.24	0.83	0.010	0.003	0.19	0.98	0.49	0.45	0.032	0.0009
	0.11	0.27	0.84	0.009	0.003	0.20	1.29	0.52	0.50	0.034	0.001
HT80(日本牌号)	≤0.14	0.15~0.55	0.60~1.5	≤0.015	≤0.015	—	<1.0	≤0.60	≤0.60	≤0.05	—

4. 压力容器用钢

锅炉、压力容器是石油、化工、电力、机械等行业广泛应用的一种焊接构件。生产中要求锅炉、压力容器用钢有足够的强度、塑性和韧性，是为其在承受压力时有足够的稳定性。强调钢材的良好热加工性能和焊接性能，是因为锅炉、压力容器要经过各种成形工艺。对于腐蚀介质下工作的锅炉、压力容器，材料必须具有相应的耐蚀性和抗氢能力；对于在高温下工作的压力容器必须保证组织稳定，低温下工作的锅炉、压力容器要保证在使用温度下有足够的韧性。表4-14为国外压力容器用钢的力学性能。

表4-14 国外压力容器用钢的力学性能

牌号	国别	屈服强度 R_{eL}/MPa	抗拉强度 R_m/MPa	伸长率A(%) ≥	冲击韧度 a_K/MJ·m^{-2}
BHW35	德	400	580~750		U形，≥0.6
17MnCrMo33	德	700	800~950		
DUCOLW-30	英	390	570~700		V形，0.25
Marr-LAM-60	意	470	600~700		V形，-20℃，0.35
$ASTM_{A517F}$	美	700	770~950	16	
WEL-TEN74	日	630	740~850	17	V形，≥0.4
HT80	日	700	800~950	18	V形，≥0.36
T-1	加拿大	700	≥800		

4.3 机械结构钢

机械结构用钢是指用于制造机械零件的钢。它们均属于优质的、特殊质量的结构钢，只有经过热处理后性能才得以发挥。可按非合金钢和合金钢分类，多以圆钢、钢管、钢板、钢带、钢丝等型材供应。

按用途可分为调质钢、表面硬化钢、弹簧钢、冷塑成形钢等。

4.3.1 优质的、特殊质量的非合金结构钢（优质碳素结构钢）

优质碳素结构钢主要用于制造机械零件，故称为机械结构的非合金钢。它是w_C = 0.05%~0.90%、w_{Mn}=0.25%~1.2%的铁碳合金。除了65Mn、70Mn、70~85钢是特殊质量钢外，其余牌号均为优质钢。在供货时，既要保证化学成分，又要保证力学性能，该类钢均要进行热处理后才能使用。这类钢按含锰量不同，分为普通含锰量（$w_{Mn}=0.35\%\sim0.8\%$）和较高含锰量（$w_{Mn}=0.7\%\sim1.2\%$）两组。较高含锰量组，在牌号后加“Mn”，如 15Mn、25Mn 等。

优质碳素结构钢的主要成分、牌号、性能及用途见表 4-15。

表 4-15　优质碳素结构钢的主要成分、牌号、性能及用途

牌号	w_C(%)	屈服强度 R_{eH}	抗拉强度 R_m	伸长率 A	断面收缩率 Z	KU_2	HBW		用途举例
		MPa		%		J	热轧	退火	
		不大于					不大于		
08F	0.05~0.11	175	295	35	60	—	131	—	塑性高，焊接性好，宜制冲压件、焊接件及一般螺钉、铆钉、垫圈、渗碳件等
08	0.05~0.12	195	325	33	60	—	131	—	
10F	0.07~0.14	185	315	33	55	—	137	—	
10	0.07~0.14	205	335	31	55	—	137	—	
15F	0.12~0.19	205	355	29	55	—	143	—	
15	0.12~0.19	225	275	27	55	—	143	—	
20F	0.17~0.24	230	300	27	55	—	156	—	
20	0.17~0.24	245	410	25	55	—	156	—	
25	0.22~0.30	275	450	23	50	71	170		
30	0.27~0.35	295	490	21	50	63	179	—	综合力学性能优良，宜制承载力较大的零件，如连杆、曲轴、主轴、活塞杆等
35	0.32~0.40	315	530	20	45	55	197	—	
40	0.37~0.45	335	570	19	45	47	217	187	
45	0.42~0.50	355	600	16	40	39	229	197	
50	0.47~0.55	375	630	14	40	31	241	207	
55	0.52~0.60	390	645	13	35		255	217	
60	0.57~0.65	400	675	12	35	—	225	229	屈服强度高，宜制弹性元件（如各种螺旋弹簧、板簧等）及耐磨零件
65	0.62~0.70	410	695	10	30	—	225	229	
70	0.67~0.75	420	715	9	30	—	269	220	
75	0.72~0.80	880	1080	7	20	—	285	241	
80	0.77~0.85	930	1080	6	30	—	285	241	
85	0.82~0.90	980	1130	6	30	—	302	255	
15Mn	0.12~0.19	245	410	26	55	—	163		渗碳零件、受磨损零件及较大尺寸的各种弹性元件等
20Mn	0.17~0.24	275	450	24	50	—	197		
25Mn	0.22~0.30	295	490	22	50	71	207		
30Mn	0.27~0.35	315	540	20	45	63	217	187	
35Mn	0.32~0.40	335	560	18	45	55	229	197	
40Mn	0.37~0.45	355	590	17	45	47	229	207	
45Mn	0.42~0.50	375	620	15	40	39	241	217	
50Mn	0.48~0.56	390	645	13	40	31	255	217	
60Mn	0.57~0.65	410	695	11	35	—	266	229	
65Mn	0.62~0.70	430	735	9	30	—	285	229	
70Mn	0.67~0.75	450	785	8	30	—	285	229	

优质碳素结构钢按主要工艺特点不同也可分为非合金表面硬化钢、非合金调质钢、非合金弹簧钢、非合金行业用钢、非合金冷塑成形钢及非合金冷镦钢等。

4.3.2 特殊质量的机械结构用合金钢

机械结构用合金钢主要用于制造各种较为重要的机械零件和构件，均为经过热处理后才能使用的特殊质量等级钢。该类钢若按主要工艺特点不同，可分为表面硬化钢、调质钢、弹簧钢、冷塑成形钢、非调质钢和低碳马氏体钢，以及航空、航天、兵器等专业用合金结构钢。

1. 表面硬化钢

表面硬化钢是指用表面淬火、渗碳、渗氮等表面热处理工艺使零件表面坚硬耐磨而心部韧性适当的钢种，由于钢件表层具有较高的残余压应力而使零件疲劳性能显著提高。

表面硬化钢包括非合金和合金渗碳钢、非合金和合金感应淬火钢、合金渗氮钢三类。

（1）渗碳结构钢　渗碳结构钢分为非合金渗碳结构钢和合金渗碳结构钢。它们碳的质量分数一般很低，在0.1%～0.25%之间，可保证渗碳零件的心部具有足够的韧性和塑性。须经过渗碳、淬火+低温回火后的渗碳钢。

1）非合金渗碳结构钢。这实际是指传统的优质碳素结构钢，它的碳含量及热处理工艺与合金渗碳结构钢相同，主要用于受力不大、表面要求耐磨的一般齿轮、凸轮等机械零件。由于这类钢碳含量低、强度低、塑性高、韧性高、有良好焊接性和成形性的特点，用于制造受力不大的冲压件、焊接件，如螺栓、螺母、螺钉、杠杆、轴套、焊接容器等零件或构件时，可以不经热处理而使用。常用渗碳钢的牌号、成分、热处理、性能及用途见表4-16。

2）合金渗碳结构钢

① 性能要求。这类钢是指经渗碳、淬火+低温回火后的钢制零件，具有“面硬心韧而耐磨”的特点。适用于要求承受交变应力和摩擦作用的同时，也能承受一定的冲击载荷条件下工作的机械零件，如齿轮、凸轮、活塞销等。

② 成分特点。碳含量较低，目的同非合金渗碳结构钢。加入的合金元素有Cr、Ni、Mn，主要是提高钢的淬透性，保证钢在渗碳、淬火后，心部能获得低碳马氏体组织，又具有良好的韧性。加入微量的强碳化物形成元素W、Mo、V、Ti等，可以形成稳定的碳化物，从而阻止奥氏体长大，起到细化晶粒的作用。这对保证渗碳零件心部的强韧性是极为有利的，并使渗碳后可以直接淬火，简化了热处理工艺。

③ 热处理特点。由于碳含量较低，生产中常将渗碳结构钢毛坯先经正火（或退火）处理，以提高硬度，利于切削。渗碳时一般要求渗碳件表层碳的质量分数为0.8%～1.05%，经淬火及低温回火，表层获得回火马氏体和合金碳化物组织。当钢的原始组织为马氏体时，应采用高温回火。也可根据需要采用淬火-低温回火工艺获得板条状马氏体的强韧性处理方法。

某载货汽车变速齿轮轴选择20CrMnTi（A26202）钢的制造工艺路线如下：

下料→锻造→正火→齿面加工→渗碳（930℃）→预冷淬火（840℃）+回火（230℃）→精磨齿。

④ 常用的钢种。常用渗碳结构钢根据其淬透性的大小可以分为三类：低淬透性渗碳钢、中淬透性渗碳钢和高淬透性渗碳钢，详见表4-16所列。

表 4-16 常用渗碳钢的牌号、成分、热处理、性能及用途

类别	牌号	统一数字代号	化学成分(%)					热处理/℃			力学性能(不小于)					毛坯尺寸/mm	应用举例
			w_C	w_{Mn}	w_{Si}	w_{Cr}	其他	第一次淬火	第二次淬火	回火	抗拉强度 R_m/MPa	屈服强度 R_{eH}/MPa	伸长率 A(%)	断面收缩率 Z(%)	KU_2/J		
低淬透性	15	U20152	0.12 ~ 0.18	0.35 ~ 0.65	0.17 ~ 0.37						375	225	27	55		25	小轴、小模数齿轮、活塞销等小型渗碳件
	20	U20202	0.17 ~ 0.23	0.35 ~ 0.65	0.17 ~ 0.37						410	245	25	55		25	代替 20Cr 作为小齿轮、小轴、活塞销、十字销头等
	20Mn2	A00202	0.17 ~ 0.24	1.40 ~ 1.80	0.17 ~ 0.37			850 水、油		200 水、空	785	590	10	40	47	15	船舶主机螺钉、齿轮、活塞销、凸轮、滑阀、轴等
	15Cr	A20152	0.12 ~ 0.18	0.40 ~ 0.70	0.17 ~ 0.37	0.70 ~ 1.00		880 水、油	780 ~ 820 水、油	200 水、空	735	490	11	45	55	15	机床变速箱齿轮、齿轮轴、活塞销、凸轮、蜗杆等
	20Cr	A20202	0.18 ~ 0.24	0.50 ~ 0.80	0.17 ~ 0.37	0.70 ~ 1.00		880 水、油	780 ~ 820 水、油	200 水、空	835	540	10	40	47	15	
	20MnV	A01202	0.17 ~ 0.23	1.30 ~ 1.60	0.17 ~ 0.37		V0.07 ~ 0.12	880 水、油		200 水、空	785	590	10	40	55	15	同上，也用作锅炉、高压容器、大型高压管道等
中淬透性	20CrMn	A22202	0.17 ~ 0.23	0.90 ~ 1.20	0.17 ~ 0.37	0.90 ~ 1.20		850 油		200 水、空	930	735	10	45	47	15	齿轮、轴、蜗杆、活塞销、摩擦轮
	20CrMnTi	A26202	0.17 ~ 0.23	0.80 ~ 1.10	0.17 ~ 0.37	1.00 ~ 1.30	Ti0.04 ~ 0.10	880 油	870 油	200 水、空	1080	850	10	45	55	15	汽车、拖拉机上的齿轮、齿轮轴、十字销头等
	20MnTiB	A74202	0.17 ~ 0.24	1.30 ~ 1.60	0.17 ~ 0.37	0.70 ~ 1.00	Ti0.04 ~ 0.10 B0.005 ~ 0.0035	860 油		200 水、空	1130	930	10	45	55	15	代替 20CrMnTi 制造汽车、拖拉机截面较小、中等负荷的渗碳件
	20MnVB	A73202	0.17 ~ 0.23	1.20 ~ 1.60	0.17 ~ 0.37	0.80 ~ 1.10	B0.0005 ~ V0.0035 0.07 ~ 0.12	850 油		200 水、空	1080	885	10	45	55	15	代替 2CrMnTi、20Cr、20CrNi 制造重型机床的齿轮和轴、汽车齿轮
高淬透性	18Cr2Ni4WA	A52183	0.13 ~ 0.19	0.30 ~ 0.60	0.17 ~ 0.37	1.35 ~ 1.65	W0.8 ~ 1.2 Ni4.0 ~ 4.5	950 空	850 空	200 水、空	1180	835	10	45	78	15	大型渗碳齿轮、轴类和飞机发动机齿轮
	20Cr2Ni4	A43202	0.17 ~ 0.23	0.30 ~ 0.60	0.17 ~ 0.37	1.25 ~ 1.65	Ni3.25 ~ 3.65	880 油	780 油	200 水、空	1180	1080	10	45	63	15	大截面渗碳件，如大型齿轮、轴等
	12Cr2Ni4	A43122	0.10 ~ 0.16	0.30 ~ 0.60	0.17 ~ 0.37	1.25 ~ 1.65	Ni3.25 ~ 3.65	860 油	780 油	200 水、空	1080	835	10	50	71	15	承受高负荷的齿轮、蜗轮、蜗杆、轴、方向接头叉等

注：1. 钢中的磷、硫质量分数均不大于 0.035%。

2. 15、20 钢的力学性能为正火状态时的力学性能，15 钢正火温度为 920℃，20 钢正火温度为 910℃。

(2) 感应淬火钢 最合适的感应淬火钢种是非合金中碳结构钢（优质中碳钢）和中碳合金结构钢。碳含量是影响钢材强度、硬度、韧性及塑性的关键，规律表明：碳含量过高，会增加表面淬火后淬硬层的脆性，降低心部的塑性和韧性，并增加表面淬火的开裂倾向。碳含量过低，会降低表面淬硬层的硬度和耐磨性。碳含量过高、过低均不能满足工件对表层与心部不同组织和性能的要求。该类钢主要用于低速、冲击小的不重要的齿轮。常见的钢种为：

1）中碳非合金结构钢。碳的质量分数 $w_C = 0.3\% \sim 0.6\%$，常用的牌号为40、45等。

2）中碳合金结构钢。碳的质量分数 $w_C = 0.25\% \sim 0.45\%$，为增加淬透性，添加的合金元素有Cr、Mn、B等，常用的牌号为40Cr、40MnB等。

上述两种类型的感应淬火钢种当属于调质结构钢范畴。

(3) 合金渗氮结构钢 由前述选用20CrMnTi（A26202）钢制造汽车齿轮轴的工艺路线知道，渗碳零件至少要经过两次高温加热，对于尺寸精度要求较高，最终热处理要求变形小的中小零件是严峻考验。而选择合金渗氮钢（如38CrMoAlA、35CrMo）等，只需经调质、切削、500～570℃之间渗氮，便可保证钢件表层具有高的硬度和优越的耐磨性，心部具有足够的强度、塑性和韧性。

用于渗氮的钢中必须含有Al、V、Mo、Cr、W、Mn等能与N形成合金氮化物和提高钢的淬透性的元素。由于该类钢经常在调质后渗氮，因此，要求该类钢为中碳钢，即常用的渗氮钢均为调质钢。

随着氮碳共渗、离子渗氮等渗氮工艺的完善发展，能通过渗氮处理工艺提高性能的钢种由传统的中碳合金结构钢到铁素体、马氏体和奥氏体不锈钢等，正在不断增多。

2. 调质结构钢

调质结构钢是指经调质处理后使用的中碳非合金结构钢和中碳合金结构钢。钢经调质后由于获得回火索氏体，因而具有良好的综合力学性能，见表4-17。

(1) 非合金调质结构钢 碳的质量分数 $w_C = 0.3\% \sim 0.6\%$ 的中碳非合金结构钢（优质中碳钢），经调质处理后，获得良好的综合力学性能。主要用于制造受力比较大、在一定的冲击载荷条件下工作的机械零件，如曲轴、连杆、齿轮、机床主轴等。其中40、45钢属于经典运用。

(2) 合金调质结构钢 主要用于制造在重载和冲击载荷作用下的一些重要的受力件，如机床主轴，汽车、拖拉机驱动桥半轴，大功率发动机曲轴、连杆等，都是在多种复杂应力负荷下工作的，有时还受到冲击载荷作用，要求高强度的同时，还要求有高的塑性和韧性等综合力学性能。只有中碳合金结构钢经调质处理后才能达到上述要求，因此称为合金调质结构钢。

1）性能要求。具有良好的综合力学性能，适应多种复杂应力负荷下工作零件的高的“强而韧”的要求。具有适合满足不同要求的淬透性能。

2）成分特点。碳的质量分数 $w_C = 0.25\% \sim 0.45\%$，即中碳，碳的质量分数过高则零件韧性不足，碳的质量分数过低则淬火和回火后强度不够，不能满足调质后获得高“强而韧”的要求。加入的合金元素有Mn、Si、Cr、Ni、B、V、Mo、W等，主要作用是提高淬透性，强化铁素体和细化晶粒，W、Mo可防止产生第二类回火脆性。

3）热处理特点。“调质＝淬火＋高温回火”。此为最终热处理，通常是油淬后进行500～650℃的高温回火即调质处理工艺。

表 4-17 常用调质结构钢的牌号、热处理、性能与用途

类别	牌号	统一数字代号	化学成分(%)					热处理/℃		力学性能(不小于)						毛坯尺寸/mm	应用举例
			w_C	w_{Mn}	w_{Si}	w_{Cr}	其他	淬火	回火	抗拉强度 R_m/MPa	屈服强度 R_{eH}/MPa	伸长率 A(%)	断面收缩率 Z(%)	KU_2/J	退火硬度 HBW		
低淬透性	45	U20452	0.42～0.50	0.50～0.80	0.17～0.37	≤0.25		840	600	600	355	16	40	39	≤197	25	小截面、中载荷的调质件，如主轴、曲轴、齿轮、连杆、链轮等
低淬透性	40Mn	U21402	0.37～0.44	0.70～1.00	0.17～0.37	≤0.25		840	600	590	355	17	45	47	≤207	25	比45钢强韧性要求稍高的调质件
低淬透性	40Cr	A20402	0.37～0.44	0.50～0.80	0.17～0.37	0.80～1.10		850 油	520	980	785	9	45	47	≤207	25	重要调质件，如轴类、连杆螺栓、机床齿轮、蜗杆、销子等
低淬透性	45Mn2	A00452	0.42～0.49	1.40～1.80	0.17～0.37			840 油	550	885	735	10	45	47	≤217	25	代替40Cr做 ϕ<50mm的重要调质件，如机床齿轮、钻床主轴、凸轮、蜗杆等
低淬透性	45MnB	A71452	0.42～0.49	1.10～1.40	0.17～0.37		B0.0005～0.0035	840 油	500	1030	835	9	40	39	≤217	25	
低淬透性	40MnVB	A73402	0.37～0.44	1.10～1.40	0.17～0.37		V0.05～0.10 B0.0005～0.0035	850 油	520	980	785	10	45	47	≤207	25	可代替40Cr或40CrMo制造汽车、拖拉机和机床的重要调质件，如轴、齿轮等
低淬透性	35SiMn	A10352	0.32～0.40	1.10～1.40	1.10～1.40			900 水	570	885	735	15	45	47	≤229	25	除低温韧性稍差外，可全面代替40Cr和部分代替40CrNi
中淬透性	40CrNi	A40402	0.37～0.44	0.50～0.80	0.17～0.37	0.45～0.75	Ni1.00～1.40	820 油	500	980	785	10	45	55	≤241	25	做较大截面的重要件，如曲轴、主轴、齿轮、连杆等
中淬透性	40CrMn	A22402	0.37～0.45	0.90～1.20	0.17～0.37	0.90～1.20		840 油	550	980	835	9	45	47	≤229	25	代40CrNi做受冲击载荷不大零件，如齿轮轴、离合器等
中淬透性	35CrMo	A30352	0.32～0.40	0.40～0.70	0.17～0.37	0.80～1.10	Mo0.15～0.25	850 油	550	980	835	12	45	63	≤229	25	代40CrNi做大截面齿轮和高负荷传动轴、发电机转子等
中淬透性	30CrMnSi	A24302	0.27～0.34	0.80～1.10	0.90～1.20	0.80～1.10		880 油	520	1080	885	10	45	39	≤229	25	用于飞机调质件，如起落架、螺栓、天窗盖、冷气瓶等
中淬透性	38CrMoAl	A33382	0.35～0.42	0.30～0.60	0.20～0.45	1.35～1.65	Mo0.15～0.25	940 水、油	640	980	835	14	50	71	≤229	30	高级渗氮钢，做重要丝杠、镗杆、主轴、高压阀门等
高淬透性	37CrNi3	A42372	0.34～0.41	0.30～0.60	0.17～0.37	1.20～1.60	Ni3.00～3.50	820 油	500	1130	980	10	50	47	≤269	25	高强韧性的大型重要零件，如汽轮机叶轮、转子轴等
高淬透性	25Cr2Ni4WA	A52253	0.21～0.28	0.30～0.60	0.17～0.37	1.35～1.65	Ni4.00～4.50 W0.80～1.20	850 油	550	1080	930	11	45	71	≤269	25	大截面高负荷的重要调质件，如汽轮机主轴、叶轮等
高淬透性	40CrNiMoA	A50403	0.37～0.44	0.50～0.80	0.17～0.37	0.60～0.90	Mo0.15～0.25 Ni1.25～1.65	850 油	600	980	835	12	55	78	≤269	25	高强韧性大型重要零件，如飞机起落架，航空发动机轴等
高淬透性	40CrMnMo	A34402	0.37～0.45	0.90～1.20	0.17～0.37	0.90～1.20	Mo0.20～0.30	850 油	600	980	785	10	45	63	≤217	25	部分代替40CrNiMoA，如做卡车后桥半轴、齿轮轴等

注：钢中的磷、硫质量分数均不大于0.035%。

回火后的组织是回火索氏体，是在铁素体基体上分布着颗粒状碳化物，其硬度为30～42HRC。

调质钢制零件除了要求有良好的综合力学性能外，有的还要求表面具有较好的耐磨性，在进行调质处理后还要进行感应淬火。根据需要，调质钢也可在中、低温回火状态下使用，其组织分别为回火托氏体或回火马氏体，它们比回火索氏体具有较高的强度和硬度，但冲击韧性低。

由于调质钢经热变形加工后，会产生些组织缺陷，当原始组织为珠光体时，预备热处理可采用正火（或退火）处理；当原始组织为马氏体时，预备热处理可采用高温回火处理。

4）常用钢种。常用调质结构钢根据其淬透性的大小又可分为三类：低淬透性调质钢、中淬透性调质钢和高淬透性调质钢。具体常用调质钢见表4-17。

3. 非调质合金结构钢

非调质合金结构钢是20世纪80年代以来结合我国资源特点研制和开发的节能型新钢种，以代替需要经过调质处理的合金结构钢。通过锻造时控制终锻温度和锻后的冷却速度，获得的有“强而韧”性能的钢，称为非调质合金结构钢。它的基本原理就是在中碳钢的基础上加入微量的合金元素（V、Ti、Nb、N等），在热加工后冷却时，从铁素体中析出弥散的沉淀化合物质点，形成沉淀强化，同时又有细化晶粒的作用。新钢种省去了复杂的调质处理工序，减少了热处理设备，防止零件因淬火而产生变形或开裂，还减少了工时，工艺简化，生产周期缩短，降低了生产成本，节能效果显著，在汽车、拖拉机、建筑机械中应用广泛。但缺点是塑性、韧性低一些。常见的非调质合金结构钢的牌号、成分及性能见表4-18。

表4-18 常见的非调质合金结构钢的牌号、成分及性能

牌号	化学成分(%)						力学性能					
	w_C	w_{Mn}	w_{Si}	w_P	w_S	w_V	抗拉强度 R_m/MPa	屈服强度 R_{eH}/MPa	伸长率 A(%)	断面收缩率 Z(%)	KU_2/J	HBW
YF35MnV	0.32～0.39	1.00～1.50	0.30～0.60	≤0.035	0.035～0.075	0.06～0.13	≥735	≥460	≥17	≥35	≥37	≥257
YF40MnV	0.37～0.44	1.00～1.50	0.20～0.40	≤0.035	≤0.035	0.06～0.13	≥785	≥490	≥15	≥40	≥36	≥257

4. 低碳马氏体钢

低碳马氏体又称板条马氏体，采用低碳（合金）钢经过适当介质和低温回火得到低碳马氏体，该组织具有高强度的同时还有良好的塑性和韧性，其综合力学性能可达到中碳合金调质钢热处理后的水平。如：20SiMnMoV钢代替35CrMo钢制造石油钻机吊环，使吊环质量由原来的97kg减小到29kg，大大减轻了钻井工人的劳动强度。

5. 弹簧结构钢

弹簧结构钢是指用来制造各种弹簧的专用结构钢。

弹簧是机器和仪表中的重要零件，主要在冲击、振动和周期性扭转、弯曲等交变应力下工作，由产生的弹性变形吸收、储存能量，有减振、缓冲作用，因此，要求弹簧有较高的弹性极限，高的疲劳强度，一定的塑性、韧性。有时还有耐热、耐蚀的要求。弹簧结构钢主要包括非合金弹簧结构钢和合金弹簧结构钢两大类，见表4-19。

表 4-19　常用弹簧结构钢的牌号、性能与用途

种类		钢号	性能特点	主要用途
非合金弹簧结构钢	普通 Mn 量	65 70 85	硬度、强度、屈强比高，但淬透性差，耐热性不好，承受动载和疲劳载荷的能力低	价格低廉，多应用于工作温度不高的小型弹簧（<12mm）或不重要的较大弹簧
	较高 Mn 量	65Mn	淬透性、综合力学性能优于碳钢，但对过热比较敏感	价格较低，用量很大，制造各种小截面（<15mm）的扁簧、发条、减振器与离合器簧片、制动轴等
合金弹簧结构钢	Si-Mn 系	55Si2Mn 60Si2Mn 55Si2MnB 55SiMnVB	强度高、弹性好，耐回火性佳；但易脱碳和石墨化。含 B 钢淬透性明显提高	主要的弹簧钢类，用途很广，可制造各种中等截面（<25mm）的重要弹簧，如汽车、拖拉机板簧，螺旋弹簧等
	Cr 系	50CrVA 60CrMnA 60CrMnBA 60CrMnMoA 60Si2CrA 60Si2CrVA	淬透性优良，耐回火性高，脱碳与石墨化倾向低；综合力学性能佳，有一定的耐蚀性，含 V、Mo、W 等元素的弹簧具有一定的耐高温性；由于均为高级优质钢，故疲劳性能进一步改善	用于制造载荷大的重型、大型尺寸（50～60mm）的重要弹簧，如发动机阀门弹簧、常规武器取弹钩弹簧、破碎机弹簧、耐热弹簧，如锅炉安全阀弹簧、喷油嘴弹簧、气缸胀圈等

（1）非合金弹簧结构钢（碳素弹簧钢）　碳的质量分数 $w_C=0.6\%\sim0.9\%$ 的高碳结构钢，经过淬火+中温回火后使用的钢种，具有较高的强度、硬度、疲劳强度、弹性极限，足够的韧性，尤其是弹性极限较高。由于淬透性差，主要用于制造尺寸<10mm 不太重要的弹性零件和易磨损零件，如调压弹簧、柱塞弹簧、测力弹簧、弹簧垫圈、汽车和拖拉机或火车上承受振动的扁形弹簧、轧辊等，如 65Mn 等。

（2）合金弹簧结构钢　在碳素弹簧钢的基础上加入铬、锰、硅、钼、钨、钒、硼等合金元素形成合金弹簧结构钢。专门用于制造大截面的受到较大冲击、振动、周期性扭转、弯曲等交变载荷作用下一些重要的弹性元件。

1）性能要求。根据弹簧的工作条件，要求合金弹簧结构钢具有高的弹性极限，尤其是高的屈强比、高的疲劳强度和足够的塑性、韧性，同时还要求具有良好的淬透性和表面质量。在一些特殊条件下，还要求有一定的耐热性和耐蚀性等。

2）成分特点。碳的质量分数 $w_C=0.45\%\sim0.7\%$，以保证得到高的弹性。加入的合金元素有铬、锰、硅、钼、钨、钒、硼等，目的是提高合金弹簧结构钢的弹性极限和淬透性，强化铁素体，提高耐回火性，并起到细化晶粒的作用。钨、钒、钼还可降低第二类回火脆性，提高耐回火性。

3）热处理特点。根据弹簧尺寸的不同，其加工工艺及热处理工艺也不同。

① 热成形弹簧的热处理。线径或板厚≥8mm 的大型弹簧常采用在热轧状态下成形，即把弹簧钢加热到比正常淬火温度高 50～80℃ 进行热成形加工。利用余热淬火，再在 420～450℃ 的温度下进行中温回火。

组织为在铁素体基体上分布着细小颗粒状的 Fe_3C，硬度为 40～52HRC。

有时采用喷丸处理，使表面具有一定的残余压应力，以提高其疲劳强度。实验表明，用60Si2Mn钢制作的汽车板簧经喷丸处理后，使用寿命可提高5~6倍。

② 冷成形弹簧的热处理。主要用于制作小型线径或板厚<8mm、利用冷拔钢丝成形的弹簧。

按照制造工艺的不同，可分为以下三种：

a. 铅淬冷拔钢丝。将坯料加热到奥氏体化后在铅槽中等温处理，后经多次冷拔至所需尺寸的冷卷弹簧，然后进行一次200~300℃低温去应力退火即可。

b. 油淬回火钢丝。冷拔到规定尺寸后进行淬火和中温回火处理，冷卷后在200~300℃低温去应力退火即可。

c. 退火钢丝。冷拔后退火，冷卷成形后再进行淬火和中温回火的弹簧，应用少。

③ 常用钢种。合金弹簧结构钢按照主合金元素的添加特点及不同应用场合还可分为Si-Mn系、Cr-V系等，详见表4-19。

60Si2Mn钢是性价比高，而又最常应用的合金弹簧结构钢。50CrVA钢淬透性更高，主要用于制造大截面、承受重载荷以及工作温度较高的阀门弹簧。

6. 冷塑性成形用钢（冷冲压、冷锻、冷挤压用钢）

冷塑性成形用钢是指在冷塑性变形条件下，能够获得符合要求的形状、尺寸以及较高力学性能的原材料、毛坯件和零件的专用钢种。它们具有高的塑性和较小的变形抗力。主要包括非合金冷塑性成形用钢和低合金冷塑性成形用钢两类。

（1）非合金冷塑性成形用钢

1）非合金冷冲压用钢。利用压力机和冲压模具对表4-20所示板材进行冲压，可获得形状复杂、尺寸精度高、生产率高的冲压件。

冲压所用薄钢板（$t \leqslant 4$mm）多采用冷轧碳素薄钢板。依据冷冲压时的变形程度，可分为普通拉伸（P）、深拉伸（S）、最深拉伸（Z）不同等级。

表4-20 冲压用薄钢板的非合金钢牌号

拉伸程度	沸腾钢	半镇静钢	镇静钢
P	05F、08F、10F、15F、20F	08b	08、10、15、20、25、30、35、40、45、50
S	05F、08F、10F、15F、20F	08b	08、10、15、20、25、30、35
Z	05F、08F、10F、15F、20F	08b	08、10、15、20

2）非合金冷锻用钢。可进行冷锻成形的非合金结构钢。

因为冷锻工艺生产零件时，钢材所承受的压缩比较大，所以为防止钢在冷锻时开裂，要求冷锻钢具有很高的塑性、高的表面质量，以及冷锻钢内部不允许有严重的夹杂物、夹层、疏松、缩孔和显著的偏析等缺陷。

钢的显微组织也对冷锻性有影响，粒状的珠光体组织有利于冷锻。当碳的质量分数$w_C>0.26\%$时，必须安排球化退火以改善钢的塑性。钢中的其他成分为：$w_{Si} \leqslant 0.20\%$、$w_{Cr} \leqslant 0.20\%$、$w_{S、P} \leqslant 0.035\%$。

常用碳素冷锻用钢见表4-21，碳素冷锻用钢牌号前面用“铆螺”的拼音字母ML表示，其成分与优质碳素结构钢相比，碳含量相同，但对Mn、Si、Cr、S、P的含量控制较严。

表 4-21　常用碳素冷锻用钢

钢号	牌号	铆螺 10	铆螺 15	铆螺 20	铆螺 25	铆螺 30	铆螺 35	铆螺 40	铆螺 45
	代号	ML10	ML15	ML20	ML25	ML30	ML35	ML40	ML45
主要成分（%）	w_C	0.07 ~ 0.14	0.12 ~ 0.19	0.17 ~ 0.24	0.22 ~ 0.30	0.27 ~ 0.40	0.32 ~ 0.40	0.37 ~ 0.45	0.42 ~ 0.50
	w_{Mn}	≤0.6	≤0.6	≤0.6	≤0.6	≤0.6	≤0.6	≤0.6	≤0.6

（2）低合金冷塑性成形用钢

1）冲压用合金结构钢。冲压用的低合金结构钢与冲压用的非合金结构钢的要求类同。

用作冲压用的热轧钢板，它的成分、组织、夹杂物、带状组织以及表面缺陷等均影响钢的冲压性能。冷冲压用热轧钢板的部分成分见表 4-22（L 表示汽车大梁专用）。

表 4-22　冷冲压用热轧钢板的部分成分

牌　号	w_C(%)	w_{Si}(%)	w_{Mn}(%)	w_V(%)	w_{Ti}(%)	$w_{S、P}$(%)	w_{RE}(%)
09MnREL	≤0.2	0.2 ~ 0.6	0.7 ~ 1.0	—	—	≤0.035	0.02 ~ 0.2
16MnL	0.12 ~ 0.2	0.2 ~ 0.6	1.2 ~ 1.6	—	—	≤0.035	—

2）冷锻用低合金结构钢。主要用于重要的受力件，如载货汽车大梁等。常用冷锻用的合金结构钢部分成分见表 4-23。

表 4-23　常用冷锻用合金结构钢部分成分

牌　号	w_C(%)	w_{Si}(%)	w_{Mn}(%)	w_{Cr}(%)	w_B(%)	w_{Mo}(%)	$w_{S、P}$(%)
ML15Cr	0.12 ~ 0.18	≤0.30	0.4 ~ 0.7	0.7 ~ 1.0	—	—	≤0.035
ML40Cr	0.37 ~ 0.44	≤0.30	0.5 ~ 0.08	0.8 ~ 1.10	—	—	≤0.035
MLMnVB	0.12 ~ 0.18	≤0.30	1.2 ~ 1.6	—	0.0005 ~ 0.0035	V0.07 ~ 1.12	≤0.035
ML35CrMo	0.32 ~ 0.40	≤0.30	0.4 ~ 0.70	0.8 ~ 1.10	—	0.15 ~ 0.25	≤0.035

7. 超高强度钢

超高强度钢一般指抗拉强度高于 1500MPa 或屈服强度高于 1380MPa，同时兼有适当塑性及韧性的钢。该类钢是近几十年来为了适应航空航天飞行器（火箭、导弹等）、深水潜艇、厚壁容器以及 -195℃以下工作的气体容器的技术需要，而发展起来的新钢种。按成分和使用性能超高强度钢可分为以下三大类：

（1）低合金超高强度钢　典型的低合金超高强度钢碳的质量分数 $w_C = 0.27\% \sim 0.45\%$，合金元素总量不大于 5%，保证有良好的塑性和韧性。为提高淬透性、耐回火性及韧性，常添加的合金元素是 Cr、Ni、Mn、Si、Mo、V 等。最终热处理为淬火 + 低温回火。是当前最主要的飞机结构钢，如制造飞机起落架的 40CrMnSiMoVA（$R_m = 2000$MPa）钢和镍基的马氏体时效钢（$R_m = 2000$MPa、$Z = 58\%$）等。

（2）中合金超高强度钢　由于低合金超高强度钢使用温度低，因而中合金超高强度钢是由热作模具钢改进而来的钢种。通过加入 Cr、Mo、W、V 合金元素，利用淬火、回火后碳化物沉淀产生的二次硬化来达到超高强度，如 4Cr5MoSiV 的 $R_m = 2000$MPa。

（3）高合金超高强度钢（马氏体时效钢）　高合金超高强度钢也称为马氏体时效钢，是以铁镍为基的其合金元素质量分数大于 10% 的高合金结构钢。其中主要时效合金元素是

Mo、Ti、Nb、Al 等。

应用较多的是超高强度不锈钢、马氏体时效钢，它们的主要特点是有极高的强度，良好的塑性、韧性，以及较高的断裂韧性，因而保证了使用的安全可靠性。此外，其淬透性好，空冷可淬透，故热处理变形小，并有良好的冷变形及焊接性能，是制造超音速飞机及火箭壳体等的重要材料。

4.3.3 易切削钢

随着现代化工业向自动化、高速化和精密化的加工方向发展，要求钢材具有良好的可加工性，提高生产效率，以适应大批量生产。因此需要更多地采用提高和改善可加工性的钢材，便于自动切削机床加工。这种钢材主要用于用量较大和不重要的零件。例如，在自动机床上常加工的零件，如螺钉、螺母等标准件。这种钢也属于专用钢。

1. 成分特点

在这种钢中加入的元素有 S、Pb、Ca、Se 和 P 等。它们的主要作用分别为：

（1）硫的作用　硫在钢中与锰形成 MnS 夹杂物，它能中断基体的连续性，使切屑易于脆断，减少切屑与刀具的接触面积。硫还能起减摩的作用，使切屑不粘附在切削刃上。但硫的存在使钢产生热脆，所以硫的含量，一般要限定在 $w_S = 0.10\% \sim 0.30\%$ 范围内，并要适当增加锰量与其配合。

（2）铅的作用　铅的加入能提高钢的可加工性，由于铅在钢中不溶入铁素体，也不形成化合物，它是以自由状态并形成细小颗粒（2~3μm）均匀分布于基体组织中，当在切削过程中所产生的热量达到铅颗粒的熔点时，即呈熔化状态，成为刀具与切屑以及刀具与钢材被加工面之间的“润滑剂”，使摩擦因数减小，刀具温度下降，磨损减少。铅的加入量为 $w_{Pb} = 0.1\% \sim 0.35\%$。

（3）钙的作用　钙在钢中能形成钙、铝、硅酸盐夹杂物，附着在刀具上形成薄膜，具有减摩作用，防止刀具磨损。钙的加入量为 $w_{Ca} = 0.001\% \sim 0.005\%$。

（4）磷的作用　在含硫的易切削钢中加入磷，使其固溶于铁素体，引起强化和脆化，以提高其可加工性。为防止造成“冷脆”，规定 $w_P \leqslant 0.15\%$。

这些元素的加入，还能提高工件表面质量和延长刀具使用寿命。

2. 常用易切削钢

易切削钢的牌号是以汉语拼音字母字头 Y 为首，其后的两位数字表示万分之几的平均含碳量。例如，Y10Pb，表示碳的平均质量分数为 0.1%、锰的质量分数小于 1.5% 的易切削钢，常用于精密仪表行业中，如制造手表、照相机的齿轮轴等。常见易切削钢的牌号、成分、性能及用途见表 4-24。

表 4-24　常见易切削钢的牌号、成分、性能及用途

牌号	化学成分(%)						力学性能(热轧)				用途举例
	w_C	w_{Mn}	w_{Si}	w_S	w_P	$w_{其他}$	R_m /MPa	A(%) ≥	Z(%) ≥	HBW ≤	
Y12	0.08 ~ 0.16	0.60 ~ 1.00	≤0.35	0.10 ~ 0.20	0.05 ~ 0.15		390 ~ 540	22	36	170	在自动机床上加工的一般紧固件，如螺栓、螺母、销。Y15 碳的质量分数高，切削性更好
Y15	0.10 ~ 0.18	0.70 ~ 1.10	≤0.20	0.23 ~ 0.33	0.05 ~ 0.10		390 ~ 540	22	36	170	

（续）

牌号	化学成分(%)						力学性能(热轧)				用途举例
	w_C	w_{Mn}	w_{Si}	w_S	w_P	$w_{其他}$	R_m /MPa	A(%) ≥	Z(%) ≥	HBW ≤	
Y20	0.15 ~ 0.25	0.60 ~ 0.90	0.15 ~ 0.35	0.08 ~ 0.15	≤0.06		450 ~ 600	20	30	175	强度要求稍高，形状复杂，不易加工的零件，如纺织机、计算机上的零件
Y30	0.25 ~ 0.35	0.60 ~ 0.90	0.15 ~ 0.35	0.08 ~ 0.15	≤0.06		510 ~ 655	15	25	187	
Y40Mn	0.35 ~ 0.45	1.02 ~ 1.55	0.15 ~ 0.35	0.20 ~ 0.30	≤0.05		590 ~ 735	14	20	207	受较高应力、要求表面粗糙度小的机床丝杠、光杠、螺栓及自行车、缝纫机零件
Y10Pb	0.95 ~ 1.05	0.40 ~ 0.60	0.15 ~ 0.30	0.035 ~ 0.045	≤0.03	Pb0.15 ~ 0.25					精密仪器小零件，要求一定硬度、耐磨的零件，如手表、照相机的齿轮轴
Y45Ca	0.42 ~ 0.50	0.60 ~ 0.90	0.20 ~ 0.40	0.04 ~ 0.08	≤0.04	Ca0.002 ~ 0.006	600 ~ 745	12	26	241	经热处理的齿轮、轴

应当说明的是，易切削钢的冶金工艺要求比普通钢严格，成本相对高，只有用于大批量生产零件、必须改善钢材的可加工性时，选用易切削钢才有良好的经济效益。

4.3.4　铸钢

一些形状复杂、综合力学性能要求较高的大型零件，由于在工艺上难于用锻造方法成形，在性能上又不能用力学性能较低的铸铁制造，因而采用铸钢件。铸钢在重型机械、运输机械、国防等部门应用较多，如轧钢机机架、水压机横梁与气缸、机车车架、汽车与拖拉机齿轮拨叉、起重行车车轮、大型齿轮等。

传统的铸钢件特点是晶粒粗大、偏析严重、铸造内应力大，使钢的塑性与韧性显著降低。为改善铸钢的组织与性能、消除铸造内应力，铸后应进行退火或正火。随着精密铸造技术的进一步发展，现在的铸钢件在组织、性能、尺寸精度和表面粗糙度诸方面都已接近锻钢件，经过少切削甚至不切削便可使用。此外，对某些局部表面要求耐磨的中碳铸钢件，可采用局部表面淬火。对尺寸较小的铸钢件，还可进行调质以改善其综合力学性能。工程上用的碳素铸钢的牌号、力学性能及应用列于表 4-25。

表 4-25　工程上用的碳素铸钢的牌号、力学性能及应用

种类与牌号		对应旧牌号	力学性能(≥)					应用举例
			抗拉强度 R_m/MPa	屈服强度 R_{eL}/MPa	伸长率 A(%)	断面收缩率 Z(%)	KV/J	
一般工程用碳素铸钢	ZG200-400	ZG15	400	200	25	40	30	具有良好的塑性、韧性、焊接性能，用于受力不大、要求高韧性的零件
	ZG230-450	ZG25	450	230	22	32	25	一定的强度和较好韧性、焊接性能，用于受力不大、要求高韧性的零件

（续）

种类与牌号		对应旧牌号	力学性能(≥)					应用举例
			抗拉强度 R_m/MPa	屈服强度 R_{eL}/MPa	伸长率 A(%)	断面收缩率 Z(%)	KV/J	
一般工程用碳素铸钢	ZG270-500	ZG35	500	270	18	25	22	较高的强度和韧性，用于受力较大且有一定韧性要求的零件，如连杆、曲轴
	ZG310-570	ZG45	570	310	15	21	15	较高的强度和较低的韧性，用于载荷较高的零件，如大齿轮、制动轮
	ZG340-640	ZG55	640	340	10	18	10	高的强度、硬度和耐磨性，用于齿轮、棘轮、联轴器、叉头等
焊接结构用碳素铸钢	ZG200-400H	ZG15	400	200	25	40	30	由于碳的质量分数偏下限，故焊接性能优良，其用途基本同于ZG200-400、ZG230-450和ZG270-500
	ZG230-450H	ZG20	450	230	22	35	25	
	ZG275-485H	ZG25	485	275	20	35	22	

铸造碳钢通过加入合金元素，如锰、铬、硅、钼等，可以形成（低）合金铸钢以满足生产建设的需要，例如，ZG40Cr、ZG35CrMnSi等可用于制造高速列车车钩、高强度齿轮等承受重载、冲击和摩擦的零件。

高锰耐磨钢ZGMn13为典型合金铸钢。高锰耐磨钢也属于工程结构用合金钢。例如ZGMn13型：$w_C = 0.9\% \sim 1.5\%$、$w_{Mn} = 11\% \sim 14\%$、$w_S \leqslant 0.05\%$、$w_P = 0.07\% \sim 0.09\%$，该类钢在1100℃水淬后得到单相奥氏体，硬度很低（20HRC左右），但在强烈冲击摩擦条件下工作时，硬度可达52～56HRC，用于耐磨、冲击条件下工作的履带板、铲齿、辊套等工件。

4.4 滚动轴承钢

滚动轴承钢主要是用来制造滚动轴承元件（滚珠、滚柱、滚针和轴承内外套圈）以及其他各种耐磨零件（机床滚珠丝杠、涡轮喷气发动机喷嘴零件）的钢种。

滚动轴承在工作时由于要承受极大的局部压力、周期性交变载荷，其滚动体与套圈表面之间会产生极大的接触应力。因疲劳会产生小块剥落，形成麻坑而产生接触疲劳破坏，因此，对滚动轴承钢的要求较高。

1. 性能特点

1）要有很高的接触疲劳强度和足够的弹性极限，保证轴承有较长的使用寿命。

2）有较高的淬硬性、淬透性及均匀硬度（≥62～64HRC）、耐磨性和耐蚀性等。

3）足够的韧性，以求耐冲击；良好的尺寸稳定性，以保证精度的持久性。

4）良好的工艺性，以满足大量生产的需要。

2. 成分特点

（1）碳的作用　为了保证轴承具有高的硬度和耐磨性，轴承钢中碳的质量分数为 0.95% ~1.15%，高碳是为了保证钢经热处理后具有高硬度和获得一定量的高耐磨性合金碳化物。

（2）铬的作用　铬是主要的合金元素，通常铬的质量分数为 0.40% ~1.65%。轴承钢中的铬可提高淬透性并与碳形成合金渗碳体 $(Fe, Cr)_3C$，阻止奥氏体晶粒长大，淬火后获得细小的隐晶马氏体组织，提高钢的强度、韧性及接触疲劳强度。铬的质量分数不宜超过 1.65%，否则会增加残留奥氏体量和碳化物分布的不均匀性，以致降低钢的强度和硬度及尺寸稳定性。

（3）其他合金元素　对于大型轴承，可加入 Si、Mn、Mo、V 等元素，以提高钢的强度、弹性极限，并进一步改善淬透性和耐回火性。

此外，滚动轴承钢的纯净度要求很高，杂质含量要求极低（$w_S < 0.02\%$、$w_P < 0.027\%$），因为它们的存在会降低钢的疲劳强度，影响轴承的使用寿命。

3. 热处理特点

滚动轴承钢的热处理工艺主要为球化退火、淬火和低温回火。

（1）球化退火　球化退火作为一种预备热处理，是为了降低锻造后钢的硬度（180 ~207HBW），以利于切削，同时还为零件的最终热处理作组织准备，使碳化物细小且均匀分布。经退火后钢的组织是球化珠光体。如果钢的原始组织中有粗大的片状珠光体和网状碳化物时，则在退火前需要进行一次正火处理，以改善原始组织。

（2）淬火和低温回火　淬火和低温回火是决定轴承钢性能的主要（最终）热处理工序。以 GCr15 钢为例，淬火温度要求十分严格，在 820 ~840℃之间。如果淬火加热温度过高会使残留奥氏体量增多，并由于过热而形成粗大的片状马氏体，使钢的疲劳强度及韧性降低；温度过低则硬度不足。

钢经淬火后应立即低温回火，回火温度为 150 ~160℃，保温 2 ~3h，回火后的组织由极细回火马氏体、均匀分布的细粒状合金渗碳体及少量残留奥氏体组成，硬度为 61 ~65HRC。

（3）稳定化处理　精密轴承必须保证尺寸的稳定性，而残留奥氏体和内应力的存在会使钢在使用过程中产生尺寸的变化，因此淬火后应立即进行低于 -70℃的冷处理，以减少残留奥氏体量，然后再进行低温回火消除冷处理时的内应力。轴承钢经精磨后要在 120 ~130℃进行 10 ~20h 的低温时效处理，以进一步改善尺寸稳定性。

4. 常用的滚动轴承钢

根据我国缺少金属铬的资源状况，目前已有多个新的钢种可代替含铬较高的轴承钢，如 GSiMnMoV、GSiMnV 等可代替 GCr15 轴承钢，使得滚动轴承钢按用途和成分不同可分为多种类别。

（1）含铬轴承钢　即高碳低铬钢，如 GCr9、GCr15 等。其中 GCr15 钢多用于制造中、小型轴承，应用最广。对于尺寸较大的轴承（如铁路轴承）可采用铬锰硅钢，如 GCr15SiMn 钢等。

（2）无铬轴承钢　如 GMnMoVRE、GSiMoMnV，其性能和用途与 GCr15 相同，可以节约我国短缺的合金元素铬。

应当说明的是，滚动轴承钢的另一特点是“名专用途广”，即除了制作滚动轴承外，目前还广泛用于制造各类工具和耐磨零件，如量具、精密偶件、冷轧辊、冷作模具等。

一般滚动轴承的加工工艺路线如下：

轧制或锻造→球化退火→机加工→淬火→低温回火→磨削→成品。

某精密镗床主轴轴承（套圈、滚珠）制造的热处理技术要求为硬度不小于62HRC，选用材料为GCr15。其加工工艺路线如下：

轧制或锻造→球化退火→机加工→淬火→冷处理→低温回火→时效处理→磨削→时效处理→成品。

表4-26为常用的含铬轴承钢和无铬轴承钢的牌号、化学成分、典型热处理及主要用途。

表4-26 常用含铬轴承钢和无铬轴承钢的牌号、化学成分、典型热处理及主要用途

牌号	化学成分(%)								典型热处理			主要用途
	w_C	w_{Cr}	w_{Mn}	w_{Si}	w_{Mo}	w_V	w_{RE}	$w_{S、P}$	淬火/℃	回火/℃	回火后硬度HRC	
GCr9	1.0~1.10	0.9~1.2	0.2~0.4	0.15~0.35	—	—	—	—	810~830	150~170	62~66	10~20mm的滚珠
GCr15	0.95~1.05	1.3~1.65	0.2~0.4	0.15~0.35	—	—	—	—	825~845	150~170	62~66	壁厚小于20mm的中小型套圈、直径小于50mm的钢球
GCr15SiMn	0.95~1.05	1.3~1.65	0.9~1.2	0.40~0.65	—	—	—	—	820~840	150~170	≥62	壁厚大于30mm的大型套圈、直径为50~100mm的钢球
GSiMnV	0.95~1.10	—	1.3~1.8	0.55~0.80	—	0.2~0.3	—	≤0.03	780~810	150~170	≥62	可代替GCr15
GSiMnVRE	0.95~1.10	—	1.1~1.3	0.55~0.80	—	0.2~0.3	0.1~0.15	≤0.03	780~810	150~170	≥62	可代替GCr15及GCr15SiMn
GSiMnMoV	0.95~1.10	—	0.75~1.05	0.40~0.65	0.2~0.4	0.2~0.3	—	—	770~810	165~175	≥62	可代替GCr15SiMn

（3）其他滚动轴承钢

1）渗碳轴承钢。应用于大型轧机、发电机及矿山机械上的大型（外径大于450mm）轴承，在极高的接触应力下工作，频繁地经受冲击和磨损，因此对它们除应有对一般轴承的要求外，还要求心部有足够的韧性和高的抗压强度及硬度，所以选用低碳的合金渗碳钢（如G20CrMo、G20CrNiMo、G20Cr2Mn2Mo等）来制造。

经渗碳淬火和低温回火后，表层坚硬耐磨，心部保持高的强韧性，同时表面处于压应力状态，对提高疲劳寿命有利。

2）不锈轴承钢。在各种腐蚀环境中工作的轴承必须有高的耐蚀性，常规含铬量的轴承钢已不能胜任，高碳高铬不锈轴承钢应运而生。不锈轴承钢的主要合金元素是铬，如95Cr18（9Cr18）、102Cr17Mo（9Cr18Mo）等。

3）高温轴承钢。各类航空航天飞行器、燃气轮机等装置中的轴承，是在高温、高速和高负荷条件下工作的，其工作温度在300℃以上。常规的轴承钢，如 GCr15 钢的最高工作温度不超过180℃，含 Si、Mo、V、Al 的低合金轴承钢的工作温度也只能在250℃以下。对于在较高温度下工作的轴承，目前有以下两类：

① 高速钢类轴承钢。用高速钢 W18Cr4V 和 W6Mo5Cr4V2 或 Cr4Mo4V 制作的轴承可以在430℃长期工作，高温硬度可大于57HRC。Cr4Mo4V 是性能较好的高温轴承钢，Cr4Mo4V 主要用于航空发动机，可以在315℃长期工作（此时高温硬度大于57HRC），短时可用到430℃（高温硬度大于54HRC）。

② 高铬马氏体不锈钢。Cr14Mo4V 是在102Cr17Mo 的基础上升 Mo 降 Cr 并加入少量 V 而形成的，提高了钢的高温性能。此类钢的高温硬度较高，耐蚀性良好，其耐磨性比 Cr14Mo4V 稍差，但可加工性更好。Cr14Mo4V 适于制作承受中、低负荷，在300℃下长期工作的轴承。

4.5 工具钢

4.5.1 概述

工具钢是指用于制造刃具、量具、模具等的钢种。

将工具钢与结构钢相比，有如下特点：

（1）力学性能　工具钢大多数情况下是在局部受到很大的压力和摩擦力的条件下工作的，因此，一般的力学性能要求是：有更高的硬度和耐磨性以及足够的强度和韧性；而结构钢多数要求强度与韧性的配合。

（2）化学成分　工具钢碳的质量分数多数是共析的、过共析的；而结构钢大多数是亚共析的。合金元素在工具钢中的主要作用是提高淬透性，增加耐磨性；而结构钢中的合金元素的主要作用是提高淬透性。对 S、P 含量的限制，工具钢比结构钢更加严格。

（3）热处理　工具钢为了获得高硬度，其最终热处理均采用淬火和低温回火；而结构钢的最终热处理多数是淬火和中、高温回火。

工具钢分类方法很多，按其主要化学成分的不同，可分为非合金工具钢、合金工具钢和高速工具钢三大类。按用途又可分为刃具钢、模具钢和量具钢。

4.5.2 刃具钢

刃具钢是主要用于制造各种金属切削刃具的钢，如车刀、铣刀、钻头等。刃具在工作时的条件很苛刻，在刃具的一个局部区域内，受到工件压力，刃部与切屑产生摩擦，受到一定的振动与冲击。因此，刃具钢应具备下列性能：高的硬度（≥60HRC）和耐磨性、高的热硬性、足够的塑性和韧性等。

常用的刃具钢有三类：非合金工具钢、合金量具刃具钢、高速工具钢。

1. 非合金工具钢（碳素工具钢）

非合金工具钢碳的质量分数为 0.65% ~1.35%，是制造低速工具的碳素钢，见表4-27。

表 4-27 常用碳素工具钢牌号、主要成分、最终热处理与用途

牌号	主要成分(%)			最终热处理		用途
	w_C	w_{Mn} ≤	w_{Si} ≤	淬火温度/℃ 冷却剂	硬度 HRC	
T7 T7A	0.65~0.74	0.4	0.35	800~820 水	56~62	錾子、冲头、小尺寸风动工具、木工用锯、凿、钳工工具等
T8 T8Mn T8A	0.75~0.8	0.4	0.4	780~800 水	—	木工用铣刀、钻头、圆锯片、钳工工具、铆钉冲模等
T9 T9A	0.85~0.94	0.4~0.6	0.4~0.6	760~780 水	56~62	切削软金属的刀具，一定硬度、韧性的冲模、冲头等
T10 T10A	0.95~1.04	0.4	0.4	760~780 水	56~64	刨刀、拉丝模、冷锻模等
T11 T11A	1.05~1.24	0.4	0.4	760~780 水	56~64	丝锥、刮刀、尺寸不大而截面急剧变化的冲模、木工工具等
T12 T12A	1.25~1.35	0.4	0.4	760~780 水	56~64	丝锥、刮刀、板牙、钻头、铰刀、锯条、冷冲模、量规等
T13 T13A		0.4	0.4	760~780 水	62~64	锉刀、刻刀、剃刀、拉丝模、加工坚硬岩石用的刀具

它的性能要求是：高的硬度、低速切削时有好的耐磨性；淬透性低，冷热加工工艺性好，热处理简单。因生产成本低，价格便宜，生产中应用广泛。

非合金工具钢中的 S、P 含量较少，属优质或高级优质钢（后面加“A”符号）。

它的预备热处理为球化退火，目的是为了得到粒状珠光体以降低硬度，加热温度一般在750~770℃，硬度不大于217HBW。

最终热处理为淬火+低温回火。为增加淬硬层的深度，淬火冷却要选用水或盐水，或进行水淬油冷。因淬火内应力很大，所以淬火后应立即回火，以免工具变形开裂，回火温度为180~200℃。最后的正常组织是隐晶回火马氏体和细粒状渗碳体及少量残留奥氏体。

2. 合金工具钢

为了弥补非合金工具钢的不足，在其基础上加入一种或多种合金元素就形成了不同成分和不同性能的合金工具钢。

合金工具钢中合金元素的质量分数总量≤5%，是用于制造刃具量具的钢种。

量具属测量工具，如卡尺、千分尺、塞规、量块、样板等，要求具有高的硬度和耐磨性、尺寸稳定性和一定的耐蚀性。合金量具、刃具钢的性能与碳素工具钢相比，不仅淬透性高、变形小，而且具有在300℃下硬度不降低的热硬性。用于制造形状复杂、薄刃、工作在300℃以下的刃具和大批量生产中使用的量具。

（1）成分特点　碳的质量分数为0.75%~1.5%范围内，较高的含碳量保证了钢的高硬度和高耐磨性，加入 Cr、Mn、Si、W、V 等合金元素，主要是提高钢的淬透性（Cr、Mn

等)，也就提高了钢的强度和硬度；加入V、Mo、W形成特殊碳化物，进一步细化晶粒、提高耐磨性。

(2) 热处理特点　为了使这类钢件锻后获得均匀的球化组织，其必须进行预备热处理。可采用正火消除网状渗碳体，然后进行球化退火。最终热处理为淬火、低温回火。

(3) 常用的钢种　常用的合金量具刃具钢的牌号、成分、热处理、性能与用途见表4-28。

表4-28　常用的合金量具刃具钢的牌号、成分、热处理、性能与用途

统一数字代号	钢组	牌号	化学成分(%) w_C	w_{Si}	w_{Mn}	w_{Cr}	$w_{其他}$	淬火 温度/℃	淬火 硬度HRC	交货状态硬度HBW	用途举例
T30100	量具刃具用钢	9SiCr	0.85~0.95	1.20~1.60	0.30~0.60	0.95~1.25		820~860油	≥62	241~197	丝锥、板牙、钻头、铰刀、齿轮铣刀、冷冲模、轧辊
T30000		8MnSi	0.75~0.85	0.30~0.60	0.80~1.10			800~820油	≥60	≤229	一般多用做木工凿子、锯条或其他刀具
T30060		Cr06	1.30~1.45	≤0.40	≤0.40	0.50~0.70		780~810水	≥64	241~187	用做剃刀、刀片、刮刀、刻刀、外科医疗刀具
T30201		Cr2	0.95~1.10	≤0.40	≤0.40	1.30~1.65		830~860油	≥62	229~179	低速、材料硬度不高的切削刀具、量规、冷轧辊等
T30200		9Cr2	0.80~0.95	≤0.40	≤0.40	1.30~1.70		820~850油	≥62	217~179	主要用做冷轧辊、冷冲头及冲头、木工工具等
T30001		W	1.05~1.25	≤0.40	≤0.40	0.10~0.30	W0.80~1.20	800~830水	≥62	229~187	低速切削硬金属的刀具，如麻花钻、车刀等

9SiCr钢是应用最广泛的合金刃具钢，它有高的淬透性及耐回火性，适宜制造低速的复杂、薄刃工具。

8MnSi钢是不含铬的低价格刃具钢，多用于制造木工工具。

量具钢最常用的钢种是CrWMn、GCr15钢等，对于要求特别高硬度、耐磨性及尺寸稳定的量具，可选用渗氮钢38CrMoAlA或模具钢Cr12MoV钢。对于在腐蚀条件下工作的量具可选用40Cr13、95Cr18等不锈钢。

4.5.3　高速工具钢

高速工具钢是用于高速切削（由此得名“高速”）的高合金工具钢，简称高速钢，俗称锋钢、白钢。

(1) 性能要求　高速钢具有很高的热硬性，在高速切削（切削速度达到50~60m/min）时刃部温度升至600℃左右时，仍能保持高硬度（>58HRC）；耐磨性高，同时具有足够高的强度，兼有适宜的塑性和韧性；淬透性好，中、小型刃具在空气中即可淬透。因此，高速钢广泛用于制造尺寸大、切削速度高、负荷重、工作温度高的各种刃具，也可用来制造高耐磨性的冷作模具。

（2）成分特点

1）碳的质量分数。碳的质量分数一般为0.75%～1.65%，应用最多的碳的质量分数为0.75%～1.05%。碳是高速钢获得高硬度和形成碳化物的主要元素。碳含量过多碳化物的不均匀性增加，易造成塑性下降，锻造和可加工性变坏，残留奥氏体量也增多。含碳量过少，合金元素之间会形成金属化合物。例如，Fe_3W_2很脆，而且又不易溶解到奥氏体中，若使其溶解，必须升高温度，这又会导致奥氏体晶粒长大，使高速钢性能变坏。

2）铬的作用。加入质量分数为4%左右的铬可提高钢的淬透性，是高速钢中碳化物的形成元素。过多的铬会使残留奥氏体大量增加，降低硬度，增加回火次数。铬还能提高抗氧化脱碳和耐蚀能力。

3）二次硬化元素。加入大量的W、Mo、V等二次硬化元素，形成W_3Fe_3C、W_2C、Mo_2C、VC等特殊碳化物。当加热后，这些元素溶入奥氏体，在淬火后560℃左右回火时，会从马氏体中析出大量弥散分布的特殊碳化物K（Mo_2C、W_2C），使硬度不但不会降低反而升高，即所谓的二次硬化现象。

根据试验证明，在淬火的W18Cr4V钢中，约有7%的W溶入固溶体，以原子状态存在于马氏体中保证了钢的热硬性。同时它还阻止马氏体的分解，提高耐回火性。

4）钴的作用。加入钴元素可提高淬火温度，使更多的二次硬化元素溶入奥氏体，间接促使淬火回火后二次硬化产生。钴有能提高高速钢的热硬性、降低韧性、增大脱碳倾向的作用。

（3）铸态组织　高速钢经铸造后，在实际生产条件下，其室温组织为马氏体+残留奥氏体、由鱼骨状大碳化物片和马氏体相间排列而形成的莱氏体、铁素体+大量的碳化物，其化学成分、组织严重不均，偏析严重，必须经过锻造打碎鱼骨状莱氏体，以改善碳化物的不均匀性，同时在高温时又可通过扩散使钢的化学成分均匀化。锻造中要反复镦粗、拔长后才能使用，不经锻造的高速钢，淬火时易于变形和开裂，使用时易崩刃和快速磨损。

（4）热处理特点

1）预备热处理——退火。高速钢由于含有较多的合金元素，锻造后的组织很硬，很难加工，必须经过退火，采用的退火工艺与过共析钢球化退火相似。加热到Ac_1（820～840℃）+（30～50℃），为缩短时间，多采用等温退火，得到不是全部合金化的奥氏体，在随后缓慢冷却过程中才能较为容易地转变成索氏体和颗粒状碳化物，降低硬度，便于切削。其工艺路线如图4-7所示。

2）最终热处理

① 在淬火加热时，由于高速钢中合金元素较多，而使导热性变差。为防止在加热时产生较大的应力和变形，应进行一次预热（800～850℃）或二次预热（500～600℃、800～850℃）。

② 淬火加热温度很高，一般在1200～1300℃。高温可使尽量多的特殊碳化物溶解于奥氏体中（如$Cr_{23}C_6$在900～1100℃溶解，VC在1200℃开始溶解，WC在1150～1300℃溶解），从而在淬火回火后获得二次硬化效果。

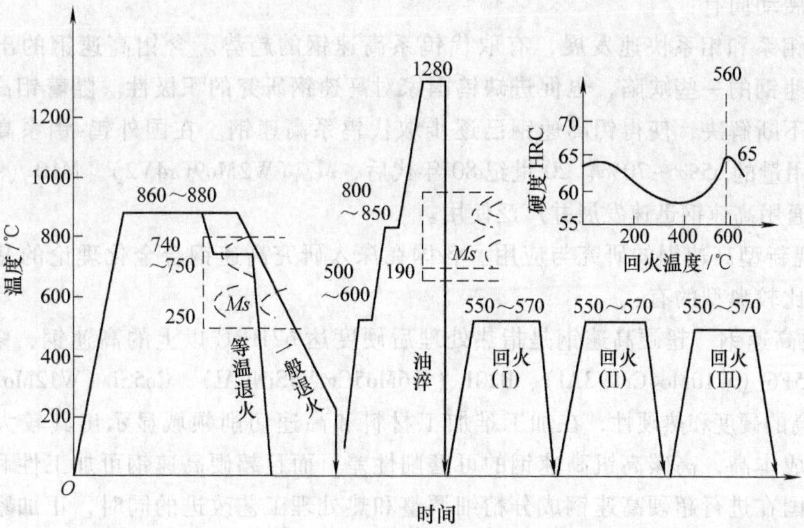

图 4-7　W18Cr4V 高速钢的热处理工艺过程示意图

③ 在 560 ~580℃之间进行三次回火。在 560 ~580℃回火正处于二次硬化峰值所在的温度区间，即可获得最高的热硬性。三次回火的主要原因如下：

a. 因淬火后组织中有 50% ~60% 的残留奥氏体存在，一次回火不可能完全转变，需要二、三次回火才能完成。

b. 后一次回火可消除因前一次回火时由残留奥氏体转变为马氏体而产生的应力。

回火后的组织为回火马氏体 + 颗粒状的碳化物。

前述高速钢淬火加热后空冷也能得到马氏体，但高速钢一般不采用空冷，因为空冷会导致碳化物析出，降低钢的硬度和热硬性，并造成高速钢表面氧化脱碳。图 4-7 为 W18Cr4V 高速钢的热处理工艺过程示意图。

④ 常用高速工具钢的牌号、性能与用途见表 4-29。

表 4-29　常用高速工具钢的牌号、性能与用途

牌　号	w_C(%)	回火后硬度	热硬性	应用举例
W 系：W18Cr4V	0.7 ~0.8	63 ~66HRC	61.5 ~62HRC	一般高速车刀、刨刀、钻头、铣刀等
WMo 系：W6Mo5Cr4V2	0.8 ~0.9	64 ~66HRC	60 ~61HRC	耐磨性、韧性好的丝锥、钻头等
超硬系：W6Mo5Cr4V2Al	1.05 ~1.20	68 ~69HRC	65HRC	使用寿命比 W18Cr4V 高 1 ~4 倍，用于刀具、冷热模具零件

（5）其他用途　高速钢不仅用于制造刃具，也可制造载荷大、形状复杂、贵重的切削刃具（如拉刀、齿轮铣刀等）。此外还可用于制造冷冲模、冷挤压模及某些要求耐磨性高的零件，但应根据具体工作的使用要求，选用与上述刃具不同的热处理工艺。

（6）高速钢发展简介　高速钢之所以经近百年使用而不衰，主要是在现阶段具有其他硬质工具材料所不能比拟的韧性、可加工性及成本相对低廉等优点。目前高速钢与其他各类硬质工具材料仍然在各自发展，相互配合，又彼此竞争，以满足现代生产的各种需要。当前高速钢的发展动向有：

1）钨-钼系和钼系快速发展，有取代钨系高速钢的趋势。含钼高速钢的出现，一方面弥补了钨高速钢的一些缺陷，也促进缺钨国家对高速钢研究的积极性。随着钼高速钢脱碳敏感等问题的不断解决，使得钼高速钢已逐步取代钨系高速钢。在国外钨-钼系高速钢应用量占高速钢总用量的65%～70%。20世纪80年代后，M7（W2Mo9Cr4V2）、M10（90Mo5Cr4V2）为主的钼系通用高速钢迅速发展并广泛使用。

2）重视新型高速钢的研究与应用。各国在深入研究高速钢合金化理论的基础上不断研发新品种，比较典型的有：

① 超硬高速钢。超硬高速钢是指热处理后硬度达67HRC以上的高速钢，多为高碳高钒并含钴，如5F6（W10Mo4Cr4V3Al）、B201（W6Mo5Cr4V5SiNbAl）、Co5Si（W12Mo3Cr4V3Co5Si）等。由于其高的硬度和热硬性，在加工难加工材料和高速切削领域显示出其较大优越性。但含钴高速钢成本高，高碳高钒高速钢的可磨削性差，而且超硬高速钢可加工性和韧性普遍较差，因此各国在进行超硬高速钢成分精细调整和热处理工艺改进的同时，正加紧开发高性能且价廉的超硬高速钢新品种。

② 时效硬化高速钢。时效硬化高速工具钢是指通过金属间化合物析出而不是K（Mo_2C、W_2C）析出来，获得高硬度和热硬性的工具钢。时效硬化高速钢淬火后得到"无碳"或低碳的高合金马氏体，其硬度仅30～40HRC，可进行切削，加工成刀具后再进行时效获得高硬度，简化了工具制造工艺，并提高了精度。

时效硬化高速钢特别适于制作尺寸小、形状复杂、要求精度特别高、表面粗糙度值特别低的刃具和超硬精密模具，是解决如钛合金等难加工材料的成形切削与精加工的较理想材料。

③ 低合金高速钢。低合金高速钢是以相应的通用高速钢基体成分为基础，采用较低合金含量和较高的碳含量促使产生二次硬化，既获得了理想的硬度、强度和热硬性，又节约了合金元素，降低了成本。在中速切削条件下，低合金高速钢的性能与通用高速钢相当。

④ 耐冲击工具钢。耐冲击工具钢是利用在CrSi钢基础上添加质量分数为2.0%～2.5%的钨，以细化晶粒，提高韧性的工具钢，如5CrW2Si、6CrW2Si等。耐冲击工具钢用于制造风动工具、錾及冷作模具等。

4.5.4 模具钢

模具钢是用来制造各种模具用的工具钢。依使用性质、材料不同，模具钢可分为冷作模具钢、热作模具钢、塑料模具钢和无磁模具钢等。

1. 冷作模具钢

冷作模具钢是指制造在冷态下使金属变形与分离的模具钢种（如弯曲模、冲裁模、落料模、拉丝模、拉深模、冷锻模、冷挤模和搓丝板等）。模具的刃口部位承受较大的压力、弯曲力和冲击力，模具表面与坯料之间还有摩擦。因此冷作模具钢要求有较高的硬度和耐磨性，高的强度和疲劳性能，足够的韧性，保证模具的几何尺寸精度和使用寿命，良好的工艺性能，如要求热处理变形小和淬透性高等。

常用的制作冷作模具的钢种有：非合金工具钢、低合金冷作模具钢、高碳中铬冷作模具钢、高速钢和基体钢等，见表4-30。

表 4-30　冷作模具钢分类、牌号、特点和用途

分类		牌号	特点	用途
化学成分	钢的性质			
碳素工具钢 低合金工具钢	低淬透性钢	T7A ~ T12A, Cr2,9Cr2	加工性能好,在薄壳硬化状态有充分的韧性和疲劳抗力,但淬透性、耐回火性和耐磨性低	适于制作轻载冲裁模、一般成形模和压印模等
低合金工具钢	抗冲击性钢	4CrW2Si,5CrW2Si, 60Si2Mn,6CrW2Si, 65Mn	低碳中合金,抗冲击疲劳极好,耐磨性、抗压强度较差	适于各种冲剪工具、精压模、冷镦模等用钢
低合金工具钢	低变形性钢	9Mn2V,CrWMn,9Mn2, 6CrNiSiMoV,7CrSiMnMoV, 8Cr2MnSiMoV	淬透性较好,淬火操作简单,变形易于控制,但韧性、耐回火性及耐磨性仍不足	适于中、小批量,形状较复杂的模具
高合金工具钢	微变形高耐磨性钢	Cr12,Cr12MoV, Cr4W2MoV, Cr12Mo1V1(D2), Cr5Mo1V	淬透性高,中等的耐回火性,耐磨性好,但变形抗力和冲击抗力较小	适于成批大量生产的冷冲模,中等载荷的冷挤、冷镦模
高合金工具钢	高强韧性钢	6W6Mo5Cr4V, 5Cr4W5Mo2V, 6Cr4W3Mo2VNb(65Nb), 5Cr4Mo3SiMnVAl(012Al)	属于高碳高合金钢,兼有高强度和高综合性能	适于各类重载冷作模具用钢
高速钢	高强度钢	W18Cr4V, W6Mo5Cr4V2	具有高的抗压强度、耐回火性和耐磨性,韧性较差	适于制造重载的长寿命的拉深模、冷挤压模

热处理特点：一般淬火 + 回火，要求热处理变形小。

Cr12 钢就属于典型的冷作模具钢，它应用广泛，如电器仪表行业中冲制硅钢片的冲模、生产标准件的滚丝模等，以它为例，Cr12 属高碳（w_C = 2.0% ~ 2.3%）、高铬（w_{Cr} = 11% ~ 12.5%）型的莱氏体钢，坯料中碳化物呈带状分布，且不均匀。必须通过合理的锻造来改善碳化物分布的不均匀性。并且锻造后应进行等温球化退火，以消除应力，降低硬度。Cr12 钢的最终热处理工艺有以下两种：

（1）低的淬火温度和低温回火（一次硬化法）　把模具加热到 950 ~ 1000℃ 热透，油淬，然后 160 ~ 180℃ 回火，硬度可达 61 ~ 64HRC，不仅淬火变形小，还可获得高的硬度与耐磨性。适用于承受较大载荷和形状复杂的模具。

（2）高的淬火温度和较高的回火温度（二次硬化法）　淬火加热温度为 1100 ~ 1120℃，

油淬，由于淬火后钢中有大量残留奥氏体存在，硬度仅有45～50HRC，经510～520℃回火2～3次，使残留奥氏体大量分解，从而可获得较高的热硬性，硬度为60～62HRC。适于制作承受强烈摩擦和在400～450℃下工作的模具。

2. 热作模具钢

热作模具钢是使热态金属或液态金属进行成形加工的钢种。

热作模具钢按性能可分为高韧性热作模具钢和高热强性热作模具钢；按其适应的模具类别大致可分为锤锻模与大型压力机锻模用钢、热挤压模与中小型压力机锻模用钢、压铸模用钢和热切边模用钢四类。

（1）性能要求　由于上述模具在工作时受较大的压力、冲击，反复受到炽热金属与冷却介质（水、油和空气）的交替作用，易产生热应力，使模膛龟裂，即产生热疲劳现象。因此，要求模具钢在高温下具有足够的强度、韧性、硬度和耐磨性，一定的耐热疲劳性以及良好的淬透性等。因为这类模具尺寸都比较大，还应具有高的淬透性、好的导热性和较小的变形。

（2）成分特点　热作模具钢均为中碳钢（$w_C=0.3\%\sim0.6\%$），钢中加入Cr、Mn、Ni、Mo、W等用于提高淬透性（Cr、Mn、Ni等）、耐回火性（W、Mo等）、抗热疲劳性（Cr、W、Mo、Si等）的合金元素。

（3）热处理特点　热作模具钢必须经热处理后，才能充分发挥各种合金元素的作用，使之满足性能要求。其预备热处理为退火，780～800℃保温后炉冷。最终热处理一般为淬火后中温回火或高温回火。其中热锻模钢热处理与调质钢相似，经调质处理后，获得均匀的回火索氏体（或回火托氏体）组织，硬度为40HRC左右。热压铸模淬火后在略高于二次硬化峰值温度（600℃）下回火，组织为回火马氏体、粒状碳化物和少量残留奥氏体。与高速钢相似，为了保证热硬性，要进行多次回火。

（4）常用钢种　5CrNiMo、5CrMnMo钢是最常用的热作模具钢，它们具有较高的强度、韧性和耐磨性，优良的淬透性及良好的抗热疲劳性，常用来制造大中型热作模具。

常用热作模具钢的牌号、成分、热处理与用途见表4-31。

以5CrMnMo钢制扳手热锻模为例，其生产制造工艺路线如下：

下料→锻造→退火→机加工→淬火→回火→精加工（修型、抛光）。

表4-31　常用热作模具钢的牌号、成分、热处理与用途

牌号	主要成分(%)								热处理			用途
	w_C	w_{Ni}	w_W	w_{Mo}	w_V	w_{Si}	w_{Mn}	w_{Cr}	淬火温度/℃	回火温度/℃	硬度HRC	
5CrNiMo	0.5～0.6	1.4～1.8		0.15～0.3		≤0.4	0.5～0.8	0.5～0.8	850	500二次	41～42	各种形状复杂、较大冲击下边长≥400mm的大中型锤锻模
5CrMnMo	0.5～0.6			0.15～0.3			1.2～1.6	0.6～0.9	850	500	41～44	边长≤400mm的中小型锤锻模

（续）

牌号	主要成分(%)								热处理			用途
	w_C	w_{Ni}	w_W	w_{Mo}	w_V	w_{Si}	w_{Mn}	w_{Cr}	淬火温度/℃	回火温度/℃	硬度HRC	
3Cr2W8V	0.3～0.4		7.5～9.0		0.2～0.5			2.2～2.7	800～1130	610二次	48～49	高温下，冲击不大的凸模、凹模，如压铸模、热挤压模、有色金属成形模
4Cr5W2VSi	0.32～0.42		1.6～2.4		0.6～1.0	0.8～1.2	≤0.4	4.59～5.5	850～1060	595二次	48～49	热挤压模、有色金属压铸模、耐热工具、高速锤锻模
4Cr5MoSiV1	0.33～0.47			1.1～1.6	0.3～1.2	0.8～1.2	0.2～0.5	4.75～5.5	850～1020	550二次	48～50	铝铸件用压铸模、穿孔工具、压力机锻模、塑料模及400～450℃工作的零件

图4-8所示为5CrMnMo钢制热锻模淬火、回火工艺图。

3. 塑料模具钢

塑料模具钢是指用于制造塑料制品用的模具钢种。

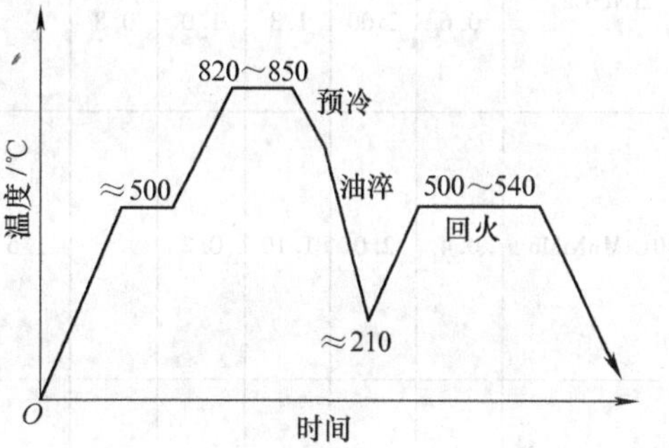

图4-8 5CrMnMo钢制热锻模淬火、回火工艺图

塑料制品在工业及日常生活中得到广泛应用，塑料分为热固性塑料和热塑性塑料。无论热塑性塑料还是热固性塑料，其成型过程都是在加热、加压条件下完成的。但一般加热温度不高（150～250℃），成型压力也不大（大多为40～200MPa），因此对塑料模具用钢的常规力学性能要求不高，但对塑料模具材料的加工工艺性能却要求较高，如要求材料变形小，易切削，研磨抛光性能好，表面粗糙度值低，花纹图案的刻蚀性、耐蚀性等均要求较高，而且要求有较好的焊接性和比较简单的热处理工艺等。

根据塑料模具的工作特点塑料模具钢可分为以下几种：

1）适用于冷挤压成形的塑料模具钢，传统使用工业纯铁、10、15、20及20Cr等钢种，但不够理想。现有专用的冷挤压塑料模具钢0Cr4NiMoV（代号LJ），“表硬心韧”效果好。

2）中、小型且形状不复杂的塑料模具钢，可采用T7A、T10A、9Mn2V、CrWMn、40Cr、Cr2等用途广泛的塑料模具钢。大型复杂的塑料模具钢采用4Cr5MoSiV、Cr12MoV等钢。

3）大、中型复杂精密的塑料模具钢采用18CrMnTi、12CrNi3A等渗碳钢，也可采用易切削预硬型钢种，如我国研制的3Cr2Mo、3Cr2MnNiMo、5CrNiMnMoVSCa（代号

5NiSCa）等。

4）制造在腐蚀介质中工作的塑料模具钢，则采用耐腐蚀的马氏体不锈钢，如20Cr13、40Cr13等钢种。

一些国家已有塑料模具钢系列钢号与专用钢种。我国GB/T 1299—2000也列入3Cr2Mo等塑料模具钢，但尚未形成适应不同情况的系列钢号，有待于研制、开发。

塑料模具钢的牌号、成分、热处理与用途见表4-32。

表4-32 塑料模具钢的牌号、成分、热处理与用途

牌号	主要成分(%)								热处理			用途
	w_C	w_{Cr}	w_{Ni}	w_{Mo}	w_V	w_{Mn}	w_{Ca}	w_S	淬火温度/℃	回火温度/℃	硬度HRC	
SM48C①	0.45~0.51	≤0.2	≤0.2			0.5~0.8			810~860	550~650	20~27	适用于标准注射模架、模板
3Cr2Mo	0.28~0.4	1.4~2.0		0.3~0.55		0.6~1.0			830~860	580~650	28~36	用于各种塑料模具及低熔点金属压铸模
5NiSCa	0.5~0.6	0.3~2.00	0.9~1.3	0.1~1.0	0.1~0.8		0.002~0.02	0.06~0.15	880~890	550~680	30~45	各种精度、表面粗糙度要求高的塑料模具
40CrMnNiMo	0.4	2.0	1.10	0.2		1.5		4.59~5.5	830~870	180~300 500~650	52~48 27~34	大型电视机外壳、洗衣机面板、厚度>400mm塑料模具
Y55CrNiMnMoV②	0.5~0.6	0.8~1.2	1.0~1.5	0.2~1.5	0.1~0.3	0.8~1.2	~0.5	4.75~5.5	830~850	620~650	36~42	用于热塑性模具、线路板冲孔模、精密冲导向板、热固性塑料模具

① SM表示塑料模类。

② Y表示预硬态类。

4.6 不锈钢、耐热钢和低温钢

4.6.1 不锈钢

不锈钢是指具有抵抗大气、酸、碱、盐等腐蚀能力的合金钢的统称。但有时把能够抵抗大气或弱腐蚀介质腐蚀的钢叫做不锈钢，而把能够抵抗强腐蚀介质的钢称之为耐酸钢，即不锈钢如果按耐蚀性细分有不锈钢和耐酸钢。

据统计，全世界每年大约有 15% 的钢铁材料在腐蚀中失效。为了提高金属材料的耐蚀性，减少失效事故，减少其腐蚀消耗及延长设备使用寿命，几十年来人们研究并生产了一系列不锈钢。

还应强调：实际上并没有绝对不受腐蚀的钢种，只是不锈钢的腐蚀速度很缓慢而已。

1. 金属腐蚀的概念

金属腐蚀按其性质可分为以下两类：

(1) 化学腐蚀　金属在介质的作用下，其表面上发生纯化学反应的腐蚀称为化学腐蚀，如钢铁材料在高温下的表面氧化就是金属化学腐蚀的典型事例。化学腐蚀的特点是在腐蚀的过程中金属没有电流流动，并且腐蚀产物直接在金属表面产生。

(2) 电化学腐蚀　金属在介质的作用下，在其表面有微电流产生的电化学反应的腐蚀称为电化学腐蚀，如在大气、海水及酸、碱、盐类溶液中所产生的腐蚀。电化学腐蚀的速度快，危害大，是金属腐蚀中更重要、更普遍的形式。电化学腐蚀是有电流产生的腐蚀过程。

2. 提高钢耐蚀性的一般途径

(1) 提高电极电位　加入合金元素使钢基体的电极电位升高，能提高抵抗电化学腐蚀的能力。如钢中 $w_{Cr} \geqslant 13\%$ 时，可使铁的电极电位由 $-0.56V$ 跃升到 $+0.2V$。并且钢的耐蚀性与钢中铬的含量成正比。常添加的合金元素还有镍、硅等。

(2) 形成钝化膜　向钢中加入 Cr、Al、Si 等合金元素，在金属表面形成一层致密、连续、结合力高的氧化膜（Cr_2O_3、Al_2O、SiO_2 等）——钝化膜，使钢与外部介质隔开，从而提高钢的耐蚀性。

但在特殊条件下，不锈钢表面的钝化膜会发生局部破坏，在钝化区内产生小的阳极区（小活化点），使腐蚀速度提高，是造成不锈钢的缝隙腐蚀、晶间腐蚀等的原因之一。

(3) 组织单相化　向钢中加入合金元素，如加入质量分数大于 17% 的铬，使钢在室温下形成单相铁素体组织；向钢中加入质量分数大于 9% 的镍，使钢在室温下呈单相奥氏体组织。这些措施都可以减少微电池数目，使钢的耐蚀性提高。

3. 不锈钢的成分特点

(1) 碳含量　在不锈钢中碳是奥氏体形成元素，并且作用很大，相当于镍的 30 倍。但碳又与铬亲和力很大，严重影响钢的耐蚀性。因此大多数不锈钢中碳含量较低。一般 $w_C = 0.03\% \sim 1.2\%$。

(2) 合金元素的加入　加入 $w_{Cr} \geqslant 12\%$，提高基体电位的同时还可形成铁素体单相组织。加入形成奥氏体单相组织的合金元素 Ni、Mn、N 等，降低 Cr/Ni 比，易获得奥氏体，提高 Cr/Ni 比，有助于马氏体转变。加入少量 Al、Ti、Mo、Cu 等合金元素，可形成沉淀硬化不锈钢。有时在钢中加入 Ti、Nb 等元素可减小不锈钢的晶间腐蚀倾向。

4. 常用不锈钢的分类、牌号与热处理

按不锈钢空冷后的组织不同，可分为马氏体型、铁素体型、奥氏体型、铁素体-奥氏体型等多种不锈钢。常用不锈钢的牌号、统一数字代号、主要成分、热处理及用途见表 4-33。

表 4-33 常用不锈钢的牌号、统一数字代号、主要成分、热处理及用途

类别	牌号	统一数字代号	化学成分(%)			热处理温度		力学性能				用途
			w_C	w_{Cr}	w_{Ni}	淬火/℃	回火/℃	$R_{p0.2}$/MPa	R_m/MPa	A(%)	HBW	
马氏体型	12Cr13	S41010	0.15	11.5~13.5		950~1000	700~750	≥343	≥539	≥25	179	汽轮机叶片、水压机阀、螺栓、螺母等弱腐蚀介质下承受冲击的零件
马氏体型	20Cr13	S42020	0.16~0.25	12~14		920~980	600~750	≥441	≥675	≥20	224	
马氏体型	30Cr13	S43030	0.26~0.40	12~14		920~980	600~750	≥539	≥735	≥12	246	作为耐磨的零件、油泵轴、阀门、量具、刀具等
铁素体型	10Cr17	S11710	0.12	16~18	(0.6)	780~890	—	≥206	≥457	≥22	201	通用钢种，建筑内装饰用、生活日用品等
奥氏体型	06Cr19Ni10	S30408	0.08	18~20	8.0~11.0	1050~1150	—	≥205	≥515	≥40	201	不锈耐热钢，使用广泛的食品设备，化工、储能工业用品
双相	022Cr25Ni6Mo2N	S22553	0.030	24~26	5.5~6.5	950~1100	—	≥392	≥588	≥18	313	耐蚀性好，高强度，用作耐海水腐蚀用件

在 GB/T 20878—2007 中规定了不锈钢新的牌号标准：一般用两位数字表示平均碳含量（以万分之几计）；当平均碳含量≤0.03%时，用三位数字表示（以十万分之几计）。新标准还规定数字代码为：S1—铁素体；S2—双相；S3—奥氏体；S4—马氏体；S5—沉淀硬化。

（1）铁素体不锈钢　铁素体型不锈钢的成分是 $w_C<0.15\%$、$w_{Cr}=12\%\sim30\%$，属于铬不锈钢，是单相铁素体组织。铁素体型不锈钢耐大气、硝酸及盐水溶液的腐蚀能力强，并且具有高温抗氧化性能好的特点，典型钢种有 10Cr17 等，008Cr27Mo 是耐强腐蚀介质的耐酸钢。

（2）铁素体-奥氏体双相不锈钢　铁素体-奥氏体双相不锈钢是近十几年发展起来的新型不锈钢。这类钢使用低碳、超低碳、高纯净等方法提高钢的质量，并且同时兼有铁素体型不锈钢和奥氏体型不锈钢的特性，具有高的塑性、韧性，其冷热加工性能及焊接性能都比较好。

（3）奥氏体不锈钢　奥氏体型不锈钢的 $w_C=0.03\%\sim0.12\%$、$w_{Cr}=17\%\sim19\%$、$w_{Ni}=8\%\sim11\%$，属于镍铬不锈钢。奥氏体型不锈钢应用最为广泛，约占不锈钢总产量的 2/3。Ni 是扩大 γ 区的合金元素，当 Ni 的质量分数达到 8%时，整个组织基本为奥氏体。

奥氏体型不锈钢常用的热处理方法是固溶处理，就是把钢加热到其相图上的单一奥氏体区，得到成分均匀的单一奥氏体，然后快冷，使单相奥氏体组织保持到室温。经固溶处理使不锈钢有最低的强度和硬度，还使得不锈钢有最高的耐蚀性，是防止晶间腐蚀的重要手段。

（4）马氏体不锈钢　马氏体型不锈钢中 $w_C=0.07\%\sim1.2\%$、$w_{Cr}=18\%\sim26\%$，还需要加一些 Ni、Mo、Nb、Al、V 等合金元素。该钢淬火后得到马氏体。由于碳含量较高，因而力学性能较高，耐蚀性下降。马氏体不锈钢又可分为以下三种类型：

1）低碳的 Cr13 型马氏体不锈钢。如 12Cr13、20Cr13 等，类似于调质处理的钢件，用于力学性能要求较高又有一定耐蚀性要求的零件。

2）中高碳的 Cr13 型马氏体不锈钢。如 30Cr13、68Cr17、95Cr18 等，类似于工具钢，必须进行淬火、低温回火以获得高硬度、高耐磨性。用于制造医疗手术工具、量具、不锈轴承钢和弹簧等。

3）马氏体沉淀硬化不锈钢。如 07Cr17Ni7Al，该钢加热到 1050℃，使沉淀化合物溶解于奥氏体，水淬后获得马氏体，然后重新加热到 510℃进行时效，析出极细的沉淀化合物（金属间化合物）产生强化作用。

4.6.2　耐热钢

耐热钢是指在高温下具有高热稳定性和热强性的铁基合金。它主要用于制造石油化工设备的高温工艺管线、反应塔和加热炉，发电厂的汽轮机和锅炉，汽车和船舶的内燃机中高温下工作的零件或构件。

按钢的主要特性可将耐热钢分为抗氧化钢（耐热不起皮钢）和热强钢两大类。

1. 抗氧化（热稳定）钢

抗氧化钢主要用于要求长期在高温下工作具有较好的化学稳定性，但承受载荷较低的场合。在实际应用中大多数抗氧化钢是在碳含量较低的高铬钢、高铬-镍钢或高铬-锰钢基础上加入合金元素 Al、Si 等，形成一层致密的、高熔点、完整的并牢固覆盖于钢表面的氧化膜（Cr_2O_3、Al_2O_3、SiO_2），将金属与外界高温氧化性气体隔绝，避免进一步氧化。

抗氧化钢又分为：铁素体抗氧化钢、奥氏体抗氧化钢和马氏体抗氧化钢等。铁素体抗氧化钢如 06Cr13Al，最高使用温度可达 900℃，用于喷嘴、退火炉罩等；奥氏体抗氧化钢如 26Cr18Mn12Si2N，具有良好的抗氧化性能，最高温度可达 1000℃，抗硫腐蚀和抗渗碳能力强，适宜铸造等各类冷热加工。

2. 热强钢

热强钢要求有较高的高温强度和合适的抗氧化性，主要加入 Cr、Mo、Mn、Nb、Ti、V、W、Mo 等合金元素，以提高钢的再结晶温度和在高温下析出弥散相来达到强化的目的。

耐热钢按使用状态下组织的不同，可分为奥氏体型、铁素体型和马氏体型等，其牌号、统一数字代号、热处理、力学性能和用途见表 4-34。

表 4-34　常用耐热钢的牌号、统一数字代号、热处理、力学性能和用途

类别	牌号	统一数字代号	热处理温度			力学性能				用途
			退火/℃	淬火/℃	回火/℃	$R_{p0.2}$/MPa	R_m/MPa	A(%)	a_K/J·cm^{-2}	
马氏体型	12Cr5Mo	S45110		900～950 油	600～700 空	392	588	≥18		锅炉吊架，燃气轮机衬套，泵件、阀、活塞杆、高压加氧设备部件体

（续）

类别	牌号	统一数字代号	热处理温度 退火/℃	淬火/℃	回火/℃	力学性能 $R_{p0.2}$/MPa	R_m/MPa	A(%)	a_K/J·cm^{-2}	用途
马氏体型	40Cr10Si2Mo	S48140		1010~1040 油	600~700 空	690	885	≥20		650℃中、高载荷汽车发动机进、排气阀等
	12Cr12Mo	S45610		950~9000 空	600~710 空	550	685	≥18	78	汽轮机叶片、喷油嘴、密封环等
	12Cr13	S41010	800~900 缓	950~1000 油	700~750 快冷	343	539	≥25	98.1	耐氧化、耐腐蚀部件(650℃以下)
铁素体型	10Cr17	S11710	800~900 空,缓	780~890		206	457	≥22		900℃以下耐氧化部件，炉用部件、散热器、喷油嘴等
	06Cr13Al	S11348	780~850 空,缓			177	412	20		燃气透平压缩机叶片、退火箱、淬火台架等
奥氏体型	12Cr18Ni9	S30210		1050 固溶		205	515	35		870℃以下反复加热，锅炉过热器、散热器
	53Cr21Mn9Ni4N	S35650		820~850 固溶		314	706	20		内燃机重载荷排气阀等
	26Cr18Mn12Si2N	S35750		1100~1150 固溶		392	686	35		锅炉吊架，耐1000℃高温，加热炉传热带、料盘、炉爪等

4.6.3 低温钢

低温钢是指用于制造在低温下工作的零件的钢种，主要用于冶金、化工、冷冻设备、海洋工程、液体燃料的制备与储运装置等。常见的低温钢分类及用途为：

（1）在 -40 ~ -100℃下的低温钢　有低碳钢、低碳镍的铁素体型钢，如 Q345E、09Mn2VDR 钢等。主要用于石油化工、冷冻设备、寒冷地区的工程结构、运输管线及低温下工作的压缩机、泵、阀门等。

（2）在 -160 ~ -196℃下的低温钢　如 13Ni5 铁素体不锈钢等钢种。主要用于液化天然气、制氧工业等场合。

（3）-253 ~ -269℃的超低温奥氏体钢　如 06Cr18Ni9、12Cr18Ni9、15Mn26Al4 钢，$w_{Ni}=13\%$、$w_{Mo}=3\%$ 的钢及正在研制中的 $w_{Cr}=21\%$、$w_{Mo}=6\%$、$w_{Ni}=9\%$ 的超导装置材料等。主要用于制作储存液氢和液氦的容器及超导装置中的部件。

4.7　特殊物理性能钢

特殊物理性能钢是指在钢的定义范围内具有特殊的磁、电、弹性、膨胀等特殊物理性能的合金钢，包括软磁钢、永磁钢、无磁钢及特殊膨胀钢、特殊弹性钢、高电阻钢及合金等。它们在电力、电信、通信和现代科学技术中有广泛用途。

1. 软磁钢

软磁钢是指要求磁导率特性的钢，对磁场的反应灵敏，其矫顽力很小，磁导率很大。多用于变压器、发动机等，如铝铁系软磁合金等。

2. 永磁钢

永磁钢是指具有永久磁性的钢种。一旦磁化，则磁性不易消失。它包括变形永磁钢、铸造永磁钢、粉末烧结永磁钢等。主要用于各种旋转机械（电动机、发动机等）、继电器、磁放大器、保健器材、装饰品和体育用品等。

3. 无磁钢

无磁钢也称低磁钢，是指在正常状态下不具有磁性的稳定的奥氏体合金钢，常见的有铬镍奥氏体钢。

4. 特殊弹性钢

特殊弹性钢是指具有特殊弹性的合金钢。一般不包括常用的碳素与合金系弹簧钢。

5. 特殊膨胀钢

特殊膨胀钢是指具有特殊膨胀性能的钢种。如 $w_{Cr}=28\%$ 的合金钢，在一定温度范围内与玻璃的膨胀系数相近。

6. 高电阻钢及合金

高电阻钢及合金是指具有高的电阻值的合金钢。主要是铁铬系合金钢和镍铬系高电阻合金钢组成一个电阻电热钢和合金系列。

4.8　铸铁

4.8.1　概述

铸铁是在凝固过程中经历共晶转变，用于生产铸件的铁基合金的总称。

生产上应用的铸铁碳的质量分数常在 2.5% ~ 4% 之间。铸铁的抗拉强度较低，塑性和韧性差，不能进行锻造，但具有良好的铸造性和可加工性，抗压强度高，减振和减摩性能好，且制造容易、价格便宜，因而在工业上应用广泛。

4.8.2　铸铁石墨化

1. 铸铁石墨化过程

石墨化就是铸铁中的碳原子析出并形成石墨的过程。

在铸铁中的碳能以渗碳体和游离状态的石墨形式存在。一般的石墨可以从液体中结晶出来，也能从奥氏体中析出，也可以由渗碳体分解得到。实践证明，成分相同的合金在冷却时，冷却速度越快，析出的渗碳体的可能性越大；冷却速度越慢，析出石墨的可能性越大。因此，在铁碳合金结晶过程中存在两种相图，即 Fe-Fe_3C 相图（它说明了析出 Fe_3C 的规律）和 Fe-G（石墨）相图（它说明了析出石墨的规律），为便于比较和应用，将上述两种相图重叠在一起称为铁碳双重相图，如图 4-9 所示。

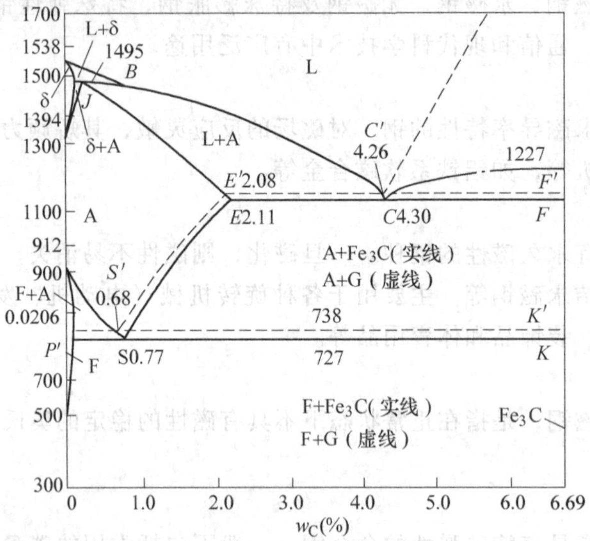

图 4-9　铁碳双重相图

按照 Fe-G（石墨）相图分析过共晶成分的铁液由高温到室温的冷却过程，可以将铸铁的石墨化过程分为几个阶段：

第一阶段：液相至共晶阶段。包括从过共晶成分的液相中直接结晶出一次石墨和共晶石墨。

中间阶段：共晶至共析转变的阶段。此时从奥氏体中直接析出二次石墨。

第二阶段：共析转变阶段。包括共析转变时奥氏体转变为铁素体 + 石墨。

当然，也可按 Fe-Fe_3C 相图进行上述三个阶段的石墨化过程。不同的是，先析出 Fe_3C，然后 Fe_3C 在高温下分解出石墨。

石墨是碳的一种结晶体，具有六方晶格，如图 4-10 所示。原子呈层状排列，同一晶面上的碳原子间距为 0.142×10^{-10}m，相互间呈共价键结合，结合力强。层与层之间的距离为 0.304×10^{-10}m，原子间呈分子键结合，结合力较弱。因此，石墨结晶形态常易发展为片状，强度、塑性极低，石墨的这些特性及其数量、形状、大小和分布对铸铁的性能有重要影响。

2. 影响石墨化的因素

（1）化学成分的影响

1）促进石墨化的元素，如 C、Si、Al、Cu、Co 等。其中 Si 是强烈促进石墨化的元素，随 C、Si 量的增加，石墨显著增多。C 不仅促进石墨化，而且还影响石墨的数量、大小和分布。实践证明，硅的质量分数在铸铁中每增加 3%，相图的共晶点的碳的质量分数相应降低 1%，即每三份硅的作用相当于一份碳的作用。

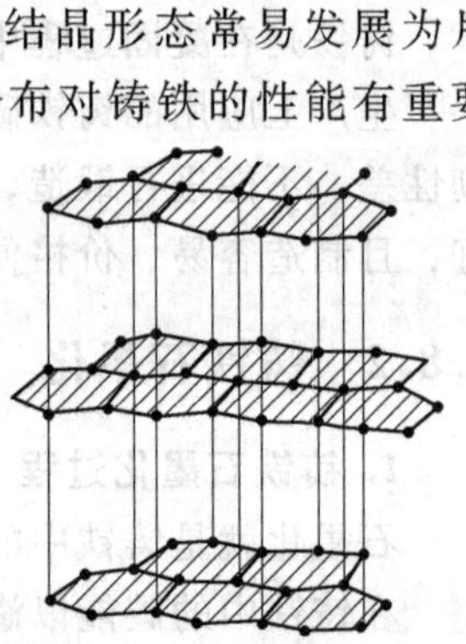

图 4-10　石墨的晶格结构

为综合考虑碳和硅的影响，通常把硅含量折合成相当作用的碳含量，称为碳当量 CE，即 $CE = w_C + 1/3w_{Si}$。作为调整铸铁的碳当量，是控制其石墨化程度、组织及性能的基本措施。一般铸铁中的碳当量控制为4%左右。

磷是微弱促进石墨化的元素，它的增加一方面能提高铁液的流动性，但也因形成 Fe_3P 以共晶体形式分布在晶界上，增加铸铁的脆性，应酌情予以约束。

2）阻碍石墨化的元素，如 Cr、W、Mo、V、Mn、Mg 等，以及杂质元素 S。通常，非碳化物形成元素大多促进石墨化，而碳化物形成元素阻碍石墨化。硫强烈促进铸铁白口化，并使力学性能和铸造性能恶化，因此必须严格控制。

（2）冷却速度的影响　若冷却速度较大，因碳原子来不及扩散而使石墨化难以充分进行，易得到白口组织。冷却速度越慢，越有利于石墨化。铸造时的冷却速度与浇注温度、造型材料、铸造方法和铸件壁厚有直接关联。

4.8.3　铸铁分类

铸铁可以有不同的分类方法，如根据铸铁的强度，可分为低强度铸铁和高强度铸铁；按照化学成分可分为普通铸铁和合金铸铁；根据金相组织又可分为珠光体铸铁、铁素体铸铁等。按照在铸铁中的碳以渗碳体（Fe_3C）或石墨（G）的存在形式（态），分为以下几种：

1. 白口铸铁

碳以游离碳化铁形式出现的铸铁，断口呈银白色。其性能是硬度高，脆性大，切削难，所以很少直接用来制造机器零件，是可锻铸铁件的基础。

2. 灰铸铁

碳主要以片状石墨形式析出的铸铁，断口呈灰色。其性能是硬度较低，塑性和韧性较差，但工艺性能（如铸造性、可加工性）好，而且生产设备和工艺简单，成本低廉，应用十分广泛，如用来制造重锤、暖气片、机座、气缸、箱体、床身等。

3. 可锻铸铁

通过石墨化或脱碳退火处理，改变其金相组织或成分而获得的有较高韧性的铸铁。可用来制造承受冲击和振动的薄壁小型零件，如管件、阀体、建筑脚手架扣件等。

4. 球墨铸铁

铁液经过球化处理而不是在凝固后经过热处理，使石墨大部或全部呈球状，有时少量为团絮状的铸铁。其性能是强度高，综合力学性能接近于钢，主要用来制造受力比较复杂的零件，如曲轴、齿轮、连杆等。

5. 蠕墨铸铁

金相组织中石墨形态为蠕虫状的铸铁。强度接近于球墨铸铁，并且有一定的韧性，是一种新型高强铸铁。常用于生产气缸套、气缸盖、液压阀等铸件。

4.8.4　常用铸铁的牌号、性能与应用

1. 灰铸铁

（1）化学成分和组织　生产中灰铸铁的成分一般控制在：$w_C = 2.5\% \sim 4.0\%$、$w_{Si} = 1.0\% \sim 2.5\%$、$w_{Mn} = 0.6\% \sim 1.2\%$、$w_P \leqslant 0.3\%$、$w_S \leqslant 0.15\%$。

灰铸铁的显微组织为钢的基体上分布着片状石墨，根据基体组织不同，可分为铁素体灰

铸铁、铁素体+珠光体灰铸铁和珠光体灰铸铁，如图4-11所示。

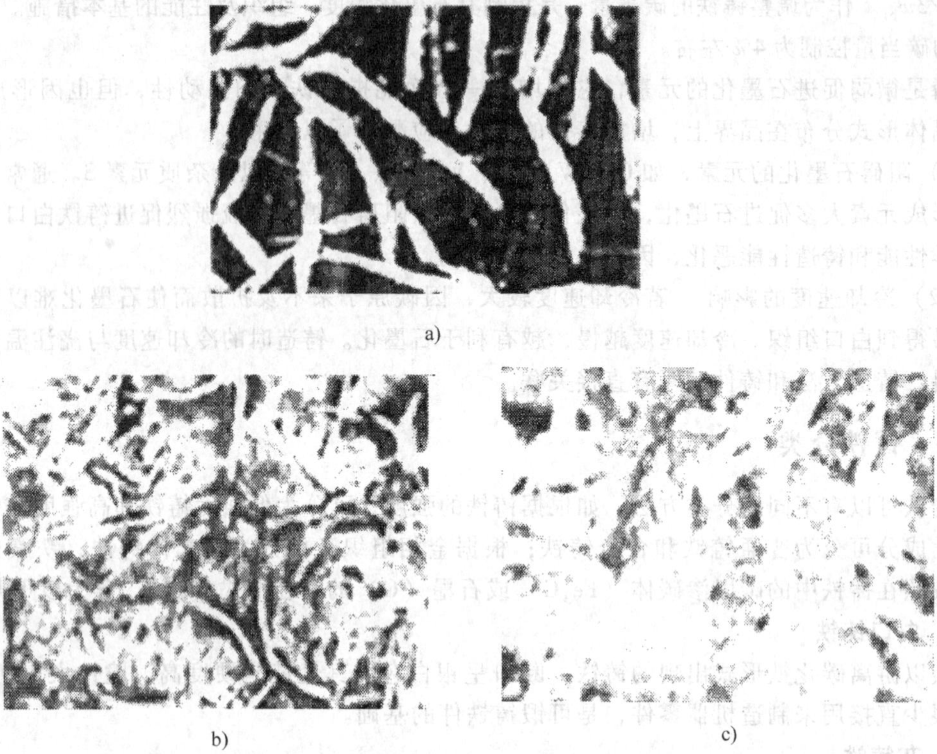

图4-11 灰铸铁的金相组织

a）铁素体灰铸铁（200×） b）铁素体+珠光体灰铸铁（200×） c）珠光体灰铸铁（200×）

由于石墨是软脆相，在铸铁中可把它看成是微裂纹，即相当于在钢的基体上存在大量微裂纹，不仅对基体组织起到割裂作用，缩小了承载的有效截面，而且片状石墨的尖端导致应力集中，易使材料产生脆性断裂，使灰铸铁的抗拉强度比钢低很多，塑性与韧性接近于零，属于脆性材料。石墨越多、越粗大、分布越不均匀，其强度、塑性、韧性就越低。但灰铸铁的抗压强度受石墨的影响较小，其抗压强度与钢相近，因此，灰铸铁主要应用于制造受压件。

此外，铸铁具有良好的铸造性能、可加工性、减摩性、减振性，且缺口敏感性低，故常用作承受振动的机床底座等零件。

（2）孕育铸铁（灰铸铁的孕育处理） 为有效地提高灰铸铁的力学性能，生产上常采用孕育处理，即在浇注前往铁液中加入孕育剂（硅铁、硅钙合金等），改善铁液的结晶条件，从而获得细珠光体基体加细小均匀分布的片状石墨的组织。经孕育处理后的铸铁称为孕育铸铁。

孕育铸铁的强度、硬度比普通灰铸铁显著提高，但因其石墨仍为片状，塑性、韧性仍然很低，故仍属灰铸铁。但由于孕育剂的加入，使结晶过程几乎在整个铁液中同时进行，因此，冷却速度对结晶后的组织和性能影响甚微，在铸铁截面上各部位的组织与性能比较均匀，即壁厚敏感性较低。因此，孕育铸铁主要用于制造力学性能要求较高、截面尺寸变化较大的大型铸件。

(3) 灰铸铁的牌号和应用　我国灰铸铁的牌号是用“HT + 三位数字”的方法来表示的，“HT”为“灰铁”两字的汉语拼音字首，后面三位数字表示其最低抗拉强度的数值。例如 HT150，表示材料为灰铸铁，其抗拉强度 $R_m = 150MPa$。表 4-35 列出了灰铸铁的牌号、不同壁厚灰铸铁件的抗拉强度及其应用举例。在 GB/T 9439—2010 中增加了 HT225 和 HT275 两个新牌号。

表 4-35　灰铸铁的牌号、不同壁厚灰铸铁件的抗拉强度及其用途举例（摘自 GB/T 9439—2010）

牌号	抗拉强度 R_m/MPa	硬度 HBW	组织		应用举例
			基体	石墨	
HT100	≥100	≤170	铁素体	粗片状	手工铸造用砂箱、盖、下水管、底座、外罩、手轮、手把、重锤等
HT150	≥150	125 ~ 205	铁素体 + 珠光体	较粗片状	机械制造中一般铸件，如底座、手轮、刀架等；冶金行业用的流渣槽、渣缸等；机车用一般铸件，如水泵壳、阀体、阀盖等；动力机械中拉钩、框架、阀门、油泵壳等
HT200	≥200	150 ~ 230	珠光体	中等片状	一般运输机械的气缸体、气缸盖、飞轮等；一般机床的床身、机座等；通用机械承受中等压力的泵体、阀体等；动力机械的外壳、轴承座、水套等
HT225	≥225	170 ~ 240	细珠光体	中等片状	
HT250	≥250	180 ~ 250	细珠光体	较细片状	运输机械的薄壁缸体、缸盖、排气管；机床的立柱、横梁、床身、滑板、箱体等；冶金和矿山机械的轨道板、齿轮；动力机械的缸体、缸套、活塞等
HT275	≥275	190 ~ 260	索氏体	较细片状	
HT300	≥300	200 ~ 275	索氏体或托氏体	细小片状	机床导轨、受力较大的机床床身、立柱机座等；通用机械的水泵出口管、吸入盖等；动力机械的液压阀体、涡轮、汽轮机隔板、泵壳、大型发动机缸体、缸盖
HT350	≥350	220 ~ 290	索氏体或托氏体	细小片状	大型发动机气缸体、气缸盖、衬套；水泵缸体、阀体、凸轮等；机床导轨、工作台等；需经表面淬火的铸件

(4) 灰铸铁的热处理　由于热处理不能改变石墨的形状和分布，因此，热处理的主要作用不是提高灰铸铁的力学性能，而常用于消除铸件的内应力、白口组织，稳定尺寸，提高工件表面的硬度、耐磨性和改善其可加工性。

1) 去应力退火。铸件的应力能导致铸件的变形和裂纹，因此对于大型、复杂的铸件或精密铸件，在切削前要进行一次去应力退火（又称人工时效）。去应力退火一般是将铸件缓慢加热到 500 ~ 600℃，保温一段时间，然后随炉冷却到 200℃ 出炉空冷。

2) 软化退火。铸件在冷却时，表层及薄壁处由于冷却速度较快，易出现白口组织，使铸件的硬度和脆性增加，给切削带来很大困难。消除的方法是将铸件加热到 850 ~ 950℃，保温 2 ~ 4h，然后随炉冷却至 400 ~ 500℃ 出炉空冷。

3) 正火。当铸件中铁素体过多时，为了增加珠光体量，提高铸件的硬度和强度，则需采用正火，即将铸件加热到 860 ~ 920℃ 保温后空冷或风冷。对于形状复杂的零件，正火后还要将铸件加热到 500 ~ 550℃ 保温后空冷，即低温退火。

4) 表面热处理。为了提高灰铸铁的表面硬度和耐磨性，常进行表面热处理。除感应淬火外，还可用接触电阻加热淬火。其工作原理是用低电压、大电流表面接触加热，使电极接触的局部零件表面迅速加热到 900 ~ 950℃，利用工件本身的导热而快速冷却下来，从而达到淬火的效果。淬火后硬度为 55HRC 左右，淬硬层深度为 0.2 ~ 0.3mm，变形量极小，是传统机床导轨表面淬火的主要方式，可达到提高机床导轨耐磨性的目的。

目前，国外已经研究出将具有微细片状石墨粒（即共晶石墨）的灰铸铁施以热处理，使石墨被分割成粒状化的方法，从而其抗拉强度和伸长率都有较大的提高。

2. 可锻铸铁

可锻铸铁是通过石墨化或脱碳退火处理，改变其金相组织或成分而获得的有较高韧性的铸铁。

（1）化学成分和组织　生产中可锻铸铁的成分一般控制在：$w_C=2.2\%\sim2.8\%$、$w_{Si}=1.2\%\sim2.0\%$、$w_{Mn}=0.4\%\sim1.2\%$、$w_P\leqslant0.1\%$、$w_S\leqslant0.2\%$。

常见可锻铸铁的显微组织有两种：F + G、P + G。

（2）可锻铸铁的牌号和应用　由于可锻铸铁的石墨呈团絮状，较之片状石墨对金属基体的割裂作用要小得多，应力集中也大大减少，因此，可锻铸铁的力学性能比灰铸铁高。但是，可锻铸铁不“可锻”。

可锻铸铁的牌号国家标准中有一定的规定，如 KTH300-06 中，“KT” 是可锻铸铁代号（“可铁” 两字汉语拼音字母的字首），H 代表“黑心”（如果是 Z 则代表珠光体基体；B 则代表白心可锻铸铁），300 表示最低抗拉强度 $R_m\geqslant300$MPa，06 表示伸长率 $A\geqslant6\%$。其中白心可锻铸铁由于生产工艺复杂，而且性能又和黑心可锻铸铁差不多，故很少使用。

可锻铸铁的力学性能优于灰铸铁，接近于同类基体的球墨铸铁。由于可锻铸铁件都经过长时间的退火处理，组织和性能高度均匀，且具有良好的切削性，通常用于铸造形状复杂受动载荷薄壁（壁厚小于 25mm）件。这种件若采用灰铸铁不能满足性能（主要是韧性）要求；若采用铸钢，则铸造性能不利，工艺上困难较大，成本也高。

可锻铸铁性能的最大特点是具有一定的塑性和韧性，弹性模量比较高，其刚性可达到钢材的范围，而疲劳强度可达抗拉强度的 60%。铁素体可锻铸铁韧性较高，强度适中，性能接近于低碳钢，常用于汽车、拖拉机上的一些截面较薄、形状复杂、受冲击和振动的零件，如汽车、拖拉机的前后桥壳、减速器壳、转向机构、弹簧钢板支座、机床扳手、低压阀门等。

珠光体可锻铸铁韧性较低，但强度和硬度高，具有优良的耐磨性、切削性和极好的表面硬化能力，性能接近于中碳钢，常用于制作曲轴、凸轮轴、连杆、齿轮、活塞环等要求良好综合力学性能和较高耐磨性的零件。

可锻铸铁也适合于制造在潮湿空气、炉气和水等介质中工作的零件，如管接头、阀门等。

表 4-36 列出了可锻铸铁的类型、牌号与性能。

表 4-36　可锻铸铁的类型、牌号与性能

类型	牌号	试样直径 d /mm	力学性能			硬度 HBW
			抗拉强度 R_m/MPa	屈服强度 $R_{p0.2}$/MPa	伸长率 A(%)	
黑心可锻铸铁	KTH275-05	12 或 15	≥275		5	≤150
	KTH300-06	12 或 15	≥300		6	≤150
	KTH330-08	12 或 15	≥330	≥200	8	≤150
	KTH350-10	12 或 15	≥350		10	≤150
	KTH370-12	12 或 15	≥370	≥270	12	≤150

（续）

类型	牌号	试样直径 d /mm	力学性能			硬度 HBW
			抗拉强度 R_m/MPa	屈服强度 $R_{p0.2}$/MPa	伸长率 A(%)	
珠光体可锻铸铁	KTZ450-06	12 或 15	≥450		6	150 ~ 200
	KTZ500-05	12 或 15	≥500	≥300	5	165 ~ 215
	KTZ550-04	12 或 15	≥550	≥340	4	180 ~ 230
	KTZ600-03	12 或 15	≥600	≥370	3	205 ~ 245
	KTZ650-02	12 或 15	≥650	≥430	2	210 ~ 260
	KTZ700-02	12 或 15	≥700	≥530	2	240 ~ 270
	KTZ800-01	12 或 15	≥800	≥600	1	270 ~ 290

（3）可锻铸铁热处理　可锻铸铁的生产，首先是浇铸成白口铸件，然后是进行石墨化退火。所以可锻铸铁的石墨化退火是制造可锻铸铁的最主要工艺。如图 4-12 所示，在中性介质中若第一、二阶段石墨化过程进行充分，则得到黑心可锻铸铁；若第二阶段过程未进行，则得到珠光体可锻铸铁。石墨化过程的总周期为 40 ~ 60h。

3. 球墨铸铁

球墨铸铁是铁液经过球化处理而不是在凝固后经过热处理，使石墨大部或全部呈球状，有时少量为团絮状的铸铁。

（1）化学成分和组织　生产中球墨铸铁的成分一般控制在：$w_C = 3.6\% \sim 3.8\%$、$w_{Si} = 2\% \sim 2.8\%$、$w_{Mn} = 0.6\% \sim 0.8\%$、$w_P \leqslant 0.1\%$、$w_S \leqslant 0.07\%$、$w_{Mg} = 0.3\% \sim 0.5\%$、$w_{RE} = 0.02\% \sim 0.04\%$。

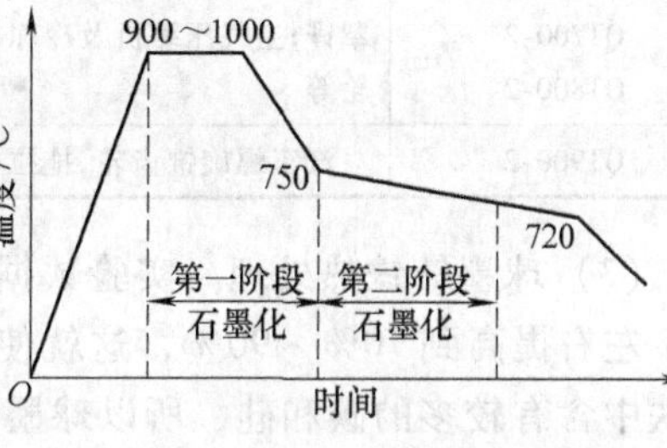

图 4-12　白口铸铁石墨化退火工艺

由于成分和冷却速度不同，球墨铸铁的基体组织也不同。常见球墨铸铁的显微组织有：F + G、F + P + G、P + G 等。球墨铸铁的组织特点是其石墨呈球状，因而对金属基体的割裂和引起应力集中的作用大为减小，球状石墨的数量越少，越细小，分布越均匀，力学性能便越高，而且具有灰铸铁的一系列优点。其疲劳强度大致与中碳钢相近，耐磨性甚至还优于表面淬火钢。通过合金化和热处理，还可以获得具有下贝氏体、马氏体、托氏体、索氏体和奥氏体等组织，在工业生产中已成功地代替了许多非合金钢、合金钢、可锻铸铁和非铁合金，用于制造一些强度、韧性和耐磨性要求高、受力复杂的零件。

（2）球墨铸铁的牌号和应用　球墨铸铁的牌号、性能见表 4-37，其应用举例见表 4-38。牌号中的“QT”是“球铁”二字的汉语拼音字首，后面两组数字分别表示其最低抗拉强度（MPa）和伸长率的最小值（%）。

表 4-37　球墨铸铁的牌号与性能

牌号	基　体	抗拉强度 R_m/MPa	屈服强度 $R_{p0.2}$/MPa	伸长率 A(%)	硬度 HBW
QT350-22	铁素体	≥350	≥220	≥22	≤160
QT400-18	铁素体	≥400	≥250	≥18	120 ~ 175
QT450-10	铁素体	≥450	≥310	≥10	160 ~ 210
QT500-7	铁素体 + 珠光体	≥500	≥320	≥7	170 ~ 230

（续）

牌号	基　　体	抗拉强度 R_m/MPa	屈服强度 $R_{p0.2}$/MPa	伸长率 A(%)	硬度　HBW
QT550-5	铁素体+珠光体	≥550	≥350	≥5	180~250
QT600-3	铁素体+珠光体	≥600	≥370	≥3	190~270
QT700-2	珠光体	≥700	≥420	≥2	225~305
QT800-2	珠光体或索氏体	≥800	≥480	≥2	245~335
QT900-2	回火马氏体 或托氏体+索氏体	≥900	≥600	≥2	280~360

表 4-38　球墨铸铁的牌号及用途举例（摘自 GB/T 1348—2009）

牌　　号	用　途　举　例
QT350-22 QT400-18 QT450-10	汽车、拖拉机的牵引框、轮毂、离合器、差速器及减速器的壳体等；农机具的犁铧、犁柱、犁托、犁侧板及牵引架；高压阀门的阀体、阀盖及支架等
QT500-7	内燃机的机油泵齿轮，水轮机的阀门体，铁路机车车辆的轴瓦等
QT600-3 QT700-2 QT800-2	柴油机和汽油机的曲轴、连杆、凸轮轴、气缸套、进排气门座；脚踏脱粒机的齿条、轻载齿轮；畜力犁铧；空气压缩机及冷冻机的缸体、缸套及曲轴；球磨机齿轮轴；矿车轮及桥式起重机的大小车滚轮等
QT900-2	汽车螺旋锥齿轮，拖拉机减速齿轮，柴油机凸轮轴及犁铧、耙片等

（3）球墨铸铁热处理　实验数据证实：球墨铸铁的金属基体强度利用率已由灰铸铁的30%左右提高到70%~90%，这就使得对球墨铸铁进行热处理具有更大的意义。因为球墨铸铁中含有较多的碳和硅，所以球墨铸铁的共析转变温度升高，转变温度范围加宽，奥氏体等温转变图右移，且珠光体和贝氏体转变曲线明显分开，形成两个“鼻子”。结果使球墨铸铁奥氏体的临界冷却速度降低，淬透性增加，耐回火性增加。

常用的热处理主要有退火、正火、调质、等温淬火等。

1）退火。退火的目的在于获得铁素体基体。因为球化剂有增大铸件的白口化倾向，当铸件薄壁处出现渗碳体和珠光体时，为了获得铁素体基体，并改善可加工性，消除铸造应力，则根据铸件的铸造组织，采用退火处理。常用的退火工艺有：

① 高温退火。为使球墨铸铁中存在的渗碳体分解，要进行高温退火，加热温度为900~950℃，保温2~5h，随炉冷却至600℃左右出炉空冷。最终的组织为铁素体基体上分布着球状石墨。

② 低温退火。球墨铸铁一般都有铁素体和珠光体，为了获得较高的塑性和韧性，要求得到铁素体基体的球墨铸铁时，就必须使珠光体中的渗碳体分解，采用低温退火，加热到720~760℃，保温3~6h，随炉冷却至600℃后出炉空冷。获得的组织为铁素体基体上分布着球状石墨。

2）正火。正火的目的是增加基体中珠光体基体（占基体组织75%以上）的数量，并细化组织，提高强度和耐磨性。根据加热温度的不同，球墨铸铁的正火工艺有：

① 高温正火。将球墨铸铁铸件加热到共析转变温度上限，一般是加热到880~920℃，保温3h左右，然后空冷。为了增加基体中珠光体的数量，还常采用风冷、喷雾等加快冷却速度的方法，保证铸铁的强度。

② 低温正火。一般将球墨铸铁铸件加热到 820 ~ 860℃，保温 1 ~ 4h，然后空冷，得到珠光体和少量破碎状铁素体，故低温正火可提高铸件的韧性和塑性，但强度比高温正火略低。

高、低温正火都会产生一定的应力，故在正火后均应进行一次去应力退火。其方法是在 550 ~ 600℃保温后出炉空冷，内应力基本消除，而组织不变。

3）调质。对于受力复杂、要求综合力学性能较高的球墨铸铁如曲轴、连杆等，则要应用调质处理。其目的是获得以回火索氏体为基体的球墨铸铁铸件。其工艺为：加热到 850 ~ 900℃，使基体全部奥氏体化后在油中淬火，得到细片状马氏体基体加球状石墨，然后经 550 ~ 600℃回火，空冷后得到回火索氏体基体组织。

调质处理一般只适用于小尺寸球墨铸铁铸件，尺寸过大时，内部淬不透，处理效果不好。

4）等温淬火。对一些综合力学性能要求高、外形比较复杂、热处理易变形或开裂的零件，可采用等温淬火。其工艺为：加热到 840 ~ 900℃，保温后立即在 250 ~ 350℃的盐浴中进行等温处理，时间为 0.5 ~ 1.5h，然后空冷。其组织为下贝氏体 + 少量残留奥氏体 + 马氏体 + 球状石墨。强度可达到 1200 ~ 1450MPa，硬度可达 38 ~ 51HRC 等。因等温盐浴冷却能力有限，一般也仅限用于截面不大的零件，如齿轮、凸轮和曲轴等。

球墨铸铁除可用上述热处理方法外，还可采用表面淬火和化学处理等表面热处理方法，用以提高工件表面强度、耐磨性、耐蚀性及疲劳极限等。

4. 蠕墨铸铁

蠕墨铸铁的化学成分与球墨铸铁相似，蠕墨铸铁的生产是在铁液中加入一定量的蠕化剂，蠕化剂主要是稀土镁钛合金、硅铁和硅钙。

蠕墨铸铁的组织特征是由 $G_{蠕虫}$ + 钢基体组成。蠕墨铸铁中的石墨片短而厚，头部较钝，较圆，呈弯曲状，外形似蠕虫。蠕墨铸铁的基体同灰铸铁一样，也有三种。

蠕墨铸铁的强度、塑性、弯曲疲劳强度等均优于灰铸铁，而接近于铁素体球墨铸铁。蠕墨铸铁的断面敏感性较灰铸铁小得多，因此其厚大截面上的力学性能仍比较均匀。蠕墨铸铁的导热性和抗热疲劳性比球墨铸铁高，减振性也比球墨铸铁好，但不如灰铸铁。蠕墨铸铁的耐磨性优于孕育铸铁和高磷耐磨铸铁，冷热加工工艺性能优于球墨铸铁，接近于灰铸铁。

蠕墨铸铁的牌号、性能和应用见表 4-39。其中“RuT”是“蠕铁”的汉语拼音字首，后面的数字表示最低抗拉强度（MPa）；蠕化率是指片状石墨变成蠕虫状石墨的百分数。

表 4-39　蠕墨铸铁的牌号、性能和应用

牌　号	抗拉强度/MPa	屈服强度/MPa	伸长率(%)	蠕化率(%)	硬度 HBW	主要基体组织
RuT420	≥420	≥335	≥0.75	50	200 ~ 280	P
RuT380	≥380	≥300	≥0.75		193 ~ 274	P
RuT340	≥340	≥270	≥1.0		170 ~ 249	F + P
RuT300	≥300	≥240	≥1.5		140 ~ 217	F + P
RuT260	≥260	≥195	≥3		121 ~ 197	F

（续）

牌号	性能特点	应用举例
RuT420 RuT380	强度、硬度高，具有高的耐磨性和较高的热导率，铸件材质中需加入合金元素或经正火处理，可制造要求强度、耐磨性高的零件	活塞环、制动盘、钢珠研磨盘、吸淤泵体等
RuT340	强度和硬度较高，具有较高的耐磨性和热导率，适用于制造要求较高强度、刚度及耐磨的零件	重型机床件、大型齿轮箱体、盖、座、飞轮、起重机卷筒等
RuT300	强度和硬度适中，有一定塑性和韧性，热导率较高，致密性好，用于制造要求较高强度及承受热疲劳的零件	排气管、变速箱体、气缸盖、液压件、纺织机零件、钢锭模等
RuT260	强度一般，硬度较低，塑韧性和热导率较高，一般需退火热处理，用于承受冲击负荷及热疲劳零件	增压器废气进气壳体、汽车底盘零件等

注：蠕墨铸铁的力学性能可经过热处理达到。

5. 其他铸铁简介

随着铸铁的广泛应用，在生产中还常常利用向灰铸铁和球墨铸铁中添加合金元素的方法，以获得具有某些特殊性能的铸铁，如耐磨铸铁、耐热铸铁及耐蚀铸铁等。因为它们中有较多的合金元素，所以也称为合金铸铁。

（1）耐磨铸铁　耐磨铸铁根据工作条件可分为两大类：

一类称为减摩铸铁，是在润滑条件下工作的，通常受粘着磨损的作用，要求有小的摩擦因数。一般是在软基体上分布硬质点。如高磷耐磨铸铁等。

另一类称为耐磨铸铁，是在干摩擦、磨粒磨损条件下，要求高硬度的耐磨铸铁。又可细分为：激冷铸铁、中锰耐磨铸铁和抗磨白口铸铁等。

耐磨铸铁的化学成分及应用举例见表4-40。

表4-40　耐磨铸铁的化学成分及应用举例

铸铁名称	化学成分（质量分数）(%)	应用举例
高磷铸铁	P:0.4～0.6	汽车、拖拉机或柴油机的气缸套、机床导轨、活塞环等
铜铬钼铸铁	Cu:0.7～1.2　Cr:0.10～0.25　Mo:0.2～0.5	精密机床铸件、发动机上的气门座圈、缸套、活塞环等
磷铜钛铸铁	P:0.35～0.6　Cu:0.6～1.2　Ti:0.09～0.15	普通机床及精密机床的床身
钒钛铸铁	V:0.1～0.3　Ti:0.06～0.20	机床导轨
硼铸铁	B:0.02～0.20	汽车发电机的气缸套

（2）耐热铸铁　铸铁在高温下，除表面发生氧化外，还会发生“长大”现象。所谓“长大”是铸铁在600℃以上反复加热冷却时产生的不可逆体积长大的现象。这是因为氧化性气体沿石墨片边缘和裂纹渗入铸铁内部发生内氧化，以及Fe_3C分解为石墨引起体积膨胀等所致。因此，耐热铸铁多采用铁素体基体球墨铸铁，以免出现渗碳体分解，而球状石墨的孤立分布，不至于构成氧化性气体渗入通道，即铁素体基体球墨铸铁具有较好的耐热性。耐热铸铁是指在铸铁中加入Si、Al、Cr等合金元素，制成如中硅耐热铸铁、中硅球墨铸铁、高铝球墨铸铁、铝硅球墨铸铁和高铬耐热铸铁等。表4-41是几种常用耐热铸铁的化学成分、使用温度及应用举例。

表 4-41　几种常用耐热铸铁的化学成分、使用温度及应用举例

铸铁名称	化学成分(%)						使用温度/℃	应用举例
	w_C	w_{Si}	w_{Mn}	w_P	w_S	$w_{其他}$		
中硅耐热铸铁	2.2～3.0	5.0～6.0	<1.0	<0.2	<0.12	Cr:0.5～0.9	≤350	烟道挡板、换热器等
中硅球墨铸铁	2.4～3.0	5.0～6.0	<0.7	<0.1	<0.03	Mg:0.04～0.07（RE:0.15～0.035）	900～950	加热炉底板、化铝电阻炉、坩埚等
高铝球墨铸铁	1.7～2.2	1.0～2.0	0.4～0.8	<0.2	<0.01	Al:21～24	1000～1100	加热炉底板，渗碳罐、炉子传递链构件等
铝硅球墨铸铁	2.4～2.9	4.4～5.4	<0.5	<0.1	<0.02	Al:4.0～5.0	950～1050	
高铬耐热铸铁	1.5～2.2	1.3～1.7	0.5～0.8	≤0.1	≤0.10	Cr:32～36	1100～1200	加热炉底板、炉子传递链构件等

(3) 耐蚀铸铁　在铸铁中加入 Si、Al、Cr、Mo 和 Cu 等合金元素，使得铸铁基体的电极电位提高，降低了组织中各相的电位差；使金属基体变成单相，并且减少石墨数量；在铸铁表面生成一层致密的隔离保护膜，减缓电解质的腐蚀，即提高了耐蚀性。

耐蚀铸铁分为高硅耐蚀铸铁和高铬耐蚀铸铁两类。表 4-42 是几种耐蚀铸铁的化学成分及应用举例。

表 4-42　几种耐蚀铸铁的化学成分及应用举例

铸铁名称	化学成分(%)				应用举例
	w_C	w_{Si}	w_{Mn}	w_{Al}	
高硅耐蚀铸铁	0.5～0.8	14.4～16.0	0.3～0.5		在酸中均有良好的耐蚀性，化工、化肥、石油、医药设备中的零件
高铝耐蚀铸铁	2.8～3.3	1.2～2.0	0.5～1.0	4～6	氯化铵及碳酸氢铵设备中的零件

(4) 其他铸铁代号及牌号　表 4-43 为国家最新规定的常用特殊铸铁的代号及牌号。其中 R 为混合稀土元素符号。

表 4-43　国家最新规定的常用特殊铸铁的代号及牌号（摘自 GB/T 5612—2008）

分类	名称	代号	牌号
抗磨类	耐磨灰铸铁	HTM	HTMCu1CrMo
	抗磨白口铸铁	BTM	BTMCr15Mo
	抗磨球墨铸铁	QTM	QTMMn8-30
耐蚀类	耐蚀灰铸铁	HTS	HTSNi2Cr
	耐蚀球墨铸铁	QTS	QTSNi20Cr2
耐热类	耐热灰铸铁	HTR	HTRCr2、HTRCr、HTRCr16、HTRSi5、HTRSi4Mo
	耐热球墨铸铁	QTR	QTRSi5

思考题

1. 钢中常存杂质有哪些？对钢的力学性能有何影响？

2. 指出下列各钢种的类别、大致碳的质量分数、质量等级及用途举例：

Q235A、45、T8、ZG200-400、40Cr、GCr15、9SiCr、CrWMn

3. 解释下列现象：

1）一般合金钢热处理加热温度比碳含量相同的非合金钢高，保温时间要长些。

2）大多数合金钢比碳含量相同的非合金钢具有较高的耐回火性。

3）高速工具钢（如 W18Cr4V）在热锻或热轧后，经空冷可得到马氏体组织。

4. 现有 40Cr 钢制造的机床主轴，心部要求良好的强韧性，轴颈处要求硬而耐磨，试问：

1）应进行哪种预备热处理和最终热处理？

2）热处理后各获得什么组织？

3）热处理工序在加工工艺路线中位置如何安排？

5. 为什么弹簧钢大多为中、高碳钢？常含有哪些合金元素？它们的主要作用是什么？

6. 高速钢中常含有哪些合金元素？为什么高速钢具有很高的热硬性？

7. 合金模具钢分为几类？各采用哪种最终热处理工艺？为什么？

8. 对量具钢有何要求？量具通常采用哪种最终热处理工艺？为什么？

9. 什么是铸铁的石墨化？影响石墨化的主要因素是什么？

10. 为什么一般机器的支架、机床床身及形状复杂的缸体常用灰铸铁制造？而可锻铸铁适宜制造壁厚较薄的铸件，球墨铸铁却不适宜？

11. 有壁厚为 5mm、20mm、52mm 的三个铸铁件，要求其抗拉强度均为 150MPa，若全部选用 HT150 制造，是否正确？

12. 下列牌号各表示什么铸铁？牌号中的数字表示什么意义？

HT200、KTH300-06、KTZ550-04、QT700-2

13. 下列铸件宜选用何种铸铁？试选择牌号并说明理由：

车床床身、机床手轮、气缸套、摩托车发动机曲轴、缝纫机机架、污水管、自来水管三通接头

14. 常用不锈钢有哪几种？12Cr13 和 Cr12 钢中含铬量都超过 11.7%，为什么 12Cr13 属于不锈钢，而 Cr12 钢却不能作为不锈钢？

第5章　非铁合金及粉末冶金材料

教学基本要求

1. 熟悉铝合金的性能，熟练掌握铝合金的分类与选用。
2. 熟悉铜合金的性能，熟练掌握铜合金的分类与选用。
3. 了解其他非铁合金的工作条件和必备的性能及常用非铁合金。
4. 了解滑动轴承合金的工作条件和必备的性能及常用轴承合金。

通常把钢铁材料以外的其他金属及合金（如铝、铜、钛、镁、锌等）统称为非铁合金（或有色金属）。与钢铁等材料相比，非铁合金具有许多优良的特性，例如，铝、镁、钛等具有相对密度小，比强度高的特点。银、铜、铝等具有优良的导电性和导热性，被广泛应用于电器工业和仪表工业。

粉末冶金技术是一种节材、省能、投资少、见效快、无污染、适合大批量生产的少切削、无切削、高效金属成形工艺；同时粉末冶金也是一种制造特殊材料的技术，因此受到了工业界的特别重视。

5.1　铝及铝合金

5.1.1　工业纯铝

工业上使用的纯铝是一种银白色的金属，熔点（与其纯度有关，$w_{Al}=99.996\%$时）为660.24℃，密度为$2.7\times10^3kg/m^3$，具有面心立方晶格，无同素异构转变。纯铝中含有Fe、Si、Cu、Zn等杂质元素，使性能略微降低。铝可与大气中的氧迅速作用，在表面生成一层Al_2O_3薄膜，保护内部的材料不受环境侵害。

工业纯铝分为纯铝（$99\%<w_{Al}<99.85\%$）和高纯铝（$w_{Al}>99.85\%$）两类。纯铝分未压力加工产品（铸造纯铝）及压力加工产品（变形铝）两种。按GB/T 8063—1994规定，铸造纯铝牌号由“Z”和铝的化学元素符号及表明铝含量的数字组成，例如ZAl99.5表示$w_{Al}=99.5\%$的铸造纯铝；变形铝按GB/T 16474—2011规定，其牌号用四位字符体系的方法命名，即用1×××表示，牌号的最后两位数字表示最低铝百分含量×100（质量分数×100）后小数点后面两位数字，牌号第二位的字母表示原始纯铝的改型情况，如果字母为A，则表示为原始纯铝。例如，牌号1A30的变形铝表示$w_{Al}=99.30\%$的原始纯铝，若为其他字母，则表示为原始纯铝的改型。按GB/T 3190—2008规定，我国变形铝的牌号有1A50、1A30等，高纯铝的牌号有1A99、1A97、1A93、1A90、1A85等。

工业纯铝的抗拉强度和硬度很低，分别（铸态）为90～120MPa、24～32HBW，不能作为结构材料使用。但其塑性指标：伸长率A（退火）为32%～40%，断面收缩率Z（退火）

为 70% ~90%，都很高，适宜压力加工制成型材。铝资源丰富，成本相对较低。

5.1.2 铝合金及其强化处理

纯铝因其强度较低，不宜用来制造承受载荷的结构零件。若在铝中加入适量的硅、铜、镁、锰等元素，配制成铝合金，则可以得到较高强度的铝合金。铝合金不仅可以通过冷变形强化的方法提高其强度，大多数铝合金还是可以像钢铁一样借助于热处理——“时效硬化”的方法进行强化。目前工业上使用的某些铝合金强度已高达 600MPa 以上，且仍保持着密度小、耐蚀性好的特点。因此，铝合金可用于制造承受较大载荷的机器零件和构件。

1. 固溶强化

合金元素加入纯铝中后，形成铝基固溶体，导致晶格发生畸变，增加了位错运动的阻力，由此提高铝的强度。合金元素的固溶强化能力同其本身的性质及固溶度有关，在一些铝的简单二元合金中，如 Al-Zn、Al-Ag 合金系，组元间常常具有相似的物理化学和原子尺寸，固溶体晶格畸变程度低，导致固溶强化效果不高。因此，铝的强化不能单纯依靠合金元素的固溶强化作用。

2. 时效强化

时效强化又称为沉淀强化，是强化铝合金的重要手段。所谓时效，是指类似于淬火的固溶处理后在室温或者较高的环境温度下，随着停留时间的延长其强度、硬度升高，塑性和韧性下降的现象。一般把合金在室温放置过程中发生的时效称为自然时效；而把合金在加热条件下发生的时效称为人工时效。

铝合金的时效强化与钢的淬火、回火不同。钢淬火后得到含碳过饱和的马氏体组织，强度、硬度显著升高而塑性、韧性急剧降低。回火时马氏体发生分解，强度、硬度降低，塑性和韧性提高。而铝合金固溶处理（淬火）后虽然得到的也是过饱和固溶体，但强度、硬度并未得到提高，塑性、韧性却较好，它是在随后的过饱和固溶体发生分解的过程中出现时效现象的。

3. 细化组织强化

铸造铝合金中加入微量元素（变质剂）进行变质处理来细化合金组织，既能提高合金强度，又会改变其塑性和韧性。例如在铝硅合金中加入微量钠、钠盐或锑作变质剂来细化组织，可使合金的性能显著提高。

在变形铝合金中添加微量钛、铍以及稀土等元素，它们能形成难溶化合物，在合金结晶时作为非自发晶核，起细化晶粒作用，提高合金的强度和塑性。

4. 冷变形强化

对合金进行冷变形，能增加其内部的位错密度，阻碍位错运动，提高合金强度。这对不能热处理强化的铝合金提供了强化的途径和方法。

以 Al-Cu 合金为例（见图 5-1），对于 w_{Cu} = 4% 的 Al-Cu 合金加热到 550℃ 保温一段时间淬火并在水中快冷时，θ 相（$CuAl_2$）来不及析出，得到的是过饱和的 α 固溶体，强度仅为 250MPa。在室温下放置，随时间延长合金的强度逐渐升

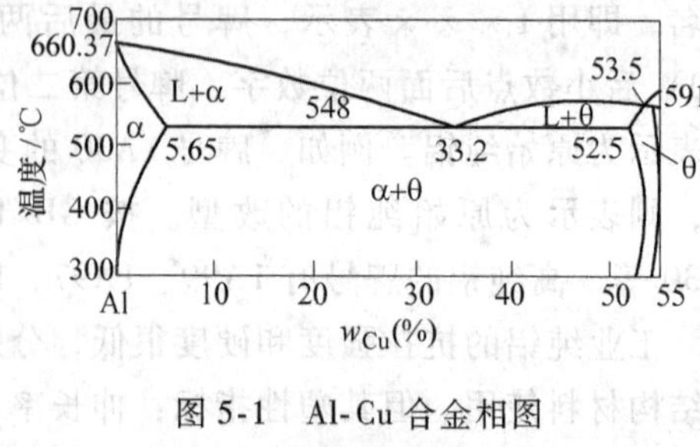

图 5-1 Al-Cu 合金相图

高，4~5天以后，强度可升至400MPa。淬火后开始放置数小时内，合金的强度基本不变化，这段时间称为孕育期。时效时间超过孕育期后，强度迅速升高。所以一般均在孕育期内对铝合金进行铆接、弯曲、矫直、卷边等冷变形成形。

自然时效后的铝合金，在230~250℃短时间（几秒至几分钟）加热后，快速水冷至室温时，能重新变软。在室温下放置，则又能发生正常的自然时效。这种现象称为回归。能时效硬化的合金都有回归现象。时效后的铝合金可在回归处理后的软化状态进行各种冷变形。例如，利用这种现象，可随时进行飞机的铆接和修理等。

5.1.3　铝合金分类及其应用

如图5-2中成分为D点左边的铝合金，加热到高温时能形成单相固溶体，具有良好的塑性，适于变形加工，称为变形铝合金。成分位于F点左边的变形铝合金，在加热冷却过程中，α固溶体不发生成分的改变，不能通过热处理手段来强化，称为不可热处理强化的变形铝合金。成分位于F和D之间的铝合金，在一定的温度区间内改变条件，会析出第二相提高强度，称为可热处理强化的变形铝合金。成分位于D点以右的合金，组织里有共晶组织，液态金属流动性较好，适于铸造成形，称为铸造铝合金。

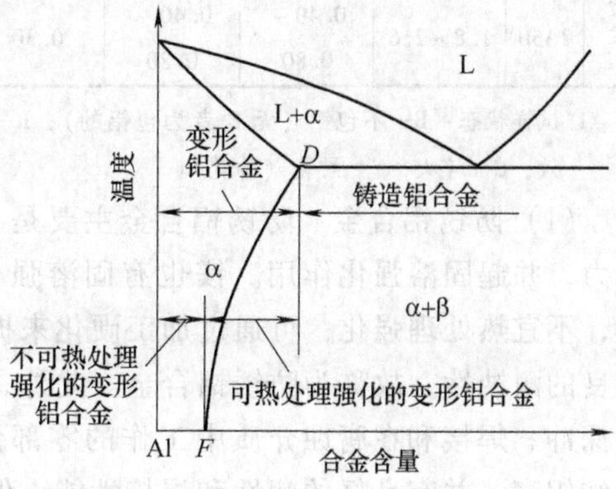

图5-2　铝合金分类示意图

1. 变形铝合金

根据国家标准GB/T 16474—2011规定，变形铝合金牌号用四位字符体系表示。牌号的第一、三、四位为数字，第二位为“A”字母。牌号中第一位数字是依主要合金元素Cu、Mn、Si、Mg、Mg_2Si、Zn的顺序来表示变形铝合金的组别。例如2A××表示以铜为主要合金元素的变形铝合金。最后两位数字用以标识同一组别中的不同铝合金。

根据变形铝合金主要性能的不同，可分为防锈铝合金、硬铝合金、超硬铝合金、锻铝合金四类，其常用牌号、成分、力学性能见表5-1。

表5-1　变形铝合金常用牌号、成分、力学性能

组别	牌号	化学成分（%）					直径及板厚/mm	供应状态	试样①状态	力学性能		原代号
		w_{Cu}	w_{Mg}	w_{Mn}	w_{Zn}	$w_{其他}$				R_m/MPa	$A_{11.3}$（%）	
防锈铝合金	5A05	0.10	4.8~5.5	0.30~0.6	0.20	Si 0.5 Fe 0.5	≤φ200	BR	BR	265	15	LF5
防锈铝合金	3A21	0.20	—	1.0~1.6	—	Si 0.6 Fe 0.7 Ti 0.15	所有	BR	BR	<167	20	LF21
硬铝合金	2A01	2.2~3.0	0.20~0.50	0.20	0.10	Si 0.5 Fe 0.5 Ti 0.15	—	—	BM BCZ	—	—	LY1
硬铝合金	2A11	3.8~4.8	0.40~0.80	0.40~0.8	0.30	Si 0.7 Fe 0.7 Ti 0.15	>2.5~4.0	Y	M CZ	<235 373	12 15	LY11
硬铝合金	2A12	3.8~4.9	1.2~1.8	0.30~0.90	0.30	Si 0.5 Fe 0.5 Ti 0.15	>2.5~4.0	Y	M CZ	≤216 456	14 8	LY12

（续）

组别	牌号	化学成分（%） w_{Cu}	w_{Mg}	w_{Mn}	w_{Zn}	$w_{其他}$	直径及板厚/mm	供应状态	试样[①]状态	力学性能 R_m/MPa	$A_{11.3}$（%）	原代号
超硬铝合金	7A04	1.4~2.0	1.8~2.8	0.20~0.60	5.0~7.0	Si 0.5 Fe 0.5 Cr 0.10~0.25 Ti 0.10	0.5~4.0	Y	M	245	10	LC4
							>2.5~4.0	Y	CS	490	7	
							ϕ20~100	BR	BCS	549	6	
锻铝合金	6A02	0.20~0.60	0.45~0.90	或 Cr 0.15~0.35	—	Si 0.5~1.2 Ti 0.15 Fe 0.5	ϕ20~150	R，BCZ	BCS	304	8	LD2
	2A50	1.8~2.6	0.40~0.80	0.40~0.80	0.30	Si 0.7~1.2 Ti 0.15 Fe 0.7	ϕ20~150	R，BCZ	BCS	382	10	LD5

① 试样状态：B—不包铝（无 B 者为包铝的）；R—热加工；M—退火；CZ—淬火＋自然时效；CS—淬火＋人工时效；C—淬火；Y—硬化（冷轧）。

（1）防锈铝合金　防锈铝合金主要是 Al-Mn 系及 Al-Mg 系合金。锰的作用是提高耐蚀能力，并起固溶强化作用。镁也有固溶强化作用，同时降低密度。因其时效硬化效果不明显，不宜热处理强化，可通过加工硬化来提高强度和硬度。这类合金的主要性能特点是具有优良的耐蚀性，故称为防锈铝合金。此外，这类合金还具有良好的塑性和焊接性，适宜制造需深冲、焊接和在腐蚀介质中工作的零部件。如，3A21（Al-Mn 合金）的耐蚀性和强度均比纯铝高，并有良好的塑性和焊接性能，但因太软而可加工性不良。

（2）硬铝合金　硬铝合金是 Al-Cu-Mg 系合金，由于强度和硬度高，故称为硬铝，又称为杜拉铝。Cu 与 Mg 在铝中可形成固溶体起固溶强化作用外，更主要的是形成强化相 θ（$CuAl_2$）和 S（Al_2CuMg）。在淬火后的时效中能形成一种过渡相，引起基体晶格畸变而显著提高合金的强度和硬度，因此该合金具有明显的热处理强化能力。

硬铝合金按所含合金元素的质量分数以及时效强化效果的不同，分为以下三类：

1）低强度硬铝合金。Mg 和 Cu 的含量较低，而且 Cu/Mg 比值较高，强度低，塑性高。采用淬火和自然时效可以强化，时效速度较慢。适于做铆钉，故又称为铆钉硬铝。主要有 2A01、2A10 等。

硬铝合金有两个特点值得注意：

① 耐蚀性差，尤其是在海水等环境中，通常需进行阳极化处理，使其表面形成（包覆）一层纯铝，称为包铝。

② 淬火加热温度区间狭窄，如 2A12 的为 495~503℃。加热温度稍低，固溶体中 Mg 和 Cu 等溶入量较少，强化效果较差；加热温度稍高，存在较多低熔点组成物的晶界会熔化。实际操作时加热温度应严格地控制在工艺范围内。

2）标准硬铝合金。Mg 和 Cu 的含量较高，Cu/Mg 比值较高，强度和塑性在硬铝合金中属中等水平，故又称中强度硬铝，如 2A11。标准硬铝合金淬火和退火后有较高的塑性，可进行压力加工。时效处理后能改善可加工性。

3）高强度硬铝合金。Mg 和 Cu 的含量高，Cu/Mg 比值较低，强度和硬度高，塑性低，变形加工能力差，有较好的耐热性。适于做航空模锻件和重要的销轴等，如 2A12 等。

(3) 超硬铝合金　超硬铝合金属于 Al-Zn-Mg-Cu 系列合金。由于比硬铝多含了一些 Zn，强化相中除了 θ 相和 S 相外，还能形成多种复杂的强化相，如 η 相（$MgZn_2$）、T 相（$Al_2Mg_3Zn_3$）等，且这些相在 Al 中有很高的溶解度并随着温度的下降而显著减小，故这类合金有强烈的时效强化效果。因其强度超过硬铝，是变形铝合金中强度最高的一类铝合金，故称为超硬铝合金。超硬铝合金耐蚀性低，故也需要包铝保护。由于超硬铝合金电位比纯铝低，故应采用电位更低的 $w_{Zn}=1\%$ 的 Al-Zn 合金作为包铝层。

(4) 锻铝合金　锻铝合金有 Al-Cu-Mg-Si 系普通锻铝合金及 Al-Cu-Mg-Ni-Fe 系耐热锻铝合金，共同的特点是热塑性、耐蚀性较好，经锻造后可制造形状复杂的大型锻件和模锻件。

普通锻铝合金包括 6A02、2A50、2A14 等，主要强化相为 Mg_2Si。2A20 的耐蚀性接近防锈铝合金，2A14 的强度与硬铝合金相近。

2. 铸造铝合金

铸造铝合金中加入的合金元素主要有 Si、Cu、Mg、Mn、Ni、Cr、Zn、RE 等。依主加元素种类的不同，铸造铝合金可分为 Al-Si 系、Al-Cu 系、Al-Mg 系、Al-RE 系和 Al-Zn 系五类，其中 Al-Si 系应用最为广泛。

铸造铝合金的牌号用“铸”字的汉语拼音字首“Z”后加上“Al”再加所含主要元素符号及该元素含量的平均百分数表示，如 ZAlSi12，表示 $w_{Si}=10\%\sim13\%$，其余为 Al 的 Al-Si 系铸造铝合金。

铸造铝合金的代号用“铸”“铝”两字的汉语拼音字首“ZL”后加上三位数字表示。第一位数字表示合金类别（如数字 1 表示 Al-Si 系、2 表示 Al-Cu 系、3 表示 Al-Mg 系、4 表示 Al-Zn 系），后两位数字表示合金顺序号，顺序号不同，化学成分也不一样。

表 5-2 列出了常用铸造铝合金的牌号、力学性能及用途。

表 5-2　常用铸造铝合金的主要牌号、力学性能及用途

牌号（代号）	化学成分（%）						铸造方法与合金状态①	力学性能			用途举例
	w_{Si}	w_{Cu}	w_{Mg}	w_{Mn}	$w_{其他}$	w_{Al}		R_m/MPa	A（%）	HBW	
ZAlSi7Mg（ZL101）	6.0~7.5		0.25~0.45			余量	J,T5 S,T5	205 195	2 2	60 60	形状复杂的零件，如飞机、仪器的零件，抽水机壳体，工作温度不超过 185℃的汽化器等
ZAlSi12（ZL102）	10.0~13.0					余量	J SB,JB SB,JB,T2	155 145 135	2 4 4	50 50 50	形状复杂的零件，如仪表、抽水机壳体，工作在 200℃以下、要求气密性承受低载荷的零件
ZAlSi5CuMg（ZL105）	4.5~5.5	1.0~1.5	0.4~0.6			余量	J,T5 S,T5 S,T6	235 195 225	0.5 1.0 0.5	70 70 70	形状复杂、在 225℃以下工作的零件，如风冷发动机的气缸头、机匣、油泵壳体等
ZAlSi12Cu Mg1（ZL108）	11.0~13.0	1.0~2.0	0.4~1.0	0.3~0.9		余量	J,T1 J,T6	195 255		85 90	要求高温强度及低膨胀系数的高速内燃机活塞及其他耐热零件
ZAlSi9Cu2Mg（ZL111）	8.0~10.0	1.3~1.8	0.4~0.6	0.10~0.35	Ti：0.10~0.35	余量	SB,T6 J,T6	255 315	1.5 2	90 100	250℃以下工作的承受重载的气密零件，如大功率柴油机气缸体、活塞等

（续）

牌号（代号）	化学成分（%）						铸造方法与合金状态①	力学性能			用途举例
	w_{Si}	w_{Cu}	w_{Mg}	w_{Mn}	$w_{其他}$	w_{Al}		R_m/MPa	A（%）	HBW	
ZAlCu5Mn（ZL201）		4.5 ~ 5.3		0.6 ~ 1.0	Ti: 0.15 ~0.35	余量	S,T4 S,T5	295 335	8 4	70 90	在175 ~ 300℃以下工作的零件，如支臂、挂架梁、内燃机气缸头、活塞等
ZAlCu4（ZL203）		4.0 ~ 5.0				余量	J,T4 J,T5	205 225	6 3	60 70	中等载荷、形状较简单的零件，如托架和工作温度 < 200℃并要求切削性好的小零件
ZAlMg10（ZL301）			9.5 ~ 11.0			余量	S,T4	280	10	60	在大气或海水中的零件，承受大振动载荷，工作温度不超过150℃的零件
ZAlMg5Si（ZL303）	0.8 ~ 1.3		4.5 ~ 5.5	0.1 ~0.4		余量	S,J	145	1	55	腐蚀介质、中等载荷零件，在严寒大气中及工作温度 < 200℃的零件，如海轮配件和各种壳体
ZAlZn11Si（ZL201）	6.0 ~ 8.0		0.1 ~ 0.3		Zn: 9.0 ~13.0	余量	J,T1 S,T1	245 195	1.5 2	90 80	工作温度不超过200℃、结构形状复杂的汽车、飞机零件，也可制作日用品

① 铸造方法与合金状态：S—砂型铸造；J—金属型铸造；B—变质处理；T1—人工时效；T2—退火；T4—固溶处理 + 自然处理；T5—固溶处理 + 不完全处理；T6—固溶处理 + 完全人工时效。

（1）Al-Si系铸造铝合金　Al-Si系铸造铝合金通称硅铝明，根据合金元素的种类和组元数目的不同，可分为简单硅铝明（Al-Si二元合金）和特殊硅铝明（Al-Si-Mg系、Al-Si- Cu-Mg系等）。

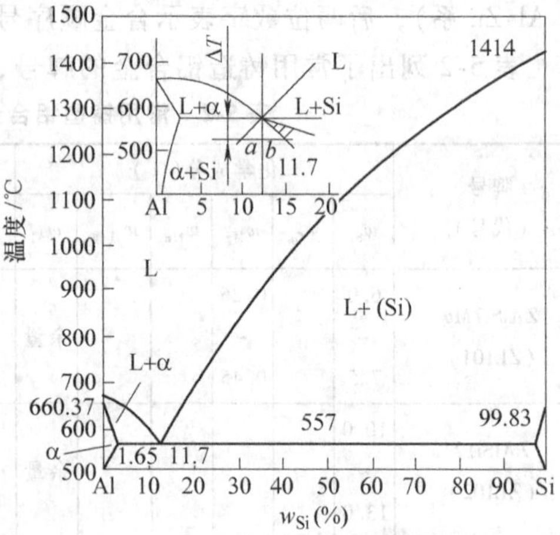

图5-3　Al-Si二元合金相图

Al-Si二元合金相图如图5-3所示。w_{Si} = 10% ~13%的简单硅铝明（ZL102）铸造后几乎可全部得到共晶组织，具有良好的流动性、较小的热裂倾向。二元Al-Si共晶组织由α固溶体 + 粗大的针状硅晶体组成，铸件因针状硅晶体的存在，强度和塑性都很差，脆性较大，不能使用，如图5-4a所示。工业上常通过变质处理来改变共晶组织的形态，在浇注前向820 ~ 850℃的合金液中投入质量分数为2% ~3%的变质剂（一般为钠盐混合物：2/3NaF + 1/3NaCl），10余分钟后浇注，可使组织明显细化，得到树枝状的初生α固溶体 + 细小均匀的共晶体，强度和塑性得到了提高，如图5-4b所示。

经变质处理后的ZL102属于简单硅铝明，是不能热处理的，但其铸造性能良好，还具有良好的耐热、耐蚀和焊接性，只是强度仍较低。

ZL101和ZL104中含有少量镁，能生成Mg_2Si相，就构成了复杂硅铝明，在变质处理和时效强化的综合作用下，可使复杂硅铝明强度得到很大提高。如ZL104的热处理工艺为：530 ~

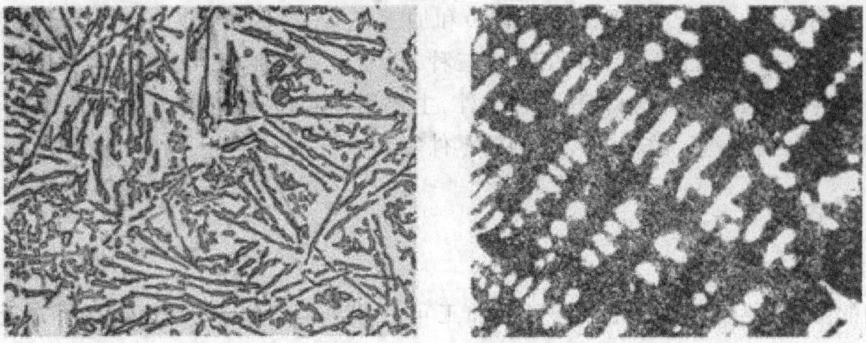

a)　　b)

图 5-4　ZL102 合金的铸态组织(200×)

a)未变质处理　b)经变质处理

540℃加热,保温 5h,在热水中淬火,然后在 170~180℃时效 6~7h。经热处理后,合金的抗拉强度 R_m 可达 200~230MPa。

(2)Al-Cu 系铸造铝合金　Al-Cu 系铸造铝合金是以 Al-Cu 为基的二元或多元合金。由于合金中只含有少量共晶体,故铸造性能不好,耐蚀性及比强度也较一般优质硅铝明低,目前大部分已被其他铝合金所代替。常用的 Al-Cu 铸造合金有 ZL201、ZL202、ZL203 等。

(3)Al-Mg 系铸造铝合金　Al-Mg 系铸造铝合金有较高的强度,良好的耐蚀性和机加工性,密度很小,但是铸造性、耐热性较差,可进行时效处理。常用的 Al-Mg 系铸造铝合金有 ZL301、ZL302 等。

(4)Al-Zn 系铸造铝合金　Al-Zn 系铸造铝合金铸造性能优良,价格低廉,铸态下有"自行淬火"现象,锌原子被固溶在过饱和固溶体中。经变质和时效处理后,有较高的强度,但是耐蚀性较差,热裂倾向较大。常用的 Al-Zn 系铸造铝合金有 ZL401、ZL402 等。

铸造铝合金的铸件形状较复杂,组织较粗大,并有严重偏析,因此与变形铝合金热处理相比,淬火温度应高些,保温时间要长些,以使粗大析出物尽量溶解,并使固溶体成分均匀化。淬火一般用水冷却,且多采用人工时效。

5.2　铜及铜合金

铜及铜合金是人类历史上使用最早的金属材料,至今在工业生产中仍有着广泛的应用。

5.2.1　工业纯铜

工业上使用的纯铜因为表面氧化呈紫红色,俗称紫铜。纯铜的密度为 8.9×10^3kg/m^3,熔点为 1083℃,无同素异构转变,无磁性。纯铜最显著的特点是导电、导热性好,仅次于银。纯铜具有很高的化学稳定性,在大气、淡水中具有良好的耐蚀性。

纯铜具有面心立方晶格,塑性优良($A=50\%$,$Z=70\%$),易冷热压力加工。工业纯铜中常含有质量分数为 0.1%~0.5% 的杂质,如铅、铋、氧、硫、磷等,它们不仅降低了铜的导电、导热性,铅、铋还会与铜形成低熔点(<400℃)共晶体分布在铜的晶界上,使其在进行热加工时产生"热脆"。而氧、硫与铜形成的共晶体使铜产生"冷脆"。

工业纯铜分未加工产品(铜锭、电解铜)和加工产品(铜材)两种。未加工产品代号有 Cu-1、Cu-2 两种。加工产品代号有 T1、T2、T3 三种,代号中数字越大,表示杂质的含量越高,其导电性越差。纯铜除配置铜合金和其他合金外,主要用于制作导电、导热及兼具耐蚀性的器材,如电线、电缆、电刷、铜管、散热器和冷凝器零件等。

5.2.2 铜合金

1. 铜合金的强化

纯铜的强度、硬度不高,利用冷变形加工可使 R_m 提高到 400 ~ 500MPa,布氏硬度可达 100 ~ 120HBW,但塑性会相应降低至变形前的 4% 左右,而且导电性也大为降低。为了保持其高塑性等特性,对 Cu 实行合金化是提高其强度的有效途径。

铜的合金化可通过向铜中添加 Zn、Al、Sn、Mn、Be、Si 等合金元素进行固溶强化、时效强化和过剩相强化等,以达到强化的目的。

2. 铜合金的分类

根据化学成分的特点,铜合金分为黄铜、青铜和白铜三大类。

(1)黄铜　黄铜是以 Zn 为主加元素的铜合金,黄铜具有较高的强度和塑性,良好的导电性、导热性和铸造工艺性能,耐蚀性与纯铜相近。黄铜价格低廉,色泽明亮美丽。按化学成分可分为普通黄铜及特殊黄铜(或复杂黄铜);按生产方式可分为压力加工黄铜及铸造黄铜。

普通黄铜的牌号以“黄”的汉语拼音字首“H” + 数字表示,数字表示铜的含量,如 H62 表示 $w_{Cu} = 62\%$,其余为 Zn 的普通黄铜。

特殊黄铜的代号表示形式是“H + 第二主添加元素化学符号 + 铜含量 - 第二主添加元素含量”,数字之间用“ - ”分开,如 HPb59 - 1,表示含 $w_{Cu} = 59\%$、$w_{Pb} = 1\%$,其余为 Zn 的特殊黄铜。

常用黄铜的牌号、成分、性能及用途见表 5-3。

表 5-3　常用黄铜的牌号、成分、性能和用途

组别	牌号(代号)	化学成分(%)		力学性能①			主要用途②
		w_{Cu}	$w_{其他}$	R_m/MPa	A(%)	HBW	
普通黄铜	H90	88.0 ~ 91.0	余量 Zn	245/392	35/3	—	双金属片、供水和排水管、证章、艺术品(又称金色黄铜)
	H68	67.0 ~ 70.0	余量 Zn	294/392	40/13	—	复杂的冷冲压件、散热器外壳、弹壳、导管、波纹管、轴套
	H62	60.5 ~ 63.5	余量 Zn	294/412	40/10	—	销钉、铆钉、螺钉、螺母、垫圈、弹簧、夹线板
	ZCuZn38	60.0 ~ 63.0	余量 Zn	295/295	30/30	59/68.5	一般结构件如散热器、螺钉、支架等
特殊黄铜	HSn62-1	61.0 ~ 63.0	0.7 ~ 1.1Sn 余量 Zn	249/392	35/5	—	与海水和汽油接触的船舶零件(又称海军黄铜)
	HSi80-3	79.0 ~ 81.0	2.5 ~ 4.5Si 余量 Zn	300/350	15/20	—	船舶零件,在海水、淡水和蒸汽(<265℃)条件下工作的零件
	HMn58-2	57.0 ~ 60.0	1.0 ~ 2.0Mn 余量 Zn	382/588	30/3	—	海轮制造业和弱电用零件

（续）

组别	牌号（代号）	化学成分（%）		力学性能①			主要用途②
		w_{Cu}	$w_{其他}$	R_m/MPa	A(%)	HBW	
特殊黄铜	HPb59-1	57.0～60.0	0.8～1.9Pb 余量 Zn	$\frac{343}{441}$	$\frac{25}{5}$	—	热冲压及切削加工零件，如销、螺钉、螺母、轴套（又称易削黄铜）
	ZCuZn40Mn3Fe1	53.0～58.0	3.0～4.0Mn 0.5～1.5Fe 余量 Zn	$\frac{400}{490}$	$\frac{18}{15}$	$\frac{98}{108}$	轮廓不复杂的重要零件，海轮上在 300℃以下工作的管配件，螺旋桨等大型铸件
	ZCuZn25Al6Fe3Mn3	60.0～66.0	4.5～7Al 2～4Fe 1.5～4.0Mn 余量 Zn	$\frac{725}{745}$	$\frac{7}{7}$	$\frac{166.5}{166.5}$	要求强度耐蚀零件如压紧螺母、重型蜗杆、轴承、衬套

① 力学性能中分母的数值，对压力加工黄铜来说是指硬化状态（变形程度 50%）的数值，对铸造黄铜来说是指金属型铸造时的数值；分子数值，对压力加工黄铜为退火状态（600℃）时的数值，对铸造黄铜为砂型铸造时的数值。

② 主要用途在国家标准中未作规定。

1）普通黄铜。普通黄铜是铜锌二元合金。Cu-Zn 二元相图如图 5-5 所示。

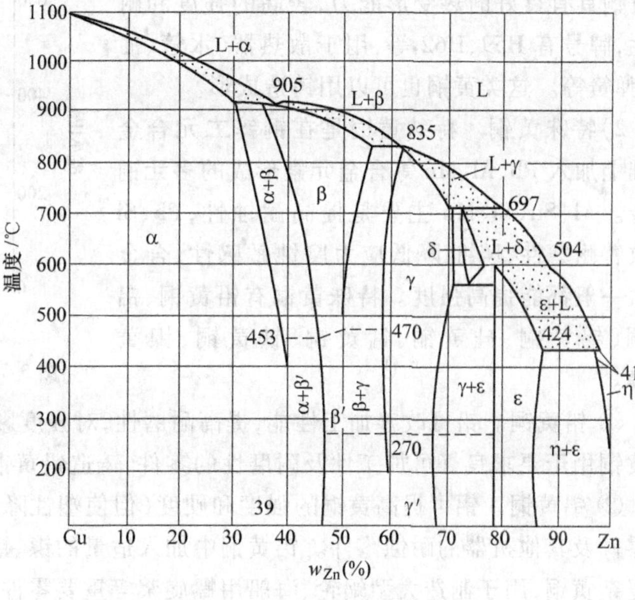

图 5-5　Cu-Zn 合金相图

α 相是锌溶入铜中形成的固溶体，锌的溶解度随温度的变化而变化，在 456℃（溶解度最大为 39% Zn）以下降温，溶解度略有下降。β 相是以电子化合物 CuZn 为基的固溶体，具有体心立方晶格，当温度降至 456℃以下时，发生有序化转变，β 相转化为有序固溶体 β′相，硬且脆，难以进行冷加工变形。γ 相是以电子化合物 $CuZn_3$ 为基的固溶体，具有六方晶格，更脆，强度和塑性极差。其退火组织可以是单相 α 或双相 α＋β′，并分别称为 α 黄铜（或单相黄铜）和双相黄铜，如图 5-6 所示。

黄铜的锌含量对力学性能有很大的影响（见图 5-7）。在 $w_{Zn}<32\%$ 时，随着锌含量的增加，强度和伸长率升高；$w_{Zn}>32\%$ 后，组织中出现 β′相，塑性开始下降，但少量 β′相的存在对强度无坏影响，合金强度仍然很高。$w_{Zn}>45\%$ 以后，组织全部为 β′相，强度急剧下降，塑性继续降低。

仅有 α 固溶体的单相黄铜，有较高的强度和塑性，可进行冷、热变形加工。它还具有良好的锻造、焊接性能。常用单相黄铜有 H68、H70、H90 等。H68、H70 因较高强度和塑性，常用作子弹和炮弹的壳体，故又称为“弹壳黄铜”。当 $w_{Zn}>32\%$ 时，就出现了 α＋β′双相黄铜。与单相黄铜相比，双相黄铜塑性下降，强度随锌含量的提高而升高。

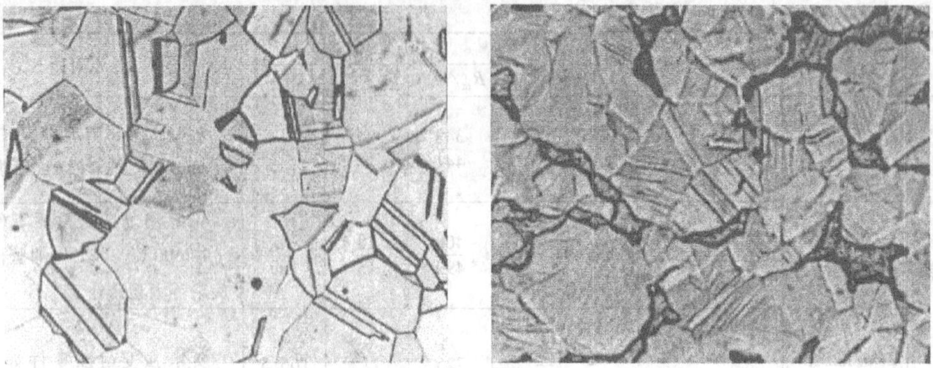

图 5-6　Cu-Zn 退火组织
a) 单相黄铜　b) 双相黄铜

当 $w_{Zn}=45\%$ 时强度达到最大值。$\alpha+\beta'$ 双相黄铜具有良好的热变形能力，较高的强度和耐蚀性，牌号有 H59、H62 等，用于散热器、水管、油管、弹簧等。这类黄铜也可以用铸造成形。

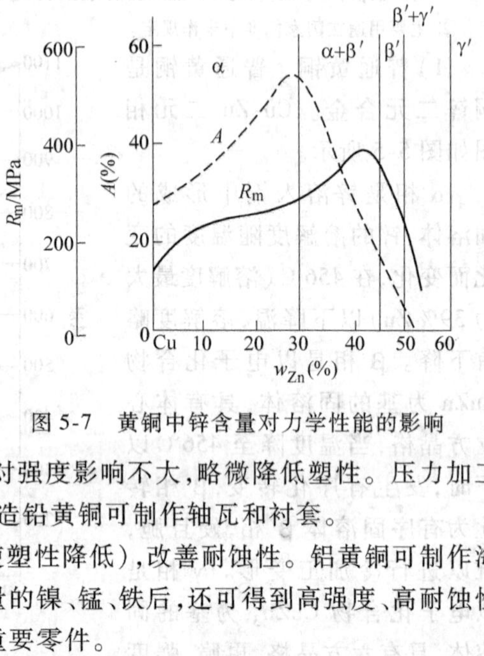

图 5-7　黄铜中锌含量对力学性能的影响

2) 特殊黄铜。特殊黄铜是在铜锌二元合金基础上加入 Pb、Al、Mn 等合金元素形成的多元铜合金。Al、Sn、Si、Mn 主要是提高耐蚀性，Pb、Si 能改善耐磨性，Ni 能降低应力腐蚀敏感性，合金元素一般都能提高强度。特殊黄铜有铅黄铜、铝黄铜、锡黄铜、硅黄铜、锰黄铜、铁黄铜、镍黄铜等。

① 铅黄铜。铅可改善加工性能，提高耐磨性，对强度影响不大，略微降低塑性。压力加工铅黄铜用于要求良好可加工性及耐磨性的零件，铸造铅黄铜可制作轴瓦和衬套。

② 铝黄铜。铝可提高黄铜的强度和硬度（但使塑性降低），改善耐蚀性。铝黄铜可制作海船零件及其他机器的耐蚀零件。铝黄铜中加入适量的镍、锰、铁后，还可得到高强度、高耐蚀性的复杂黄铜，用于制造大型蜗轮、海船用螺旋桨等重要零件。

③ 硅黄铜。硅可显著提高黄铜的力学性能、耐磨性和耐蚀性。硅黄铜具有良好的铸造性能，并能进行焊接和切削，主要用于制造船舶及化工机械零件。

3) 铸造黄铜。铸造黄铜含较多的 Cu 及少量合金元素，如 Pb、Si、Al 等。它的熔点比纯铜低，液、固相线间隔小，流动性较好，铸件致密，偏析较小，耐磨性及耐大气、海水的腐蚀性能也较好，具有良好的铸造成形能力。

铸造黄铜的牌号则以"铸"字汉语拼音字首"Z"+铜锌元素符号"ZCuZn"表示。具体是"ZCuZn+锌含量+第二合金元素符号+第二合金元素含量"，如 ZCuZn40Pb2 表示 $w_{Zn}=40\%$、$w_{Pb}=2\%$，余量为 Cu 的铸造黄铜。

(2) 青铜的分类及编号　工业生产中习惯把黄铜、白铜以外的铜合金都称为青铜。青铜是铜合金中综合性能最好的合金。

按主加合金元素的不同可分为锡青铜、铝青铜、铍青铜及硅青铜等；按生产方式的不同可分为压力加工青铜、铸造青铜。

压力加工青铜牌号以“青”字汉语拼音字首“Q”开头，后面是主加元素符号及含量，其后是其他元素的含量，数字间以“-”隔开，如 QAl10-3-1.5 表示主加元素为 Al，且含 w_{Fe} 为 3%、含 w_{Mn} 为 1.5%，余量为 Cu 的铝青铜。

铸造青铜表示方法是“ZCu + 第一主加元素符号 + 含量 + 合金元素 + 含量 + ……”，如 ZCuSn5Pb5Zn5 表示主加元素为 Sn，且含 w_{Sn} 为 5%、w_{Pb} 为 5%、w_{Zn} 为 5%，余量为 Cu 的铸造锡青铜。常用青铜的牌号、成分、力学性能及用途见表 5-4。

表 5-4　常用青铜的牌号、成分、力学性能及用途

类别	代号或牌号	化学成分（%）		力学性能[①]			主要用途[②]
		第一主加元素 w_B	$w_{其他}$	R_m/MPa	A（%）	HBW	
加工锡青铜	QSn4-3	Sn 3.5 ~ 4.5	Zn 2.7 ~ 3.3 余量 Cu	294/490 ~ 687	40/3	—	弹性元件、管配件、化工机械中耐磨零件及抗磁零件
加工锡青铜	QSn6.5-0.1	Sn 6.0 ~ 7.0	P 0.1 ~ 0.25 余量 Cu	294/490 ~ 687	40/5	—	弹簧、接触片、振动片、精密仪器中的耐磨零件
铸造锡青铜	ZCuSn10P1	Sn 9.0 ~ 11.5	P 0.5 ~ 1.0 余量 Cu	220/310	3/2	78/88	重要的减摩零件，如轴承、轴套、蜗轮、摩擦轮、机床丝杠螺母
铸造锡青铜	ZCuSn5Pb5Zn5	Sn 4.0 ~ 6.0	Zn 4.0 ~ 6.0 P 4.0 ~ 6.0 余量 Cu	200/200	13/13	59/59	低速、中载荷的轴承、轴套及蜗轮等耐磨零件
加工铝青铜	QAl7	Al 6.0 ~ 8.0	—	—/637	—/5	—	重要用途的弹簧和弹性元件
铸造铝青铜	ZCuAl10Fe3	Al 8.5 ~ 11.0	Fe 2.0 ~ 4.0 余量 Cu	490/540	13/15	98/108	耐磨零件（压下螺母、轴承、蜗轮、齿圈）及在蒸汽、海水中工作的高强度耐蚀件
铸造铅青铜	ZCuPb30	Pb 27.0 ~ 33.0	余量 Cu	—/—	—/—	—/24.5	大功率航空发动机、柴油机曲轴及连杆的轴承、齿轮、轴套
加工铍青铜	QBe2	Be 1.8 ~ 2.1	Ni 0.2 ~ 0.5 余量 Cu	—	—	—	重要的弹簧与弹性元件，耐磨零件以及在高速、高压和高温下工作的轴承

① 力学性能数字表示意义同表 5-3。

② 主要用途在国家的标准中未作规定。

1)锡青铜。以 Sn 为主加元素的铜基合金称为锡青铜。Sn 在铜中可形成固溶体,也可形成金属化合物。因此,根据 Sn 的含量不同,锡青铜的组织和性能也不同,图 5-8 是锡青铜的组织和力学性能与含 Sn 量的关系。

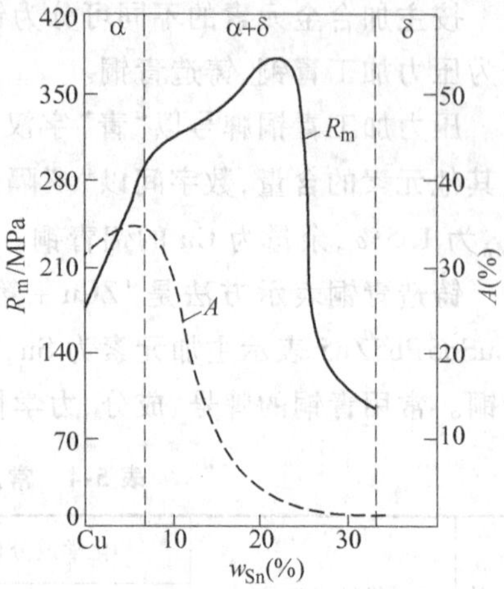

图 5-8 锡青铜的组织力学性能与含 Sn 量的关系

锡的质量分数为 5% ~6% 的锡青铜,室温下为 Sn 溶入到 Cu 中时,有良好的塑性。锡的质量分数大于6%时,合金组织中出现硬而脆的电子化合物$Cu_{31}Sn_8$为基的固溶体,虽然强度还继续升高,但塑性开始下降。当锡的质量分数大于 20% 时,合金完全变脆,强度也急剧下降。

故工业用锡青铜的含锡量大多在 $w_{Sn}=3\% \sim 14\%$ 之间。因此,压力加工锡青铜中锡的质量分数一般低于7%,锡的质量分数≥10% 的合金适宜铸造成形。

锡青铜的铸造流动性较差,易形成分散缩孔,使铸件的致密度下降,但合金的线收缩率小,适于铸造形状复杂、尺寸要求精确,但对致密度要求不太高的铸件。

为了改善锡青铜的铸造性能、力学性能、耐磨性能、弹性和可加工性,常加入 Zn、P、Ni 等元素形成多元锡青铜。

2)铝青铜。铝青铜是以铝为主要合金元素的铜合金,其强度和塑性同样受到铝含量的影响。铝青铜中铝的质量分数应控制在小于 12%。宜于冷加工的铝青铜其铝质量分数一般为5% ~7%,塑性最好;铝的质量分数在 7% ~12% 时,强度最高,但塑性很低,宜于铸造等热加工成形。因此,实际应用的铝青铜中铝的质量分数一般为 5% ~12%。

铝青铜具有良好的力学性能、耐蚀性和耐磨性,并能进行热处理强化。铝青铜有良好的铸造性能,在大气、海水、碳酸及大多数有机酸中具有比黄铜和锡青铜更高的耐蚀性,此外还有冲击时不发生火花等特性。宜做机械、化工、造船及汽车工业中的轴套、齿轮、蜗轮、管路配件等零件。但铝青铜也有缺点,它的体积收缩率比锡青铜大,铸件内容易产生难熔的氧化铝,钎焊性能差,在过热蒸汽中不稳定。

常用的铝青铜有 QAl9-2 等,主要用作重要的耐磨耐蚀的齿轮、轴套等零件。

3)铍青铜。铍青铜是以铍为基本合金元素的铜合金。工业用铍青铜中的铍的质量分数大多在 1.7% ~2.5%之间。它的力学性能与铍含量和热处理工艺有关。强度和硬度随铍含量的增加而很快提高,但其质量分数超过 2% 后增加逐渐变缓,塑性却显著降低。并且,通过固溶加热随即冷却,获得单相固溶体后,经成形或切削,再进行时效处理能获得超过其他铜合金的强度。

铍青铜还具有很好的耐磨、耐蚀及耐低温等特性,且导电、导热性能优良,以及无磁性、受冲击时不产生火花。因此铍青铜是工业上用来制造高级弹簧、膜片等弹性元件的重要材料,还可用于制作耐磨、耐蚀零件,航海罗盘仪中的零件及防爆工具等。但铍青铜的生产工艺复杂,价格昂贵,因而又限制了它的应用。

常用铍青铜有 QBe2、QBe25 等,主要用来制造重要的弹性元件、耐磨零件和其他重要零件,如仪表齿轮、弹簧、航海罗盘、焊机电极等。

(3)白铜的分类及编号　白铜是以 Ni 为主加元素的铜合金。白铜是镍的质量分数小于50%的 Cu-Ni 合金。铜与镍可以任意比例互溶,这是罕见的冶金现象,故白铜合金的组织均呈单相,所以白铜不能热处理强化。它的强化方式主要是固溶强化和加工硬化。白铜具有较高的强度和塑性,可进行冷、热变形加工,具有很好的耐蚀性,电阻率较高。白铜根据性能和应用可分为耐蚀用白铜和电工用白铜;按化学成分和组元数目可分为普通白铜(或简单白铜)和特殊白铜(或复杂白铜)。特殊白铜又按加入 Zn、Mn、Al 等不同合金元素,称为锌白铜、锰白铜和铝白铜等。

普通白铜的牌号以"白"字汉语拼音字首"B"+数字表示,数字代表 Ni 的含量,如 B30 表示 $w_{Ni}=30\%$ 的普通白铜。

特殊白铜的代号表示形式是"B+第二合金元素符号+镍的含量+第二合金元素含量",数字之间以"-"隔开,如 BMn3-12 表示 $w_{Ni}=3\%$、$w_{Mn}=12\%$、$w_{Cu}=85\%$ 的锰白铜。

简单白铜的最大特点是在各种腐蚀介质如海水、有机酸和各种盐溶液中具有高的化学稳定性,优良的冷、热加工性能。简单白铜主要用于制造在蒸汽和海水环境中工作的精密仪器、仪表零件、冷凝器和热交换器,常用的为 B5、B19 和 B30 等。

特殊白铜主要为锌白铜和锰白铜。锰白铜具有电阻高和电阻温度系数小的特点,是制造低温热电偶、热电偶补偿导线及变阻器和加热器的理想材料。最常用的特殊白铜是称为康铜的锰白铜 BMn40-1.5 和称为考铜的锰白铜 BMn43-0.5 等。

5.3 其他非铁合金简介

5.3.1 钛及其合金

1. 纯钛

纯钛是灰白色轻金属,钛的密度为 4.54g/cm³,熔点约为 1668℃,热膨胀系数小,导热性差。纯钛塑性好、强度低,容易加工成形,可制成细丝和薄片。钛在大气和海水中有优良的耐蚀性,在硫酸、盐酸、硝酸、氢氧化钠等介质中都很稳定。钛的抗氧化能力优于大多数奥氏体不锈钢。

钛在固态下有同素异构转变:882.5℃以下为密排六方晶格,称为 α-Ti;882.5℃以上直到熔点为体心立方晶格,称为 β-Ti。在 882.5℃时发生同素异构转变 $\alpha\text{-Ti} \rightleftharpoons \beta\text{-Ti}$,它对强化有很重要的意义。

工业纯钛中常见的杂质有 O、N、C、H、Fe、Mg 等元素,杂质的存在对其性能影响很大,少量的杂质可使钛的强度和硬度上升而塑性和韧性下降。按杂质的含量不同,工业纯钛可分为 TA1、TA2、TA3 三个牌号,其中"T"为"钛"字的汉语拼音字头,数字为顺序号,数字越大,杂质含量越多,强度越高,塑性降低。

工业纯钛塑性高,具有优良的焊接性能和耐蚀性能,长期工作温度可达 300℃,可制成板材、棒材、线材、带材、管材和锻件等。它的板材、棒材具有较高的强度,可直接用于飞机、船舶、化工等行业,以及制造各种耐蚀并在 350℃以下工作且强度要求不高的零件,如热交换器、制盐场的管道、石油工业中的阀门、飞机构架、船舶用管道等。

2. 钛合金

根据使用状态的组织,钛合金可分为三类:α钛合金、β钛合金和(α+β)钛合金。牌号分别以TA、TB、TC加上编号来表示。

(1)α钛合金　钛中加入Al、B等α稳定化元素获得α钛合金。α钛合金高温(500~600℃)强度高,并且组织稳定,抗氧化性和抗蠕变性好,焊接性能也很好。α钛合金不能淬火强化,主要依靠固溶强化,热处理只进行退火。

α钛合金典型的牌号是TA7,成分为Ti-5Al-2.5Sn。其使用温度不超过500℃,主要用于制造导弹的燃料罐、超音速飞机的涡轮机匣等。

(2)β钛合金　钛中加入Mo、Cr、V等β稳定化元素得到β钛合金。β钛合金有较高的强度、优良的冲压性能,并可通过淬火和时效进行强化。

β钛合金的典型牌号为TB1,成分为Ti-3Al-13V-11Cr,一般在350℃以下使用,适于制造压气机叶片、轴、轮盘等重载的回转件,以及飞机构件等。

(3)(α+β)钛合金　钛中通常加入β稳定化元素,大多数还加入α稳定化元素得到(α+β)钛合金,塑性很好,容易锻造、压延和冲压,并可通过淬火和时效进行强化。热处理后强度可提高50%~100%。

TC4是典型的(α+β)钛合金,成分为Ti-6Al-4V,经淬火及时效处理后,显微组织为块状α+β+针状α。由于强度高,塑性好,在400℃时组织稳定,蠕变强度较高,低温时有良好的韧性,并有良好的抗海水应力腐蚀及抗热盐应力腐蚀的能力,所以适于制造在400℃以下长期工作的零件,要求一定高温强度的发动机零件,以及在低温下使用的火箭、导弹的液氢燃料箱部件等。

3. 钛及钛合金的热处理

(1)退火　消除应力退火目的是消除工业纯钛和钛合金零件机加工或焊接后的内应力。退火温度一般为450~650℃,保温1~4h,空冷。

再结晶退火目的是为消除加工硬化。纯钛一般采用550~690℃温度,钛合金用750~800℃温度,保温1~3h,空冷。

(2)淬火和时效　目的是提高钛合金的强度和硬度。

α钛合金和含β稳定化元素较少的(α+β)钛合金,自β相区淬火时,发生无扩散型的马氏体转变β→α′,α′为马氏体,是β稳定化元素在α-Ti中的过饱和固溶体,具有密排六方晶格,硬度较低,塑性好,是一种不平衡组织,加热时效时分解成α相和β相的混合物,强度和硬度有所提高。

β钛合金和含β稳定化元素较多的(α+β)钛合金淬火时,β相转变成介稳定的β相,加热时效后,介稳定β相析出弥散的α相,使合金的强度和硬度提高。

α钛合金一般不进行淬火和时效处理,β钛合金和(α+β)钛合金可进行淬火时效处理,提高强度和硬度。

钛合金的时效温度一般在450~550℃之间,时间为几小时至几十小时。

钛合金热处理加热时应防止污染和氧化,并严防过热。β晶粒长大后,无法用热处理方法挽救。

5.3.2 镁及其合金

1. 纯镁

纯镁为银白色,其密度为1.74g/cm³,熔点为(650±1)℃,沸点为(1100±10)℃。镁是地壳中第三种最丰富的金属元素,储量占地壳的2.5%,仅次于铝和铁。纯镁的电极电位很低,因此耐蚀性较差。镁具有密排六方晶格,室温和低温塑性较低,容易脆断,但高温塑性较好,可进行各种形式的热变形加工。

2. 镁合金

在纯镁中加入合金元素,制成镁合金。镁的合金化原理与铝相似,主要通过加入Al、Zn、Mn、Zr及稀土等合金元素,产生固溶强化、时效强化、细晶强化及过剩相强化作用,以提高合金的力学性能、耐蚀性能和耐热性能。

3. 工业常用镁合金

按加工工艺,镁合金可分为变形镁合金和铸造镁合金。牌号以汉语拼音字首和合金顺序号表示,以“MB”和“ZM”加数字表示。常用的变形镁合金有MB1、MB2、MB8、MB15。其中应用较多的是MB15,它具有较高的强度和良好的塑性,且热处理工艺简单,热加工后直接进行时效便可强化。常用的铸造镁合金有ZM1、ZM2、ZM5。它们具有较高的常温强度和良好的铸造工艺性,但耐热性较差,长期使用温度不高于150℃。镁合金主要用于制造各种飞行器中的零件。

4. 镁合金的热处理

镁合金的热处理方式与铝合金基本相同,但由于组织结构上的差别,与铝合金相比,呈现以下几个特点:

1)镁合金的组织一般比较粗大,且常达不到平衡态,因此淬火加热温度较低。

2)合金元素在镁中的扩散速度较慢,需要的淬火加热时间较长。

3)铸造镁合金及加工前未经退火的变形镁合金易产生不平衡组织,淬火加热速度不宜过快,一般采用分级加热的方式。

4)自然时效条件下,过饱和固溶体析出沉淀相的速度极慢,故镁合金需用人工时效处理。

5)镁合金的氧化倾向大,加热炉内需保持一定的中性气氛,普通电炉一般通入SO_2气体或在炉中放置一定数量的硫铁矿石碎块,并要密封。

镁合金常用的热处理工艺有铸造或锻造后的直接人工时效、退火、淬火不时效及淬火加人工时效等,具体工艺规范根据合金成分特点及性能需求确定。

5.3.3 锌及其合金

锌的熔点(419℃)较低,耐大气腐蚀性良好,再结晶温度在室温以下,易用普通压力加工方式成形。

铝、铜、镁等为锌的主要合金元素,它们对锌合金产生明显的强化作用。锌合金可分为变形锌合金、铸造锌合金和热镀锌合金三大类。

变形锌合金的编号方法是:“Zn”+合金元素+该元素含量(%),如ZnAl4;铸造锌合金的编号方法与变形锌合金类似,分别在“Zn”前冠以“Z”和“R”(汉字“铸”和“热”的汉语拼音字头),如ZZnAl4。

常用锌合金有 Zn-Al 和 Zn-Al-Cu 等合金系。目前应用最广的锌合金是 ZZnAl4-1，主要用作压铸小尺寸的高强度、高耐蚀性零件，如汽车发动机零件、机油泵体、仪器仪表外壳及零件。

5.4 铸造轴承合金与粉末冶金

5.4.1 铸造轴承合金

轴承合金是制造滑动轴承中的轴瓦及内衬的材料。当轴旋转时，轴瓦和轴发生强烈的摩擦，并承受轴颈传给的周期性载荷。因此轴承合金应具有以下性能：

1）足够的强度和硬度，以承受轴颈较大的单位压力。

2）足够的塑性和韧性，高的疲劳强度，以承受轴颈的周期性载荷，并抵抗冲击和振动。

3）良好的磨合能力，使其与轴能较快地紧密配合。

4）高的耐磨性，与轴的摩擦因数小，并能保留润滑油，减轻磨损。

5）好的耐蚀性、导热性、较小的膨胀系数，防止摩擦升温而发生咬合。

轴瓦材料不能选用高硬度的金属，以免轴颈受到磨损；也不能选用软的金属，防止承载能力过低。因此轴承合金应既软又硬，组织特点是，在软基体上分布硬质点，或者在硬基体上分布软质点。

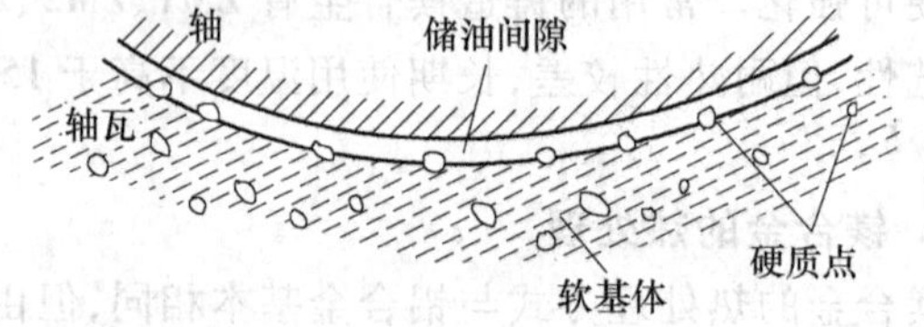

图 5-9 轴承合金结构示意图

若轴承合金的组织是软基体上分布硬质点，则运转时软基体受磨损而凹陷，硬质点将凸出于基体上，使轴和轴瓦的接触面积减小，而凹坑能储存润滑油，降低轴和轴瓦之间的摩擦因数，减小轴和轴承的磨损。另外，软基体能承受冲击和振动，使轴和轴瓦能很好地结合，并能起嵌藏外来小硬物的作用，保证轴颈不被擦伤，如图 5-9 所示。

轴承合金的组织如果是硬基体上分布软质点时，也可以达到上述同样的目的。

1. 滑动轴承合金的分类及牌号

根据化学成分的不同，轴承合金可分为锡基、铅基、铜基、铝基轴承合金等。实际使用中，常称前两种材料为“巴氏合金”。

轴承合金常在铸态下使用，其牌号以“铸”字汉语拼音字首“Z”开头，表示方法为“Z + 基本元素符号 + 主加元素符号 + 主加元素含量 + 辅加元素符号 + 辅加元素含量……”。如 ZSnSb12Pb10Cu4，表示 $w_{Sb}=12\%$、$w_{Pb}=10\%$、$w_{Cu}=4\%$ 的锡基轴承合金。

2. 常用滑动轴承合金

（1）锡基轴承合金（锡基巴氏合金） 锡基轴承合金是以锡为基中元素，辅加 Sb、Cu、Pb 等元素而形成的一种软基体硬质点类型的轴承合金。最常用的牌号是 ZSnSb11Cu6。锡基轴承合金的摩擦因数和膨胀系数小，塑性和导热性好，但锡基轴承合金的疲劳强度较低，许用温度也较低（不高于 150℃）。

（2）铅基轴承合金（铅基巴氏合金） 铅基轴承合金是以铅为基本元素，加入适量的锑及少量锡、铜等元素形成的合金，也是软基体分布硬质点类型的轴承合金。常用牌号是

ZPbSb16Cu2。这种合金的铸造性能和耐磨性较好(但比锡基轴承合金低)，价格较便宜。

(3)铜基轴承合金　铜基轴承合金包括铅青铜、锡青铜等，常用合金牌号为ZCuPb30、ZCuSn10P1等。铅青铜还具有良好的耐冲击能力和疲劳强度，并能长期工作在较高的温度(250~320℃)下，导热性优异。铅青铜的强度低，实际使用时也常和铅基巴氏合金一样在钢轴瓦上浇铸成内衬，进一步发挥其特性。

(4)铝基轴承合金　铝基轴承合金是以铝为基本元素，主加元素为锑、锡、铜等形成的合金。与其他轴承合金相比，它不但是一种新型的减摩材料，还具有生产成本低、密度小、导热性好、耐蚀性好、疲劳强度高等优点。

1)铝锑镁轴承合金。铝锑镁轴承合金的缺点是承压能力较小，允许滑动线速度不大，冷起动性较差，多用于小载荷的柴油机轴承。

2)高锡铝基轴承合金。高锡铝基轴承合金一般是与钢复合制成双金属结构使用，疲劳强度较高，耐磨性、耐热性、耐蚀性良好，承压能力较强，允许滑动线速度较高，可代替巴氏合金、铜基轴承合金。高锡铝基轴承合金常用在高速大功率的重型机床、内燃机车和滑动轴承上。

3)铝石墨轴承合金。石墨的减振能力较强，自润滑作用明显，在较高的温度有减摩作用。因此，铝石墨轴承合金在干摩擦或在250℃温度下都能保持良好的耐磨性，常用于活塞和机床的滑动轴承。

部分常用轴承合金的牌号、成分、性能和用途见表5-5。

表5-5　部分常用轴承合金的牌号、成分、性能和用途

类别	牌号	化学成分(%)					力学性能			用途举例
		w_{Sb}	w_{Cu}	w_{Pb}	w_{Sn}	$w_{杂质}$	R_m/MPa	A(%)	HBW	
锡基	ZSnSb12Pb10Cu4	11.0~13.0	2.5~5.0	9.0~11.0	余量	0.55			≥29	一般发动机的主轴轴承，但不适于高温工作
	ZSbSnSb11Cu6	10.0~12.0	5.5~6.5	0.35	余量	0.55	≥90	≥6.0	≥27	1500kW以上的高速蒸汽机、370kW的蜗轮压缩机用的轴承
	ZSnSb8Cu4	7.0~8.0	3.0~4.0	0.35	余量	0.55	≥80	≥10.6	≥24	一般大机器轴承及轴衬，重载、高速汽车发动机、薄壁双金属轴承
铅基	ZPbSb16Sn16Cu2	15.0~17.0	1.5~2.0	余量	15.0~17.0	0.6	≥78	≥0.2	≥30	工作温度<120℃、无显著冲击载荷、重载高速轴承
	ZPbSb15Sn5Cu3Cd2	14.0~16.0	2.5~3.0	w_{Cd}：1.75~2.25 w_{As}：0.6~1.0 w_{Pb}：余量	5.0~6.0	0.4	≥68	≥0.2	≥32	船舶机械，小于250kW的电动机轴承
铜基	ZCuPb30	0.20	余量	27.0~33.0	1.0	1.0			≥25	高速高压航空发动机，高压柴油机轴承

5.4.2 粉末冶金

粉末冶金是将极细的金属粉末或金属与非金属粉末混合并于模具中加压成形，然后在低于材料熔点的某个温度下加热烧结而得到所需材料。粉末冶金主要用于难熔材料和难冶炼材料的生产，如硬质合金、含油轴承、铁基结构零件等的制备。

硬质合金是粉末冶金的支柱产品之一，我国已形成5000t的年产能力。为了解决高硬材料的加工问题，硬质合金刀具正成为人们研究的热点。硬质合金可分为以下两大类：

1. 金属陶瓷硬质合金

将一些高硬难熔金属碳化物粉末（如WC、TiC等）和粘结剂（Co、Ni等）混合加压成形，再经高温烧结而成，其与陶瓷烧结成形方法相似。金属陶瓷硬质合金的特点是：热硬性好，工作温度可达900～1000℃，硬度极高（69～81HRC），耐磨性优良。由此制成的硬质合金刀具，适宜加工难切削合金材料，如奥氏体耐热钢、奥氏体不锈钢以及高硬度（50HRC左右）的硬质材料。但硬质合金质硬性脆，不能进行机械加工，常将其制成一定规格的刀片使用。

金属陶瓷硬质合金根据GB/T 2075—2007规定，按被加工材料分了六个大（类）组，分别用字母P、M、K、N、S、H（这些字母完全是习惯性，本身无其他含义）后加一组数字表示，相应识别颜色分别为蓝、黄、红、绿、褐、灰。

（1）P类（蓝色） 相当于旧牌号YT类硬质合金。适用于加工长切屑的黑色金属，如钢、铸钢等。其代号有P01、P10、P20、P30、P40、P50等，数字越大，耐磨性越低而韧性越高。如在切削中精车用P01，粗车选用P30。

（2）M类（黄色） 相当于旧牌号YW类硬质合金。适用于加工长切屑或短切屑的金属材料，如钢、铸钢、不锈钢、灰铸铁、有色金属等。其代号有M10、M20、M30、M40等，数字越大，耐磨性越低而韧性越大。

（3）K类（红色） 相当于旧牌号YG类硬质合金，适用于加工短切屑的金属或非金属材料，如淬硬钢、铸铁、铜铝合金、塑料等。其代号有K01、K10、K20、K30等，数字越大，耐磨性越低而韧性越大。在切削时精车宜选K01，粗车时可选用K30。

（4）N类（绿色） 适用于加工非铁金属铝等有色金属及非金属材料。其代号有N01、N10、N20、N30等，数字越大，耐磨性越低而韧性越大。

（5）S类（褐色） 适用于加工超级合金和钛，基于铁的耐热特种合金如镍、钴、钛及钛合金。其代号有S01、S10、S20、S30等，数字越大，耐磨性越低而韧性越大。

（6）H类（灰色） 适用于加工硬材料，如硬化钢、硬化铸铁材料及冷硬铸铁等。其代号有H01、H10、H20、H30等，数字越大，耐磨性越低而韧性越大。

2. 钢结硬质合金

钢结硬质合金的硬化相仍为TiC、WC等，但粘结剂则以各种合金钢（如高速钢、铬钼钢）代替了Co、Ni，制作方法与上述硬质合金类似；但钢结硬质合金经退火后可切削，还可进行淬火、回火等工艺处理，可锻造、焊接，具有更好的使用和工艺性能，适用于制造各种形状复杂的刀具，如麻花钻头、铣刀等，也可制作高温下工作的模具或零件等。

思　考　题

1. 铝合金性能有哪些特点？铝合金可以分为哪几类？

2. 硬铝合金的热处理有什么特点？实际操作时要注意哪些问题？

3. 铜合金性能有哪些特点？铜合金可以分为哪几类？铜合金的强化有哪几种途径？

4. 什么是硅铝明？为什么说它有良好的铸造性能？硅铝明采用变质处理的目的是什么？

5. 滑动轴承合金的工作条件和必备的性能如何？

6. 指出下列合金的名称、化学成分、主要性质和作用：3A21、2A11、7A04、2B50、ZL201、ZL401、ZCuSn10P1、ZCuSn5Pb5Sn5。

7. 钛合金有哪几种类型？试举例说明其性能与用途。

第6章 聚合物、无机与复合材料

教学基本要求

1. 熟悉常用聚合物材料的分类、性能、特点与应用。

2. 掌握常用工程塑料 PE、PP、ABS、PA、PVC、POM、PIFE、PF、EP 等的性能特点及应用场合。

3. 了解常用工程陶瓷材料的性能与应用。

4. 了解复合材料的性能、分类与应用特点。

6.1 聚合物材料

6.1.1 聚合物特征

聚合物材料也称为高分子材料，按照其来源可以分为天然高分子材料和合成高分子材料。天然高分子材料有天然橡胶、纤维素、淀粉、羊毛、蚕丝等。合成高分子材料的种类繁多，如合成塑料、合成橡胶、合成纤维等。

按照物理形态和用途来分，聚合物材料可以分为塑料、橡胶、纤维、粘合剂、聚合物基复合材料、聚合物合金、功能高分子材料等。这种分类方法是人们现在经常使用的，其中又以塑料、合成橡胶、合成纤维产量最大，称为三大合成材料。本章以这种分类方法为线索介绍一下聚合物材料的主要分类及特征。

6.1.2 塑料

塑料是以天然或合成的高分子化合物为主要成分的原料，添加各种辅助剂（如填料、增塑剂、稳定剂、交联剂及其他添加剂）塑制成形，故称为塑料。根据不同的化合物种类和不同的用途，各种助剂（添加剂）的种类和用量有很大的差别。

1. 塑料的特性

与金属相比，塑料的优点是：质轻，比强度高，化学稳定性好，减摩、耐磨性好，电绝缘性优异，消声和吸振性好，易加工成形，方法简单，生产效率高。

塑料的缺点是：强度、刚度低，耐热性差，易燃烧和易老化，导热性差，热膨胀系数大。为了克服这些缺点，正在不断研发新型的、耐热的和高强度的塑料。

2. 塑料的分类及用途

根据树脂在加热和冷却时所表现的性质，塑料可分为热塑性塑料和热固性塑料两种。

（1）热塑性塑料　热塑性塑料加热时变软，冷却后变硬，再加热又可变软，可反复成型，基本性能不变，其制品使用的温度低于120℃。热塑性塑料成型工艺简单，可直接经挤塑、注射、压延、压制、吹塑成型，生产效率高。

常用的有聚乙烯（PE）、聚氯乙烯（PVC）、丙烯腈/丁二烯/苯乙烯共聚物（ABS）以及有机玻璃（PMMA）等。

（2）热固性塑料　热固性塑料加热软化成型的同时发生固化反应，形成立体网状结构，再受热不熔融，当温度超过分解温度时被分解破坏，即不具备重复加工性。

热固性塑料抗蠕变性强，不易变形，耐热性高，但树脂性能较脆，强度不高，成形工艺复杂，生产效率低。

常用的有酚醛塑料（PF）（俗称“电木”）、环氧树脂塑料（EP）等。

按照塑料的用途分，可分为通用塑料和工程塑料。通用塑料的产量大、用途广、价格低，但是性能一般，主要用于非结构材料，如聚乙烯、聚丙烯、聚氯乙烯、聚苯乙烯、酚醛树脂等。工程塑料具有较高的力学性能，能够经受较宽的温度变化范围和较苛刻的环境条件，并能够在此条件下长时间使用，且可作为结构材料。

塑料作为建材，继土石、钢铁、木材之后正在日益兴起，又因其密度小、隔声绝热、防水、美观等一系列优点备受人们喜爱，正在取代传统材料。作为建筑管材用于上下水、供气、供热等；作为塑料门窗更因无需油漆而获得鲜艳的色彩，隔声、耐湿、保温节能效果都很理想；作为防水材料，其性能优于沥青、油毡等；其他，如隔热保温用材、地板用材、壁纸、百叶窗、楼梯扶手、踢脚线等，各方面都已有广泛应用。

常用工程塑料的性能特点及用途见表6-1和表6-2。

表6-1　常用热塑性工程塑料的性能特点及用途

名称、代号	成型方法	主要性能特点	不耐化学介质	长期使用温度	用途简介
超高相对分子质量聚丙烯（HUMPE）	冷压烧结、热压，可机械加工、焊接、粘接	抗磨、耐应力开裂、抗疲劳、减摩、无表面吸附力、电绝缘	松节油、石油醚	-35～150℃	代替青铜、钢制冲击耐磨件，如齿轮、轴承、轴瓦、蜗杆、滑轨、阀门、喷嘴等
增强聚丙烯（RPP）	注射	吸湿极小、电绝缘；静电度高、耐光差、易老化	强氧化剂	-30～160℃	某些性能可与POM、PA等媲美而价低。汽车、农机、动力、电器零部件等，如板、阀、泵壳、管件等
ABS树脂（ABS）（苯乙烯/丁二烯/丙烯腈三元共聚）	注射、挤压、压延、吹塑、发泡、真空，可机械加工、粘接、焊接、电镀	耐磨、低温抗冲击、尺寸稳定、电绝缘、可染色；可燃、耐候差	醛、酮、酸、氯代烃	-40～50℃	制造齿轮、叶片、轴承、壳体、内衬等；电镀品制铭牌、饰物；发泡品用于建筑、家具等
聚甲基丙烯酸甲酯（PMMA）（有机玻璃）	模压、真空、吹塑，可机械加工、粘接、拉伸定向	高透明、耐候、电绝缘；耐磨差、易擦伤	芳烃、氯代烃、丙酮	-40～50℃	制作透明和具有一定强度的零件，如舱盖、车灯、管道、模型、电器仪表零件等

（续）

名称、代号	成型方法	主要性能特点	不耐化学介质	长期使用温度	用途简介
聚酰胺（PA，Nylon）（尼龙）	注射、挤压、浇注烧结、喷涂，可电镀改性增强	抗磨、减摩、消声、耐应力开裂、电绝缘；蠕变大、吸水大、尺寸不稳定	强极性溶剂、某些无机盐、沸水	-40~100℃	主要有尼龙6、尼龙66、尼龙1010、尼龙610和尼龙11，制作绝缘件、齿轮、轴承、泵、阀门、连接件、油管、导轨等，代替钢和不锈钢使用
聚碳酸酯（PC，双酚A型）	注射、挤压、吹塑、真空，可改性增强	高透明、低蠕变、尺寸稳定、自熄、电绝缘、抗冲击，有透明金属之称	碱、胺酮、氯代烃、沸水	-60~120℃	代替钢、有色金属、光学玻璃制作中小结构件、传动件、绝缘件、透明件、防爆玻璃、安全帽等
聚酚氧树脂（PPOR）（苯氧树脂）	注射、挤压、吹塑，可改性增强	透明、抗蠕变、抗磨、尺寸稳定、高"储蓄"润滑性、洁净、阻氧、电绝缘；耐候和紫外线差	有机极性溶剂，如甲乙酮	-50~77℃	制作一次成形复杂摩擦件，如精密齿轮、电子与电器零件、印制电路板、容器、管件等
聚邻苯二甲酸二烯丙酯（PDAP或DAP）	注射、挤压、压制，可改性增强	耐应力开裂、耐老化、尺寸精确、电绝缘、自熄	苯、酮、氯仿	-60~200℃	电气、车辆、航空、机械、化工、轮船、医疗等复杂零部件、绝缘件和容器等
增强聚对苯二甲酸乙二酯（RPET）（涤纶）	注射	低吸湿、减摩、耐应力开裂、电绝缘	强酸、强碱、热水	-60~140℃	电气、汽车、化工等结构件，如接插件、连接器、齿轮、轴承、泵壳、叶轮、电器耐焊接部件（耐250℃锡焊数秒钟）等
增强聚对苯二甲酸丁二酯（RPBT）	注射	抗磨、减摩、尺寸稳定、低湿性、电绝缘、表面光滑	碱、硝酸、浓硫酸	-60~140℃	润滑、耐蚀、耐冲击、电绝缘零部件，如齿轮、轴承、壳体、防护板、接插件等
聚甲醛（POM）	注射、挤压、吹塑，可机械加工、粘接	耐磨、耐疲劳、抗蠕变和应力松弛、耐水（85℃水中长期使用）；耐燃差	强酸、酚类、有机卤化物	-40~100℃	代替钢和有色金属制轴承、齿轮、导轨、阀门、管道等
聚氯醚（PENTONE）	注射、挤压、压制、喷涂	耐磨、尺寸稳定、电绝缘；低温脆性大	硝酸、H_2O_2、热环己酮、吡啶	-20~100℃	制耐蚀、耐磨的泵、阀门、轴承、密封件、绝缘件、内衬、管道等
聚苯醚（PPO）	注射、挤压、吹塑，可改性增强	吸水极小、电绝缘	浓硫酸、硝酸、碱	-150~150℃	代替有色金属和不锈钢制无声齿轮、轴承、化工机械、医疗器械等

（续）

名称、代号	成型方法	主要性能特点	不耐化学介质	长期使用温度	用途简介
聚　砜（PSF）	注射、挤压、模压	抗蠕变、尺寸稳定、透明、电绝缘；耐候和紫外线差	浓硫酸、硝酸、酯、酮、氯烷	-100～150℃	代替金属制高强、高温和尺寸稳定的零件，如泵体齿轮、紧固件、阀门、管道、容器及电路板等
聚芳砜（PAS）	注射、挤压，可改性增强、电镀	抗氧化、耐水解、耐辐射、耐应力开裂、电绝缘	有机极性溶剂	-240～260℃	代替铝锌制机械零件、飞机零件、绝缘件等
聚苯醚砜（PES）	注射、挤压、模压，可改性增强、电镀	尺寸精确、抗蠕变、抗氧化、耐应力开裂、电绝缘、杀菌	高浓度含氧酸、酮、氯烃	-180～200℃	制作飞机机械零件、化工零件、耐热绝缘件、灯头帽、齿轮箱、金属嵌件、气密部件、耐磨件、医疗器械等
聚四氟乙烯（PTFE，F4）（塑料王）	冷压烧结、压延，可机械加工、改性增强	电绝缘、自润滑、耐候不燃、表面不粘、耐王水	气态氟熔融钠	-250～260℃	耐蚀、水下绝缘、不粘等材料，原子能、航空和航天材料等
聚醚酮（PEK）	注射、挤压、压制、真空，可改性增强	耐热和水蒸气最好，电绝缘、耐辐射，可在 200～240℃ 蒸汽中长期使用，300℃ 短期使用	浓硫酸	-220～240℃	飞机结构件、活塞环、检测传感器、泵壳、叶轮、发动机零件、绝缘件、水汽工件等

表 6-2　常用热固性工程塑料的性能特点及用途

名称、代号	成型方法	主要性能特点	不耐化学介质	长期使用温度	用途简介
不饱和聚酯塑料（UP）	手糊、缠绕、冷压喷涂、注射，可改性增强	其玻璃钢强度高而质轻（钢的 1/5～1/4），耐候、耐燃、电绝缘、透光	浓碱	-60～120℃	制各种玻璃钢，如汽车车身、舰艇雷达罩、容器、机械电器零部件、泵、头盔等
聚氨酯塑料（PUR）	可机械加工、粘接	常以软硬泡沫体出现，质柔、高弹、吸声、隔热、耐辐射、比刚度大	强氧化剂、氯仿、丙酮	-60～120℃	制保温、防振、消声、吸油等材料，汽车零部件、密封件传送带、绝缘材料等
酚醛塑料（PF）（电木）	压制、注射、发泡，可改性增强	耐磨、尺寸稳定、不易裂变、可水润滑、电绝缘；耐光和着色差	强碱	-60～105℃	制无声齿轮、轴瓦、耐酸泵、阀门、壳体、制动片、绝缘件等
环氧塑料（EP，双酚 A 型）	浇注、模塑、层压、发泡，可改性增强	电绝缘、尺寸稳定、化学稳定	强酸、极性溶剂	-60～200℃	制模具、量具、结构件、各种复合材料、电子器件等

（续）

名称、代号	成型方法	主要性能特点	不耐化学介质	长期使用温度	用途简介
有机硅塑料（SI）	模压、层压，可改性增强	电绝缘、耐候、耐辐射、耐火焰、耐老化、尺寸稳定、憎水、耐电弧	芳烃	-269～300℃	制高温自润滑轴承、齿轮、水汽轴承、喷汽发动机零件、化工机械零件、绝缘件等
聚酰亚胺塑料（PI）	模压、注射、发泡	耐辐射、尺寸稳定、不开裂、不冷流、减摩、耐火焰、电绝缘	强酸、碱	-269～315℃	制高温自润滑轴承、活塞环、密封圈、叶轮与液氮接触阀门、喷气发动机零件、飞机泡沫座垫等

6.1.3 橡胶

橡胶是一类线型柔性高分子聚合物。其分子链柔性好，在外力作用下可产生较大形变，除去外力后能迅速恢复原状。它的特点是在很宽的温度范围内具有优异的弹性，所以又称为弹性体。

按照原料来源，橡胶可分为天然橡胶和合成橡胶。习惯上按用途将合成橡胶分成两类：可以代替天然橡胶的通用橡胶和具有特种性能的特种橡胶。

天然橡胶是指从植物中获得的橡胶，这些植物包括巴西橡胶树（也叫三叶橡胶树）、银菊、橡胶草、杜仲草等。巴西橡胶树含胶量多，质量好，产量最高，采集容易，目前世界天然橡胶总产量的98%以上来自巴西橡胶树。由于天然橡胶具有很好的综合性能，至今天然橡胶的消耗量仍约占橡胶总消耗量的40%。

制备天然橡胶的主要原料是新鲜胶乳。将从树上流出的新鲜胶乳经过一定的加工和处理，可制成浓缩胶乳和干乳。浓缩胶乳中的总固体含量在60%以上，主要用于乳胶制品。干胶按制造方式的不同，又可分为不同的品种。制造烟片胶、皱片胶、风干片胶和颗粒胶的原理步骤基本相同，包括稀释、除杂质、凝固、脱水分、干燥、分级和包装几个步骤，只是各步骤的实施工艺方法略有不同。

天然橡胶具有很好的弹性，其回弹率在0～100℃范围内，可达50%～85%以上；弹性模量为2～4MPa，约为钢的1/30000；伸长率可达1000%以上，为钢铁的300倍。随着温度的升高，生胶会慢慢软化，到130～140℃时完全软化，200℃开始分解；温度降低则逐渐变硬，0℃时弹性大幅度下降。天然橡胶的$t_g=-72℃$，冷到$-72\sim-70℃$以下时，弹性丧失，变为脆性物质。受冷冻的生胶加热到常温，仍可恢复原状。

天然橡胶具有较高的力学性能，纯天然橡胶硫化胶的抗拉强度可达25～35MPa；天然橡胶的撕裂强度也很高，可达98kN/m。

天然橡胶具有很好的耐曲挠疲劳性能，滞后损失小，生热低，并具有良好的气密性、防水性、电绝缘性和隔热性。

天然橡胶具有良好的加工工艺性能，容易进行塑炼、混炼、压延、压出等。

天然橡胶的缺点是耐油性、耐臭氧老化性和耐热氧老化性差，易溶于汽油、苯等非极性有机溶剂，易与硫黄、卤素、卤化氢、氧、臭氧等反应，与臭氧接触几秒钟即发生裂口。

天然橡胶具有较好的综合力学性能和加工工艺性能，可以单用制成各种橡胶制品，也可以与其他橡胶并用，以改进其他橡胶的性能，如成型粘着性、抗拉强度等。它广泛应用于轮胎、胶管、胶带及各种工业橡胶制品，是用途最广的橡胶品种。

第二次世界大战期间，由于军需橡胶量的激增以及工农业、交通运输业的发展，天然橡胶远不能满足需要，这促使人们进行合成橡胶的研究，发展了合成橡胶工业。

合成橡胶是各种单体经聚合反应合成的高分子材料，按其性能和用途可分为通用合成橡胶和特种合成橡胶。

用以替代天然橡胶来制造轮胎及其他常用橡胶制品的合成橡胶称为通用合成橡胶，如丁苯橡胶、顺丁橡胶、乙丙橡胶、乙基橡胶、氯丁橡胶等；凡具有特殊性能，专门用于各种耐寒、耐热、耐油、耐臭氧等特种橡胶制品的橡胶，称为特种合成橡胶，如丁腈橡胶、硅橡胶、氟橡胶、丙烯酸酯橡胶等。

常用橡胶的性能与用途见表 6-3。

表 6-3　常用橡胶的性能与用途

性能	通用橡胶							特种橡胶			
	天然橡胶 NR	丁苯橡胶 SBR	丁基橡胶 BR	顺丁橡胶 HR	氯丁橡胶 CR	丁腈橡胶 NBR	乙丙橡胶 EPDM	聚氨酯 PUR	氟橡胶 FPM	硅橡胶	聚硫橡胶
抗拉强度/MPa	25~30	15~21	18~25	17~21	25~27	15~30	10~25	20~35	20~22	4~10	9~15
伸长率(%)	650~900	500~800	450~800	650~800	800~1000	300~800	400~800	300~500	100~500	50~500	100~700
抗撕性	好	中	中	中	好	中	好	中	中	差	差
使用温度上限/℃	<100	80~120	120	120~170	120~150	120~170	150	80	300	100~300	80~130
耐磨性	中	好	好	中	中	中	中	中	中	差	差
回弹性	好	中	好	中	中	中	中	中	中	差	差
耐油性		—	—	中	好	好	—	好	好	—	好
耐碱性	—	—		好	好	—	—	差	好	—	好
耐老化	—	—	—	好	—	—	好	—	好	—	好
成本		高			高				高	高	
使用性能	高强度、绝缘、防振	耐磨	耐磨、耐寒	耐酸碱、气密、防振、绝缘	耐酸、耐水、气密	耐油、耐碱、耐燃	耐水、绝缘	高强、耐磨	耐油、耐酸碱、耐热、真空	耐热、绝缘	耐油、耐酸碱
工业应用举例	通用制品、轮胎	通用制品、胶布、胶板、轮胎、胶管	轮胎、耐寒运输带、V带、减振器	内胎、水胎、化工衬里、防振品	油漆衬、管道胶带、电缆皮、门窗嵌条	耐油垫圈、油管、油槽衬	汽车配件、散热管、电绝缘件、耐热运输带	实心胎胶辊、耐磨件、特种垫圈	化工衬里、高级密封件、高真空胶件	耐高低温零件、绝缘件、管道接头	丁腈改性用

6.1.4 纤维

纤维是指长度比直径大很多倍并且具有一定柔韧性的纤细物质。纤维是一类发展比较早的高分子材料，棉花、麻、羊毛、蚕丝等都属于天然纤维。随着石油工业、合成技术及化学技术的不断进步，出现了人造纤维及合成纤维，统称为化学纤维。

人造纤维是以天然聚合物为原料，并经过化学处理与机械加工而得到的纤维，主要有粘胶纤维、铜铵纤维、乙酸酯纤维等。

合成纤维是由合成的聚合物制得，品种繁多，已投入工业化生产的有40余种，其中最主要的产品有聚酯纤维（涤纶）、聚氨酯纤维（聚酰胺、锦纶、尼龙）、聚丙烯腈纤维（腈纶）三大类。这三大类纤维的产量占合成纤维总产量的90%以上。

合成纤维具有强度高、耐高温、耐酸碱、耐磨损、质量轻、保暖性好、抗霉蛀、电绝缘性好等特点，而且原料丰富易得，生产不受自然条件的限制，发展比较迅速，广泛应用于纺织工业、国防工业、航空航天、交通运输、医疗卫生等各个主要领域。

常用合成纤维的性能与用途见表6-4。

表6-4 常用合成纤维的性能与用途

商品名称	锦纶	涤纶	腈纶	维纶	氯纶	丙纶	芳纶
化学名称	聚酰胺	聚酯	聚丙烯腈	聚乙烯醇缩醛	含氯纤维	聚烯烃	聚芳香酰胺
密度/$g \cdot cm^{-3}$	1.14	1.38	1.17	1.30	1.39	0.91	1.45
吸湿率(%)	3.5~5	0.4~0.5	1.2~2.0	4.5~5	0	0	3.5
软化温度/℃	170	240	190~230	220~230	60~90	140~150	160
特性	耐磨、强度高、模量低	强度高、弹性好、吸水低、耐冲击；粘着力差	柔软、蓬松、耐晒；强度低	价格低、比棉纤维优异	化学稳定性好、不燃、耐磨	轻、坚固、吸水低、耐磨	强度高、模量大、耐热、化学稳定性好
用途	轮胎帘子布、渔网、缆绳、帆布	电绝缘材料、运输带、帐篷、帘子线	窗布、帐篷、船帆、碳纤维的原料	包装材料、帆布、过滤布、渔网	化工滤布、工作服、安全帐篷	军用被服、水龙带、合成纸、地毯	用于复合材料、飞机驾驶员安全椅、绳索

6.1.5 涂料

涂料是一种涂覆于物体表面能形成坚韧保护膜的物质，可使被涂物体的表面与大气隔离，起保护、装饰、标志等作用以及其他特殊作用（如示温、发光、导电、感光等）。涂料有有机涂料和无机涂料之分，一般所说的涂料是指有机涂料，多数是含有或不含颜料的粘稠状液体。

最早的涂料是用植物油、大漆等天然资源制得的，故名油漆。石油化工和有机合成的发展，为涂料工业提供了许多新的原料来源，以至可以少用或完全不用天然油类，而改用各种合成树脂。所以“油漆”二字已失去其原有含义，但由于习惯，沿用至今，仍可泛指各种有机涂料。

1. 涂料的组成

涂料的组成包括成膜物质、颜料、稀料和各种辅料。

成膜物质是涂料的基础，对涂料和涂膜的性能起决定性的作用，具有粘结涂料中其他组分形成涂膜的功能。可以作为成膜物质使用的物质品种很多，当代的涂料工业主要使用树脂。

以合成树脂为成膜物质的涂料称为合成树脂涂料，有缩聚型和加聚型两类。

属缩聚型的有醇酸树脂、酚醛树脂、环氧树脂、聚酰胺树脂、脲醛树脂、聚氨酯树脂和有机硅树脂等。

属加聚型的有聚氯乙烯树脂和聚乙烯缩醛类树脂等。由此可见，涂料用合成树脂的类型，基本上与塑料、合成橡胶、合成纤维、胶粘剂等相似。但通常涂料用树脂的相对分子质量较低，尤其是热固性树脂的相对分子质量更低，在成膜过程中，通过交联反应生成体型结构的聚合物涂膜。以线型聚合物为主要成膜物质的涂料，若树脂相对分子质量太高，则粘度太大，不符合施工要求；而相对分子质量太低，则涂膜的力学性能较差。

涂料大多含有30%～80%的有机溶剂，其作用是溶解主要成膜物质，以降低涂料的粘度，便于施工。常用的溶剂有甲苯、二甲苯、丙酮、乙醇、乙酸乙酯等。它们中大多是易燃、有毒的。在涂料成膜过程中，这些溶剂逐渐挥发，弥散于空间，污染了环境。由于环境问题越来越受到人们的关注，为减少公害、防治污染、消除火灾、杜绝浪费以及提高涂膜质量，目前涂料工业正朝着“三化”（粉末化、水性化和无溶剂化）方向发展，陆续出现了各种粉末涂料、水乳液涂料、水溶性涂料和无溶剂涂料等。

2. 涂料的分类

涂料有许多命名分类方法，如：

（1）按涂膜外表颜色和光亮度命名　如大红漆、黄漆、有光漆、平光漆、皱纹漆、锤纹漆。

（2）按使用效果命名　如打底漆、防锈漆、防火漆、绝缘漆、耐酸碱漆等。

（3）按组成形态命名　如清漆（又称假漆，俗称凡立水）、色漆、厚漆、调和漆。

（4）按施工方式命名　如喷漆、烘漆、电泳漆。

（5）按使用对象命名　如船壳漆、船底漆、木器漆、地板漆、冰箱漆、烟囱漆等。

按上述命名分类，适应习惯，通俗，但缺点是杂乱，不成系统；按涂料成膜物质（固着剂）的成分来分类是比较合理的。

油基漆是指以干性油为主要基料，磁性漆则以干性油和树脂为主要基料。它们是在干结成膜的过程中，均以氧化和聚合两种化学反应为主的油性漆。

溶液性漆又称树脂漆，是以树脂（如合成树脂或硝酸纤维素等）为主要基料。树脂漆与油基漆的区别主要在于前者不含油，所以在成膜过程中不需要经过干性油的氧化、聚合。有些品种只需等漆中所含溶剂稀料全部挥发即凝结成膜，而有些品种则要通过加热或催化作用使树脂本身聚合成膜。水乳化漆以水为分散介质。

6.1.6 粘合剂

粘合剂也称为胶粘剂，是一种可以把各种材料紧密地结合在一起的物质。

一般来讲，相对分子质量不大的高分子都可以作为粘合剂。比如，作为粘合剂的热塑性树脂有聚乙烯醇、聚乙烯醇缩甲醛、聚丙烯酸酯等；作为粘合剂的热固性树脂有环氧树脂、酚醛树脂、不饱和聚酯等；作为粘合剂的橡胶有氯丁橡胶、丁基橡胶、聚硫橡胶、热塑性弹性体等。

粘合剂一般是多组分体系，除了主要组分外，还有许多辅助成分，辅助成分可以对主要成分起到一定的改性或提高品质的作用。常用的辅料有固化剂、促进剂、硫化剂、增塑剂、填料、溶剂、稀释剂、防老剂等。

常用材料适用的部分粘合剂见表6-5。

表 6-5　常用材料适用的部分粘合剂

材料 粘合剂	钢铁、铝	热固性塑料	硬聚氯乙烯	软聚氯乙烯	聚乙烯聚丙烯	聚酰胺	聚碳酸酯	聚甲醛	ABS	橡胶	玻璃陶瓷	混凝土	木料	皮革
无机胶	可	—	—	—	—	—	—	—	—	—	优	—	—	—
聚氯乙烯-醋酸乙烯	可	—	良	优	—	—	—	—	—	—	—	—	良	可
聚丙烯酸酯	良	良	可	—	—	—	良	—	可	可	良	—	—	良
α-氰基丙烯酸酯	良	良	可	可	可	可	良	—	良	良	良	—	—	—
聚氨酯	良	良	良	可	可	可	良	良	良	良	可	—	优	优
脲醛	—	可	—		—	—	—	—	—	—	—	—	优	—
环氧；胺类固化	优	优	—	—	可	可	—	良	良	可	优	良	良	可
环氧；酸酐固化	优	优	—	—	—	—	良	—	—	—	优	良	良	可
环氧-丁腈	优	良	—	—					可	可	良	—	—	—
酚醛-缩醛	优	优	—	—	—	—	—	—	—	可	良	—	—	—
酚醛-氯丁	可	可	—	—	—	—	—	—	—	优	—	可	可	—
氯丁橡胶	可	可	良	可					可	优	可	—	良	优
聚酰亚胺	良	良	—	—	—	—	—	—	—	—	良	—	—	—

6.1.7 功能聚合物材料简介

功能聚合物材料是聚合物材料领域中发展最快、具有主要理论研究和实际应用的新领域。功能聚合物材料是指除了力学功能、表面和界面功能及部分热学功能（如耐高温塑料）等的聚合物材料，主要包括物理功能（如电学功能、磁学功能、光学功能、热学功能、声学功能等）、化学功能（如反应功能、催化功能、分离功能、吸附功能等）、生物功能（如抗凝血聚合物材料、软组织及硬组织代替材料、生物降解医院高分子材料）和功能转换型（如光电子信息、生态环境等）的聚合物材料。

目前功能聚合物材料以其特殊的电学、光学、医学、仿生学等诸多物理化学性质构成功能材料学科研究的主要组成部分，功能聚合物材料的多样化结构和新颖性功能不仅丰富了聚合物材料研究的内容，而且扩大了聚合物材料的应用领域。

6.2 无机非金属材料

广义上，陶瓷就是无机非金属材料，可以包括陶瓷、玻璃、耐火材料、砖瓦、水泥、石膏等，凡是经原料配制、坯料成形和高温烧结而制成的固体无机非金属材料都叫做陶瓷。狭义上，陶瓷只包括普通陶瓷和特种陶瓷。

按照陶瓷原料来源可分为普通陶瓷（由天然矿物原料制成）和特种陶瓷（由高纯度人工合成的化合物原料制成）；按用途和性能可分为日用陶瓷和工业陶瓷，其中工业陶瓷又分为强调强度、耐热、耐蚀等性能的工程陶瓷，以及具有特殊电、磁、光、热等效应的功能陶瓷；按化学组成可分为硅酸盐陶瓷、氧化物陶瓷、碳化物陶瓷、氮化物陶瓷、硼化物陶瓷、金属陶瓷、复合陶瓷等；按组织形态可分为无机玻璃（即非晶质陶瓷）、微晶玻璃（即玻璃陶瓷）、陶瓷（即结晶质陶瓷）等。

1. 陶瓷材料的性能特点

（1）力学性能　陶瓷有很高的弹性模量，一般高于金属2~4个数量级。陶瓷的硬度很高，一般远高于金属和高聚物。例如，各种陶瓷的硬度多为1000~5000HV，淬火钢为500~800HV，高聚物一般不超过20HV。

陶瓷材料的理论强度很高，然而陶瓷存在大量气孔、缺陷，致密度小，致使它的实际强度远低于理论强度。金属材料的实际抗拉强度和理论强度的比值为1/3~1/50，而陶瓷常常低于1/100。

陶瓷的强度对应力状态特别敏感，它的抗拉强度虽低，但抗压强度高，因此要充分考虑陶瓷应用的场合。

陶瓷一般具有优于金属的高温强度，高温抗蠕变能力强，且有很高的抗氧化性，适宜作高温材料。

陶瓷在室温几乎没有塑性，但在高温慢速加载的条件下，特别是组织中存在玻璃相时，陶瓷也能表现出一定的塑性。陶瓷的韧性低、脆性大，是陶瓷结构材料应用的主要障碍。

（2）物理性能　陶瓷的热膨胀系数比高聚物和金属低得多。陶瓷的导热性比金属差，多为较好的绝热材料。

抗热震性是指材料在温度急剧变化时抵抗破坏的能力，一般用急冷到水中不破裂所能承受的最高温差来表达。多数陶瓷的抗热震性差，例如，日用陶瓷的抗热震性为220℃。

陶瓷的导电性能变化范围很大，多数陶瓷具有良好的绝缘性，是传统的绝缘材料。但有些陶瓷具有一定的导电性，甚至出现陶瓷超导。

（3）化学性能　陶瓷的结构非常稳定，常温下很难同环境中的氧发生作用。陶瓷对酸、碱、盐等的腐蚀有较强的抵抗能力，也能抵抗熔融的有色金属（如铝、铜等）的侵蚀。但在有些情况下，例如，高温熔盐和氧化渣等会使某些陶瓷材料受到腐蚀破坏。

2. 常用工程陶瓷

（1）普通陶瓷　普通陶瓷是以粘土（$Al_2O_3 \cdot 2SiO_2 \cdot 2H_2O$）、长石（$K_2O \cdot Al_2O_3 \cdot 6SiO_2$ 或 $Na_2O \cdot Al_2O_3 \cdot 6SiO_2$）、石英（$SiO_2$）等为原料经配料、成型加工后烧结而成的，有时还加入MgO、ZnO、BaO等化合物来进一步改善性能。

这类陶瓷质地坚硬，不氧化生锈，耐腐蚀，不导电，能耐一定高温，易成型，成本低。因其组织中玻璃相比例大（35%~60%），所以强度低，高温性能不如其他陶瓷。

普通陶瓷除日用外，大量用于建材工业、电器绝缘材料、化工设备以及对力学性能要求不高的耐磨零部件。

（2）氧化物陶瓷　应用最多的氧化物陶瓷有 Al_2O_3、ZrO_2、MgO、CaO、BeO、ThO_2 等。

氧化物陶瓷的组织中除了晶体相外，还有少量的玻璃相和气孔。

1）氧化铝陶瓷。氧化铝陶瓷以 Al_2O_3 为主要成分，Al_2O_3 的质量分数大于46%时称为高铝陶瓷，Al_2O_3 质量分数在90%时称为刚玉瓷。

氧化铝陶瓷的强度大大高于普通陶瓷，硬度很高，仅次于金刚石、立方氮化硼、碳化硼和碳化硅，可达92～93HRA。氧化铝陶瓷的耐高温性能好，刚玉瓷可在1600℃的高温下长期使用，蠕变很小，也不存在氧化的问题。氧化铝陶瓷特别能耐酸碱的侵蚀，高纯度的氧化铝陶瓷能抵抗金属或玻璃熔体的侵蚀。此外它还具有优良的电气绝缘性能。

2）其他氧化物陶瓷。ZrO_2 陶瓷热导率小、耐腐蚀、耐热、硬度高，推荐使用温度为2000～2200℃，主要用于耐火坩埚、工模具、高温炉和反应堆的绝热材料、金属表面的防护涂层等。

MgO、CaO陶瓷能抗各种金属碱性渣的作用，但热稳定性差，它们可用来制造坩埚，MgO可用作炉衬和用于制作高温装置。

BeO陶瓷导热性极好，消散高能射线的能力强，具有很高的热稳定性，但强度不高，用于制造熔化某些纯金属的坩埚，可做真空陶瓷和反应堆陶瓷。

（3）碳化物陶瓷　碳化物陶瓷包括碳化硅、碳化硼、碳化铈、碳化钼、碳化铌、碳化钛、碳化钨、碳化钒、碳化锆等。该类陶瓷的突出特点是具有很高的熔点、硬度（接近金刚石）和耐磨性（特别是在侵蚀性介质中），缺点是耐高温氧化能力差（900～1000℃），脆性极大。

1）碳化硅陶瓷。碳化硅陶瓷是以SiC为主要成分的陶瓷，具有很高的高温强度，在1400℃时抗弯强度仍保持在500～600MPa，工作温度可达1700℃。碳化硅陶瓷有很高的热稳定性、抗蠕变性、耐磨性、耐蚀性和良好的导热性（在陶瓷中仅次于BeO陶瓷），可用于火箭尾喷管的喷嘴、热电偶套管、浇注金属的浇道口、高温轴承、核燃料的包装材料、砂轮磨料等。

2）碳化硼陶瓷。碳化硼陶瓷的硬度极高，抗磨粒磨损能力很强，熔点高达2450℃，但在高温下会快速氧化，并且会与热或熔融的黑色金属发生反应，因此其使用温度限定在980℃以下，主要用途是作为磨料，有时用于超硬质工具材料。

（4）氮化物陶瓷　最常用的氮化物陶瓷为氮化硅（Si_3N_4）和氮化硼（BN）。

1）氮化硅陶瓷。氮化硅陶瓷是以 Si_3N_4 为主要成分的陶瓷。氮化硅陶瓷具有很高的硬度，有自润滑作用，摩擦因数小，耐磨性好；抗氧化能力强，抗热震性大大高于其他陶瓷；优异的化学稳定性，能耐除氢氟酸以外的其他酸性和碱性溶液的腐蚀，以及抗熔融有色金属的侵蚀；还有优良的绝缘性能及较低的热膨胀系数。

氮化硅陶瓷主要用于制造形状简单、精度要求不高的零件，如切削刀具、高温轴承等。反应烧结氮化硅陶瓷（α-Si_3N_4）工艺性好，硬度较低，用于制造形状复杂、精度要求高的零件，并且用于要求耐磨、耐蚀、耐热、绝缘等场合，如泵密封环、热电偶保护套、高温轴承、增压器转子缸套、活塞环、电磁泵管道和阀门等。氮化硅陶瓷还是制造新型陶瓷发动机的重要材料，抗热震性高。氮化硅常用于耐高温、耐磨、耐蚀和绝缘的零件，例如高温轴承、燃气轮机叶片等。

近年来，在氮化硅陶瓷的基础上发展了赛隆（Sialon）陶瓷，它是在 Si_3N_4 中添加一定数量的 Al_2O_3、MgO、Y_2O_3 等氧化物构成的新型陶瓷材料。赛隆陶瓷是目前强度最高的陶瓷，有优异的化学稳定性和耐磨性，抗热震性好，主要用于切削刀具、金属挤压模内衬、与金属材料组成摩擦副或用于汽车上的针型阀、底盘定位销等。

2）氮化硼陶瓷。氮化硼陶瓷分为低压型和高压型两种。低压型氮化硼为六方晶系，结构与石墨相似，又称为白石墨。其硬度较低，有自润滑性，可进行机械加工；化学稳定性好，能抵抗许多熔融金属和玻璃熔体的侵蚀。因此，它可做耐高温、耐腐蚀的润滑剂、耐热涂料和坩埚等。

（5）硼化物陶瓷　最常见的硼化物陶瓷包括硼化铬、硼化铝、硼化钛、硼化钨和硼化锆等。其特点是高硬度，同时具有较好的耐化学侵蚀能力。其熔点范围为1800～3000℃，比起碳化物陶瓷，硼化物陶瓷具有较高的抗高温氧化性能，使用温度达1400℃。硼化物陶瓷主要用于高温轴承、内燃机喷嘴、各种高温器件、处理熔融非铁金属的器件等。此外，二硼化物如 ZrB_2、TiB_2 还有良好的导电性，电阻率接近铁或铂，可用于电极材料。

常用陶瓷材料的性能见表6-6。

表6-6　常用陶瓷材料的性能

类别	材料		密度/g·cm^{-3}	抗弯强度/MPa	抗拉强度/MPa	抗压强度/MPa	断裂韧度/MPa·m$^{1/2}$
普通陶瓷	普通工业陶瓷		2.2～2.5	65～68	26～36	460～680	—
	化工陶瓷		2.1～2.3	30～60	7～12	80～140	0.98～1.47
特种陶瓷	氧化铝陶瓷		3.2～3.9	250～490	140～150	1200～2500	4.5
	氮化硅陶瓷	反应烧结	2.20～2.27	200～340	141	1200	2.0～3.0
		热压烧结	3.25～3.35	900～1200	150～275	—	7.0～8.0
	碳化硅陶瓷	反应烧结	3.08～3.14	530～700	—	—	3.4～4.3
		热压烧结	3.17～3.32	500～1100	—	—	—
	氮化硼陶瓷		2.15～2.3	53～109	110	233～315	
	立方氧化锆陶瓷		5.6	180	148.5	2100	2.4
	Y-TZP陶瓷		5.94～6.10	1000	1570		10～15.3
	Y-PSZ陶瓷		5.00	1400	—	—	9
	氧化镁陶瓷		3.0～3.6	160～280	60～98.5	780	—
	氧化铍陶瓷		2.9	150～200	97～130	800～1620	—
	莫来石陶瓷		2.79～2.88	128～147	58.8～78.5	687～883	2.45～3.43
	赛隆陶瓷		3.10～3.18	1000	—	—	5～7

（6）玻璃　玻璃是指熔融物在冷却凝固过程中因熔体粘度大，原子或分子不能作充分扩散结晶而得到的一种保持熔体结构的非晶态固体无机材料，可看做是孔隙率为零的非晶质陶瓷。

玻璃的理论强度很高，而实际强度仅为理论强度的1%以下。其具有很高的抗压强度，而抗拉强度较低。玻璃的硬度比较高，脆性很大。常温下，玻璃一般是绝缘体，随着温度的上升，玻璃的导电性迅速提高，达到熔融状态时，玻璃成为良导体。玻璃的导热性很差，一般不耐温度变化，热膨胀系数较小。玻璃的化学性质较稳定，但不耐氢氟酸和碱。

工业上大量生产的是以一定纯度的硅砂、石灰石、纯碱等为原料，在 1550～1600℃下熔融、成形、冷却而制得的钠钙硅酸盐玻璃，其可透各种可见光，吸收红外线及紫外线，广泛应用于建筑平板玻璃、瓶罐玻璃等。

如果用钾长石代替钠长石，则制成比钠钙玻璃更硬、更光泽的钾钙玻璃，用于化学实验容器、高级玻璃日用品以及透红外玻璃；如果用氧化铅代替氧化钙，则成为折射率大、易吸收高能射线的铅玻璃，可用于荧光灯管、显像管、光线镜片、艺术器皿等；如加入某些成核物（如 TiO_2、P_2O_5、ZrO_2 等），经热处理后可得到晶粒尺寸为 0.1～1μm、晶相体积占 90% 以上的微晶玻璃，其膨胀系数很小，抗热冲击特性好，可透过微波；如在原料中加入一定量的金属氧化物或其他化合物，使玻璃带色而制得透明彩色玻璃，如加入氧化钴可着蓝色。

含 100% SiO_2 的石英玻璃又称为水晶玻璃，其耐高温、耐热震、膨胀系数低，光学均匀性和透明性均很高，并能透过紫外线和红外线，是制作高级光学仪器及耐高温、耐高压等特殊制品的理想材料。

如果将平板玻璃在加热炉中加热到接近软化点温度（约 650℃），出炉后立即向玻璃两面吹冷空气，则造成表层和中心层因收缩不均匀而使表层存在压应力，中心层存在拉应力。这种玻璃强度很高，破碎后玻璃呈细小无尖锐棱角，即汽车上常用的钢化玻璃。如果在两层钢化玻璃中间夹一层强韧透明的高分子塑料膜，热压粘合后即得到所谓的安全玻璃或防弹玻璃。

6.3 复合材料

复合材料是指由两种以上在物理或化学上不同的物质组合起来而得到的一种多相固体材料。复合材料是一种既古老又年轻的材料。如旧时农村盖房子用的“托坯”就是土与麦秸的人工复合材料，而自然界实际上就存在着天然复合材料，如木材就是纤维素和木质素的复合物。而钢筋混凝土则是钢筋和水泥、砂、石的人工复合材料。

复合材料的优越性在于它的性能比其组成材料要好得多。此外，可以按照构件的结构和受力要求，对复合材料进行最佳设计，以获得合理的性能，最大地发挥材料的潜力。随着近代科学技术的发展，特别是航天、核工业等尖端技术的突飞猛进，复合材料越来越引起人们的重视，新型复合材料的研制和应用也越来越多。

6.3.1 复合材料的性能特点

复合材料是各向异性的高强度非均质材料。由于增强相和基体是形状和性能完全不同的两种材料，它们之间的界面又具有分割的作用，因此它不是连续的和均质的，其力学性能是各向异性的，特别是纤维增强复合材料更为突出。它们的主要性能特点简述如下：

1. 比强度和比模量

宇航、交通运输及机械工程中高速运转的零件都要求减轻自重而保持高的强度及高的刚度，即具有高比强度（强度与密度之比）和高比模量（模量与密度之比）。例如分离铀用离心机转筒，线速度超过 400m/s，所用碳纤维增强环氧树脂复合材料，其比强度比钢高 7 倍，比模量比钢高 3 倍。而复合材料中所用的增强剂多为密度较小、强度极高的纤维（如玻璃纤维、碳纤维、硼纤维等），而基体也多为密度较小的材料（如高聚物），基体和增强剂密度都大的情况不多。所以复合材料的比强度和比模量都很高，在各类材料中是最高的，见表 6-7。

表 6-7　各类材料强度性能的比较

材　料	密度 /g·cm⁻³	抗拉强度 /MPa	弹性模量 /GPa	比强度 /MPa·(g/cm³)⁻¹	比模量 /GPa·(g/cm³)⁻¹
钢	7.8	1010	206	129	26
铝	2.7	461	74	165	26
钛	4.5	942	112	209	25
玻璃钢	2.0	1040	39	520	20
碳纤维Ⅱ-环氧树脂	1.45	1472	137	1015	95
碳纤维Ⅰ-环氧树脂	1.6	1050	235	656	147
有机纤维 PRD-环氧树脂	1.4	1373	78	981	56
硼纤维-环氧树脂	2.1	1344	206	640	98
硼纤维-铝	2.65	981	196	370	74

2. 抗疲劳性能

在纤维增强复合材料中，增强纤维由于缺陷较少，本身的抗疲劳能力就很高，而塑性较好的基体又能减少或消除应力集中，使疲劳源（纤维和基体的缺陷处、界面上的薄弱点）难以萌生微裂纹。即使微裂纹形成，裂纹的扩展过程也与金属材料完全不同。这类材料基体中存在着大量的纤维，因而裂纹的扩展常要经历非常曲折、复杂的路径，或者说这种结构类型的材料在一定程度上阻止了裂纹的扩展，促使复合材料疲劳强度的提高。碳纤维增强树脂的疲劳强度为其抗拉强度的 70% ~80%，而一般金属材料仅为其抗拉强度的 40% ~50%。

3. 减振性能

结构的自振频率与结构本身的形状有关，并且与材料的比模量的平方根成正比，复合材料的比模量高，所以它的自振频率很高，在一般的加载速度或频率的情况下，不易发生共振而快速脆断。此外，复合材料是一种非均质的多相材料体系，大量存在的纤维与基体间的界面吸振能力强，阻尼特性好，即使复合材料中有振动存在也会很快衰减。

4. 高温性能

各种增强纤维大多具有较高的弹性模量，因而，多有较高的熔点和较高的高温强度。金属材料与各种增强纤维组成复合材料后，其弹性模量和高温强度均有改善，明显地改善了单一材料的耐高温性能。

5. 断裂安全性

纤维增强复合材料每平方厘米截面上，有几千甚至几万根纤维，在其受力时将处于力学上的静不定状态。当受力、过载使一部分纤维断裂时，其应力将迅速重新分配在未断纤维上，不致造成构件在瞬间完全丧失承载能力而破坏，所以断裂的安全性高。

复合材料除上述几种特性外，其减摩性、耐蚀性及工艺性能也均良好。但是复合材料也存在一些问题，如断裂伸长小，冲击韧性较差，因是各向异性材料，其横向抗拉强度和层间抗剪强度不高，特别是制造成本较高等，使复合材料的应用受到一定的限制，尚需进一步研究解决，以便逐步推广使用。

复合材料的种类很多，分类方法也不尽统一。复合材料可由金属材料、高分子材料和陶瓷材料中任两种或几种制备而成。常见分类方法如下：

- 复合材料
  - 按基体相的种类
    - 聚合物基复合材料
      - 热固性
      - 热塑性
      - 橡胶
    - 金属基复合材料
    - 陶瓷基复合材料
    - 石墨基复合材料（碳碳复合材料）
    - 混凝土基复合材料
  - 按用途
    - 结构复合材料
    - 功能复合材料
    - 智能复合材料
  - 按增强相的种类
    - 颗粒增强
    - 晶须增强
    - 纤维增强
      - 单层复合材料
        - 长纤维
        - 短纤维
      - 多层复合材料
        - 层板复合
        - 混杂复合
  - 按增强相的形状
    - 零维（颗粒状）
    - 一维（纤维状）
    - 二维（片状或平面织物）
    - 三维（三向编织体）

6.3.2 树脂基复合材料

树脂基复合材料（也称聚合物基础复合材料）是目前应用最广泛、消耗量最大的一类复合材料。该类材料主要以纤维增强的树脂为主，最早开发的树脂基复合材料是 20 世纪 40 年代开发的，以玻璃纤维增强的塑料（俗称玻璃钢）问世以来，工程界才明确提出“复合材料”这一术语。

根据增强体的种类，树脂基复合材料可分为玻璃纤维增强树脂基复合材料、碳纤维增强树脂基复合材料、硼纤维增强树脂基复合材料、碳化硅纤维增强树脂基复合材料、芳纶纤维增强树脂基复合材料及晶须增强树脂基复合材料等类型；又可根据树脂基体的性质，分为热固性树脂基复合材料和热塑性树脂基复合材料两种基本类型。

1. 热固性树脂基复合材料

热固性树脂基复合材料是以各种热固性树脂为基体，加入各种增强纤维复合而成的复合材料。在复合材料中，树脂起到将纤维粘接成一整体，在增强纤维之间传递载荷的作用。复合材料的韧性、层间抗剪强度、抗压强度、热稳定性、抗氧化性能、吸湿性能、成形加工性能也主要取决于树脂基体。

（1）热固性玻璃钢　玻璃纤维增强热固性树脂俗称为玻璃钢，是最早发展的一种热固性树脂基复合材料，它是由 60% ~70% 的玻璃纤维或玻璃制品与 30% ~40% 的热固性树脂（通常为环氧、酚醛、聚酯及有机硅胶）复合而成。

该种复合材料具有成型工艺简单、强度高、密度低、耐腐蚀、介电性高、电波穿透性好、耐热性好等优点。此外，其强度表现在沿纤维方向的强度高，层间强度低，纤维平面内的径向强度高，纬向强度低。热固性玻璃钢的弹性模量仅为结构钢的 10% ~20%，工作温度不超过 250℃，在高温下长期受力时易发生蠕变及老化现象。

热固性玻璃钢的性能、特点与应用见表 6-8。

表 6-8　热固性玻璃钢的性能、特点与应用

材料类型 / 性能特点	环氧树脂玻璃钢	聚酯树脂玻璃钢	酚醛树脂玻璃钢	有机硅树脂玻璃钢
密度/g·cm^{-3}	1.73	1.75	1.80	
抗拉强度/MPa	341	290	100	210
抗压强度/MPa	311	93		61
抗弯强度/MPa	520	237	110	140
特点	耐热性较高，150～200℃下可长期工作，耐瞬时超高温。价格低，工艺性较差，收缩率大，吸水性大，固化后较脆	强度高，收缩率小，工艺性好，成本高，某些固化剂有毒性	工艺性好，适用各种成形方法，做大型构件，可机械化生产。耐热性差，强度较低，收缩率大，成形时有异味，有毒	耐热性较高，200～250℃可长期使用。吸水性低，耐电弧性好，防潮，绝缘，强度低
用途	主承力构件，耐蚀件如飞机、宇航器等	一般要求的构件如汽车、船舶、化工件	飞机内部装饰件、电工材料	印制电路板、隔热板等

(2) 聚酰亚胺树脂复合材料　聚酰亚胺树脂复合材料是一类综合性能优异的耐高温芳杂环高聚物基复合材料，具有优异的高温物理性能和力学性能，可在高于200℃的环境下长期工作，300℃时的强度保持率在50%以上。其缺点为成型固化温度高、粘接性能低。

(3) 双马来酰亚胺树脂复合材料　以双马来酰亚胺树脂（BM1）为基体的复合材料，是当代先进树脂基复合材料的最新发展。该类材料结合了环氧树脂与聚酰亚胺复合材料的优点，具有优异的综合性能，如强度高、弹性模量高、耐湿热性好、冲击韧性高、耐燃、低毒等，而且还具有良好的成型工艺性能，借助于基体与同类树脂及异类树脂的共混改性，可提供满足不同应用需求的高性能复合材料。

2. 热塑性树脂基复合材料

热塑性树脂基复合材料是以各种热塑性树脂为基体的复合材料，常用的增强体主要为玻璃纤维、碳纤维、芳纶纤维或由它们制成的混杂纤维。其中的典型是热塑性玻璃钢。

热塑性玻璃钢即玻璃纤维增强的热塑性树脂基复合材料，常用的基体有尼龙、聚乙烯、聚苯乙烯、聚碳酸酯等。热塑性玻璃钢的强度通常比热固性玻璃钢的低，因此前者的应用范围和使用数量均不如后者，但由于热塑性玻璃钢密度低，生产效率高，成本低，因此其用量正在逐年增加。表 6-9 所列是常见热塑性玻璃钢的性能与用途。

表 6-9　常见热塑性玻璃钢的性能与用途

材料	密度/g·cm^{-3}	抗拉强度/MPa	弯曲模量/$\times 10^2$MPa	特性及用途
尼龙 66 玻璃钢	1.37	182	91	刚度、强度、减摩性好，制造轴承、轴承架、齿轮等精密件、电工件、汽车仪表及前后灯等
ABS 玻璃钢	1.28	101	77	化工装置、管道、容器等
聚苯乙烯玻璃钢	1.28	95	91	汽车内饰、收音机机壳、空调叶片等
聚碳酸酯玻璃钢	1.43	130	84	耐磨、绝缘仪表等

6.3.3 金属基复合材料

金属基复合材料除与树脂基复合材料同样具有强度高、模量高和热膨胀系数低的特性外，其工作温度可达300～500℃或者更高，同时具有不易燃烧、不吸潮、导热导电、屏蔽电磁干扰、热稳定性及抗辐射性能好、可机械加工和常规连接等特点，而且在较高温度的情况下不会放出气体污染环境，这是树脂基复合材料所不能比的。但金属基复合材料也存在着密度较大、成本较高、一些种类复合材料制备工艺复杂以及某些复合材料中增强体与基体界面易发生化学反应等缺点。

目前备受研究者和工程界关注的金属基复合材料有长纤维增强型、短纤维或晶须增强型、颗粒增强型以及共晶定向凝固型复合材料，所选用的基体主要有铝、镁、钛及其合金、镍基高温合金以及金属间化合物。

金属基复合材料按增强相的种类、形态分类和按金属基体类型的分类如下：

- 金属基复合材料
  - 按增强相分类
    - 纤维增强
      - 碳纤维
      - 硼纤维
      - 碳化硅纤维
      - 氧化铝纤维
      - 碳与石墨纤维
    - 颗粒增强（金属陶瓷）
      - 氧化物基
      - 碳化物基
    - 晶须增强：碳化硅、氮化硅、碳化硼
  - 按金属基体分类
    - 铝基
    - 钛基
    - 镁基
    - 高温合金基

表6-10列出了几种典型金属基复合材料的性能。

表6-10 几种典型金属基复合材料的性能

材料	硼纤维增强铝	CVD碳化硅增强铝	碳增强铝	碳化硅晶须增强铝	碳化硅颗粒增强铝
增强相体积分数(%)	50	50	35	18～20	20
抗拉强度/MPa	1200～1500	1300～1500	500～800	500～620	400～510
拉伸弹性模量/GPa	200～220	210～230	100～150	96～138	110
密度/g·cm^{-3}	2.6	2.85～3.0	2.4	2.8	2.8

6.3.4 其他类型的复合材料

1. 夹层复合材料

夹层复合材料是一种由上下两块薄面板和芯材构成的夹心结构复合材料。面板可以是金属薄板，如铝合金板、钛合金板、不锈钢板、高温合金板，也可以是树脂基复合材料板；芯材则采用泡沫塑料等。

设计和使用夹层复合材料的目的：一方面是为减轻结构的质量；另一方面是为提高构件的

刚度和强度。典型的例子是目前在航天和航空结构件中普遍应用的蜂窝夹层结构复合材料，其基本结构形式是在两块面板之间夹一层蜂窝夹层，蜂窝夹层与面板之间采用钎焊或粘结剂连接在一起。

2. 碳/碳复合材料

碳/碳复合材料是由碳纤维骨架和碳基体组成的。碳/碳复合材料的性能随所用碳基体骨架用碳纤维性质、骨架的类型和结构、碳基质所用原料及制备工艺、碳的质量和结构、碳/碳复合材料制成工艺中各种物理和化学变化、界面变化等因素的影响而有很大差别。

碳/碳复合材料最初用于航天工业，作为战略导弹和航天飞机的防热部件，如导弹头锥和航天飞机机翼前缘，能承受返回大气层时高达数千摄氏度的温度和严重的空气动力载荷。碳/碳复合材料还适用于火箭和喷气式飞机发动机后燃烧室的喷管用高温材料。

高速飞机用制动盘是碳/碳复合材料用量最大的耐磨材料，例如波音 747-400 客机的制动系统，每架飞机用复合材料比用金属耐磨材料轻 900kg，使用中抗磨损性高，热膨胀性小，飞机的维修期长。

碳/碳复合材料可以用于制造超塑性成形工艺中的热锻压模具，还可用于制造粉末冶金中的热压模具。在核工业部门碳/碳复合材料用于原子反应堆作为氦冷却反应器的热交换器；在浓缩铀工程中用以制造耐六氟化铀的部件；在涡轮压气机中可用于制造涡轮叶片和涡轮盘的热密封件。

碳/碳复合材料具有极好的生物相容性，即与血液、软组织和骨骼能相容，而且有较高的比强度和可挠曲性，可供制成许多生物体整形植入材料，如人工牙齿、人工骨关节等。

思　考　题

1. 什么是聚合物材料？聚合物力学性能的最大特点是什么？
2. 试简述常用工程塑料的种类、性能特点及应用。
3. 什么是陶瓷材料？它的主要结合键是什么？从结合键的角度解释陶瓷材料的性能特点。
4. 简述常用工程结构陶瓷的种类、性能特点及其应用。
5. 什么是复合材料？其结构有何特点？它对基体有什么要求？
6. 复合材料的性能有什么特点？
7. 常用的增强纤维有哪些？试比较它们的性能特点。
8. 请列举几种（至少 4 个）应用复合材料的实际例子。

第7章 新型材料

教学基本要求

1. 熟悉形状记忆效应原理，了解形状记忆合金的功能及应用。
2. 熟悉非晶态金属的结构特点、分类、功能及应用场合。
3. 熟知超导材料的基本性质、分类、性能及应用。
4. 了解储氢技术原理、储氢合金的条件及应用。
5. 了解纳米材料的性质、种类、性能及应用

7.1 形状记忆合金

形状记忆是指具有初始形状的制品变形后，通过热、电、光等物理刺激或者化学刺激处理又可以恢复初始形状的功能，具有形状记忆功能的材料称为形状记忆材料(Shape Memory Materials，简称 SMM)。形状记忆合金是目前形状记忆材料中形状记忆性能最好的材料，目前已开发成功的形状记忆合金有 Ti-Ni 基形状记忆合金、铜基形状记忆合金、铁基形状记忆合金等。

7.1.1 形状记忆效应原理

冷却时高温母相转变为马氏体的开始温度 *Ms* 与加热时马氏体转变为母相的起始温度 *As* 之间的温度差称为热滞后。普通马氏体相变的热滞后大，在 *Ms* 以下马氏体瞬间形核和长大，随温度下降，马氏体数量增加是靠新核形成和长大实现的。而形状记忆合金中的马氏体相变热滞后非常小，在 *Ms* 以下升降温时马氏体数量减少或增加是通过马氏体片缩小或长大来完成的，母相与马氏体相界面可逆向光滑移动。这种热滞后小、冷却时界面容易移动的马氏体相变称为热弹性马氏体相变。

如图 7-1 所示，当形状记忆合金从高温母相状态(见图 7-1a)冷却到低于 *Ms* 点的温度后，将发生马氏体相变(见图 7-1b)，这种马氏体与钢中的淬火马氏体不一样，通常它比母相还软，为热弹性马氏

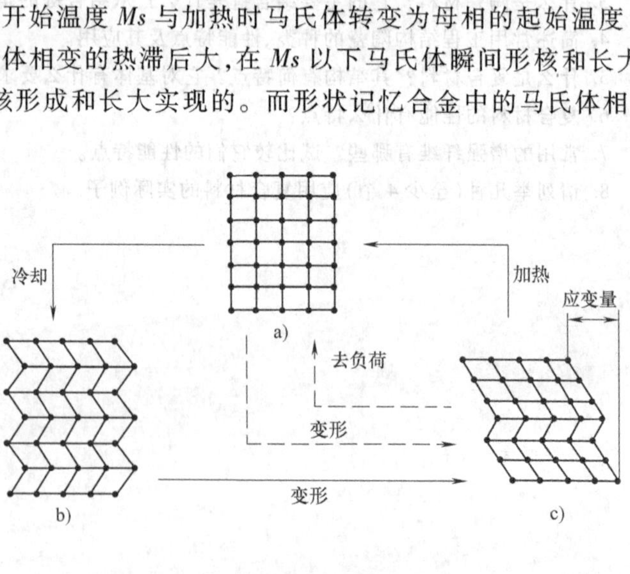

图 7-1 形状记忆合金和超弹性变化的机理示意图

a)母相 b)马氏体相 c)变形马氏体相

体。在马氏体范围变形成为变形马氏体(见图7-1c),在此过程中,马氏体发生择优取向,处于有利取向的马氏体片长大,而处于不利取向的马氏体被有利取向的吞并,最后成为单一有利取向的有序马氏体。形状记忆效应产生的主要原因是由于相变。大部分形状记忆合金相变是热弹性马氏体相变。一般称高温相为母相,低温相为马氏体相。

将母相冷却变成马氏体,然后经塑性变形改变形状,再重新加热到 *As* 以上,使其发生逆转变。当马氏体完全消失时,样品完全恢复母相形状,这种记忆效应称为单向形状记忆效应(见图7-2a),一般无特殊说明,都是指的这种效应,英文缩写为SME。有些合金不但对母相有记忆效应,而且从母相再次冷却成马氏体时,它还恢复原马氏体的形状,这种现象为可逆形状记忆效应或双向形状记忆效应(图7-2b)。第三种形状记忆效应是在Ti-Ni合金系中发现的。这种Ti-Ni合金在冷热循环过程中,形状可恢复到与母相刚好完全相反的形状,这种现象为全方位形状记忆效应(见图7-2c)。

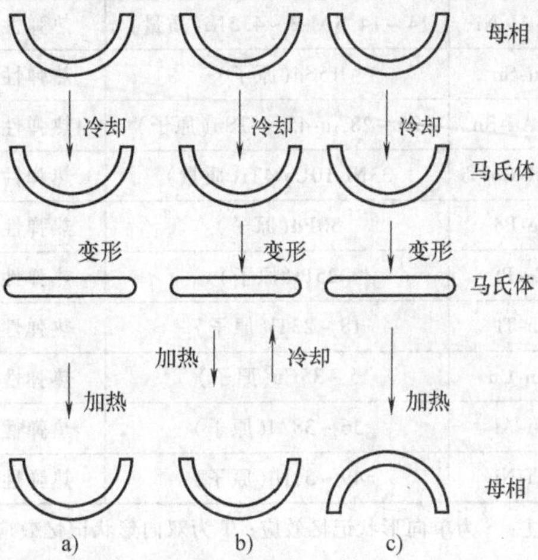

图7-2 形状记忆效应分类示意图(没按比例)
a)单向形状记忆效应 b)可逆形状记忆效应
c)全方位形状记忆效应

形状记忆合金应具备以下三个条件:①马氏体相变是热弹性类型的;②马氏体相变通过孪生(切变)完成,而不是通过滑移产生;③母相和马氏体相均属有序结构。

如果直接对母相施加应力,也可由母相(见图7-2a)直接形成变形马氏体(见图7-2c),这一过程称为应力诱发马氏体相变。应力去除后,变形马氏体又变回该温度下的稳定母相,恢复母相原来形状,应变消失,这种现象称为超弹性或伪弹性。超弹性发生于滑移变形临界应力较高时。此时,在 *As* 温度以上,外应力只要高于诱发马氏体相变的临界应力,就可以产生应力诱发马氏体,去除外力,马氏体立即转变为母相,变形消失。超弹性合金的弹性变形量可达百分之几到20%,且应力与应变是非线性的。

7.1.2 形状记忆合金及应用

迄今为止,已开发成功的形状记忆合金有十多个系列,五十多个品种,包括Au-Cd、Ag-Cd、Cu-Zn、Cu-Zn-Al、Cu-Zn-Sn、Cu-Zn-Si、Cu-Sn、Cu-Zn-Ga、In-Ti、Au -Cu-Zn、Ni-Al、Fe-Pt、Ti-Ni、Ti-Ni-Pd、Ti-Nb、U-Nb和Fe-Mn-Si等。已实用化的形状记忆合金只有Ti-Ni合金和Cu-Al合金,其中Ti-Ni合金由于有较好的加工性、耐蚀性及优良的生物适应性,应用更普遍。根据现有资料,将各种形状记忆合金汇总于表7-1。

表7-1 具有形状记忆效应的合金

合金	组成(%)	相变性质	*Ms*/℃	热滞后/℃	体积变化(%)	有序无序	记忆功能
Ag-Cd	44~49Cd(原子)	热弹性	-190~-50	约15	-0.16	有	S
Au-Cd	46.5~50Cd(原子)	热弹性	-30~100	约15	-0.41	有	S

（续）

合　金	组成(%)	相变性质	Ms/℃	热滞后/℃	体积变化(%)	有序无序	记忆功能
Cu-Zn	38.5~41.5Zn(原子)	热弹性	-180~-10	约10	-0.5	有	S
Cu-Zn-X	X=Si、Sn、Al、Ga(质量)	热弹性	-180~100	约10	—	有	S,T
Cu-Al-Ni	14~14.5Al-3~4.5Ni(质量)	热弹性	-140~100	约35	-0.30	有	S,T
Cu-Sn	15Sn(原子)	热弹性	-120~-30	—	—	有	S
Cu-Au-Sn	23~28Au-45~47Sn(原子)	热弹性	-190~-50	约6	-0.15	有	S
Fe-Ni-Co-Ti	33Ni-10Co-4Ti(质量)	热弹性	约-140	约20	0.4~2.0	部分有	S
Fe-Pd	30Pd(原子)	热弹性	约-100	—	—	无	S
Fe-Pt	25Pt(原子)	热弹性	约-130	约3	0.5~0.8	有	S
In-Tl	18~23Tl(原子)	热弹性	60~100	约4	-0.2	无	S,T
Mn-Cu	5~35Cu(原子)	热弹性	-250~185	约25	—	无	S
Ni-Al	36~38Al(原子)	热弹性	-180~100	约10	-0.42	有	S
Ti-Ni	49~51Ni(原子)	热弹性	-50~100	约30	-0.34	有	S,T,A

注：S为单向形状记忆效应；T为双向形状记忆效应；A为全方位形状记忆效应。

由于形状记忆合金的奇特功能，因而广泛应用于航空航天、机械电子、生物医疗、桥梁建筑、汽车工业及日常生活等多个领域。形状记忆合金在工程上的应用最早的就是做各种结构件，如紧固件、连接件、密封垫等。另外，也可以用于一些控制元件，如一些与温度有关的传感及自动控制。

1. 工程上的应用

（1）用形状记忆合金做紧固件、连接件　用作连接件是形状记忆合金用量最大的一项用途。其原理是预先将形状记忆合金管接头内径做得比待接管外径小4%，在Ms以下马氏体非常软，可将接头扩张插入管子，当连接管渐渐升温到高于Ms的使用温度下，它将收缩到其记忆的形状，接头内径将复原，从而将管子牢牢地连接起来。美国Raychern公司用Ti-Ni记忆合金做F-14战斗机管接头已超过30万个，至今无一例失败。形状记忆合金作为铆钉，可用于各类连接装置的结合，也有望用于原子能工业中依靠远距离操作进行的组装工作。用记忆合金做铆钉，其铆接过程如图7-3所示。

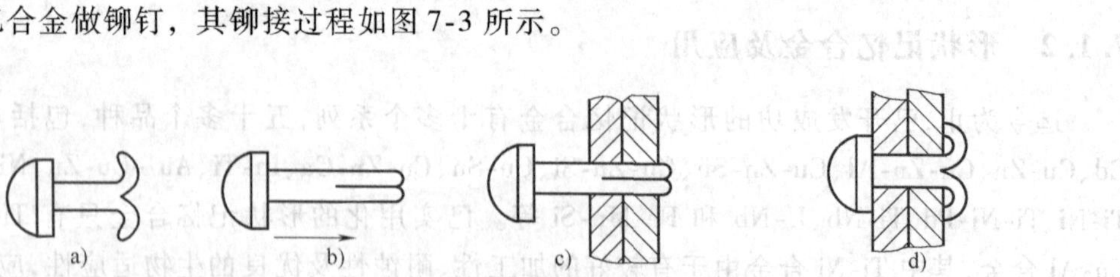

图7-3　形状记忆铆钉的铆接过程示意图

a）成形（$T>Ms$）　b）施力扳直（$T<Mf$）　c）插入（$T<As$）　d）加热（$T>Af$）（T=工作温度）

形状记忆合金还可以作为低温配合连接应用在飞机的液压系统以及体积较小的石油、石化、电工业产品中。

另一种连接件的形状是焊接的网状金属丝，用于制造导体的金属丝编织层的安全接头。这种连接件已经用于密封装置、电气连接装置、电子工程机械装置，并能在-65~300℃可靠地工作。

(2) 做驱动器　利用形状记忆合金弹簧可以制作热敏驱动元件用于自动控制。图 7-4 所示为美国和日本生产的育苗室、温室等天窗自动控制器。它是一种典型的单程记忆合金簧和偏置压缩弹簧构成的驱动器。用 Cu-Zn-Al 合金制成螺旋簧，当室温高于 18℃时，形状记忆合金簧就压迫偏压弹簧，驱动天窗开始打开，到 25℃时天窗全部打开通风。当温度低于 18℃，则偏压弹簧压缩记忆合金簧，驱动天窗全部关闭。这种形状记忆元件的特点是它同时起到温度传感器和驱动器两种功能。将形状记忆合金制作成一个可打开和关闭快门的弹簧，用于保护汽车上的雾灯免于被飞行碎片击坏；用于制造精密仪器或精密车床，一旦由于振动、碰撞等原因变形，只需加热即可排除故障。类似功能的器件，还有空调器阀门、取暖温度调节器、恒温器及电水壶、电饭锅等。

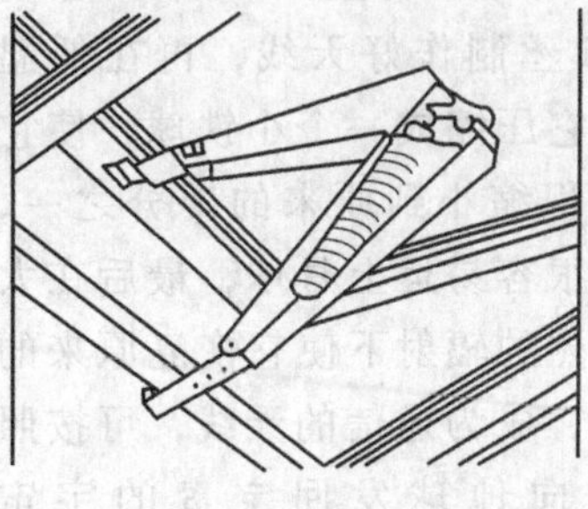

图 7-4　用 Cu 及形状记忆合金簧制作的天窗开闭装置

(3) 做能量转换器　利用形状记忆合金的双向记忆功能可制造机器人部件，还可制造热机，实现热能与机械能的转换。利用形状记忆效应制作热力发动机是能量转换器最典型的实例，其作用原理如图 7-5 所示，当温度在 T_{Mf}点以下时，长为 L_0 的形状记忆合金簧，由于载荷 F_1 的作用而收缩为 L_1，再添加更重的载荷 F_2并加热到 T_{Af}点以上，螺旋簧产生逆转变而长到原来长度 L_0。回程的距离为 L_0-L_1，这样一个循环可做功为（F_2+F_1）（L_0-L_1）。因此，可借助热水和冷水的温差实现循环，使形状记忆合金产生机械运动而做功。

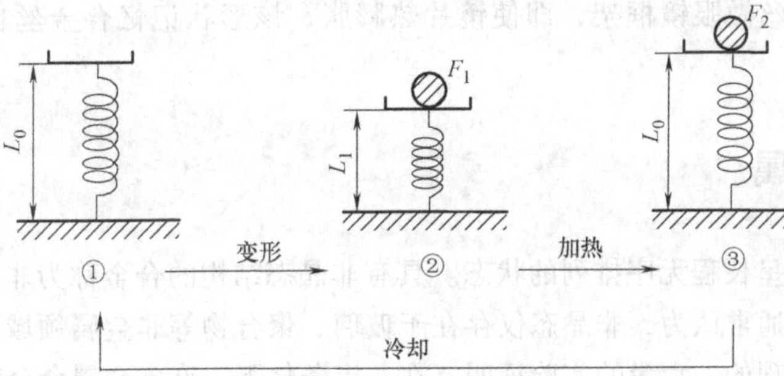

图 7-5　应用形状记忆效应制作热力发动机的原理示意图

2. 生物医疗上的应用

形状记忆合金在医学上也有应用，以 Ni-Ti 记忆合金应用最有成效。由于 Ni-Ti 记忆合金具有良好的生物相容性，而且在各种生理溶液或介质中有良好的耐蚀性，我国已将其用于齿形矫正用丝、脊椎侧弯矫正棒、骨折固定板、妇女避孕环等，居世界先进水平。例如用超弹性 Ti-Ni 合金做牙齿矫形丝，即使应变高达 10% 也不会产生塑性变形，而且应力诱发马氏体相变（Stress-induced Martensite）使弹性模量呈非线性特性，即应变增大时矫正力波动很小。这种材料不仅操作简单，疗效好，也可减轻患者不适感。利用形状记忆含金还可制作人工心脏瓣膜、血管过滤网、防止血栓的静脉过滤器等。

3. 航空航天工业中的应用

形状记忆合金已应用到航空和太空装置，如用于制造探索宇宙奥秘的月球天线（见图

7-6）。人们利用形状记忆合金在高温环境下将呈马氏体状态的Ni-Ti丝制作好天线，再在低温下把它压缩成一个小铁球，使它的体积缩小到原来的千分之一，这样很容易运上月球，最后在太阳强烈的辐射下使它恢复原来的形状，成为通信的天线，可按照需求向地球发回宝贵的宇宙信息。

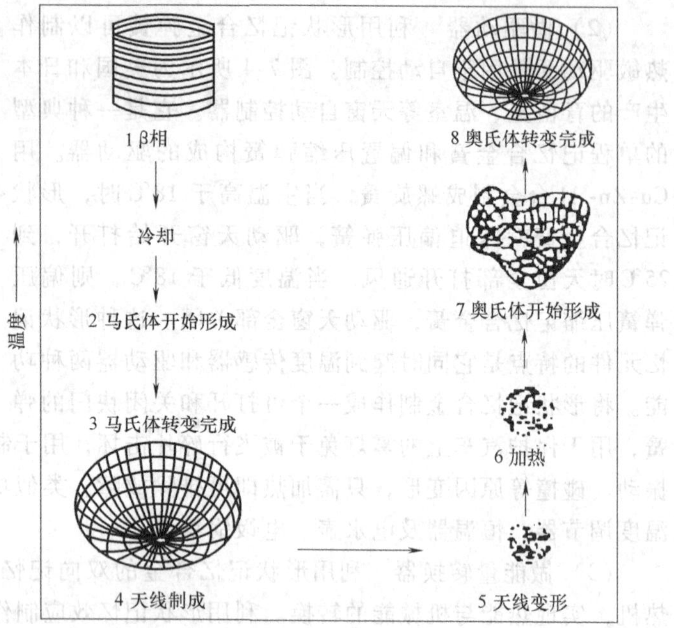

图 7-6　月球天线工作原理示意图

另外，在卫星中使用的一种可打开容器的形状记忆释放装置，该容器可用于保护灵敏的探测器免受装配和发射期间的污染。

4. 日常生活应用

在日常生活中，已开发的形状记忆装置可用来防止在洗涤槽、浴盆和浴室中被热水意外烫伤。如果水龙头流出的水温达到可能烫伤人的温度（大约48℃）时，形状记忆合金驱动阀门关闭，直到水温降到安全温度，阀门才重新打开。此外，用超弹性Ti-Ni合金丝做眼镜框架，即使镜片热膨胀，该形状记忆合金丝也能靠超弹性的恒定力夹牢镜片。

7.2　非晶态金属

非晶态是指原子呈长程无序排列的状态。具有非晶态结构的合金称为非晶态合金，非晶态合金又称金属玻璃。通常认为，非晶态仅存在于玻璃、聚合物等非金属领域，而传统的金属材料都是以晶态形式出现的。大量的实验证明，在一定条件下，许多金属合金都能形成玻璃态。

早在20世纪50年代，人们就从电镀膜上了解到非晶态合金的存在。20世纪60年代发现用激光法从液态获得非晶态的Au-Si合金，70年代后开始采用熔体旋辊急冷法制备非晶薄带。目前非晶态合金应用正逐步扩大，其中非晶态软磁材料发展较快，已能成批生产。

由于金属玻璃的化学成分不同于普通玻璃，虽然二者的结构组态相似，它们的基本性质却是完全不同的，例如与普通玻璃相反，金属玻璃是韧而不透明的。与晶态金属相比，虽然二者的化学成分相似，甚至相同，但非晶态金属由于其结构的特殊性而使其性能不同于通常的晶态金属，具有一系列突出的性能。有的金属玻璃具有显著的高强度、高韧性、高耐蚀性等力学性能和化学性能，有的具有高电阻率、高磁导率、低介电损耗等优良的电学和磁学性能，其应用前景非常广阔。美国的金属专家卢博尔斯基曾估算过，仅美国使用的电力变压器和电动机一项，如将目前使用的硅钢片换成金属玻璃后，由于降低了能量损耗，能耗费用就可由每年18亿美元降为8亿美元。因此，近些年来非晶态合金的出现引起了人们极大的兴趣，成为金属材料的一个新领域。

非晶态金属合金按组成元素的不同分为以下两大类：

（1）金属＋金属型非晶态合金　这类非晶态合金主要是含锆，如Cu-Zr、Ni-Zr（或Nb、Ta、Ti）、Fe-Zr、Pd-Zr、Ni-Co-Zr（或Nb、Ta、Ti）、Ni（或/和Co）-Pt族等。

（2）金属＋类金属型非晶态合金　这类非晶态合金主要是由过渡金属与B或/和P等类金属组成的二元和三元，甚至多元的非晶态合金，如$Fe_{72}Cr_8P_{13}C_7$、$Ni_{40}B_{43}$等。由于类金属的加入，显著增加了金属形成非晶态结构的稳定性。如少量稀土金属的加入使Ni-P合金的热稳定性提高。

7.2.1 非晶态金属的结构特点

1. 非晶态金属的结构

非晶态金属的主要特点是其内部原子排列短程有序而长程无序。为了区别非晶与微晶，定义非晶态金属的短程有序区应小于（1.5±0.1）nm。在非晶态金属中，金属键是其结构特征。原子的主要运动是在平衡位置附近作运动距离远小于其原子间距的热振动，它的结构无序性是在非晶态形成过程中保留下来的。在非晶态金属中，最近邻原子间距与晶体的差别很小，配位数也接近。但是，在次近邻原子的关系上就可能有显著的差别。

均匀性是非晶态金属的一个显著特点。非晶态金属的均匀性包含两种含义：一是结构均匀、各向同性，它是单相无定形结构，没有晶体中的结构缺陷，如晶界、孪晶、晶格缺陷、位错、层错等；二是成分均匀性，在非晶态金属的形成过程中，无晶体那样的异相、析出物、偏析以及其他成分起伏。

非晶态结构是热力学不稳定的，这是非晶态金属的又一特征。非晶态金属表面原子的无序排列导致了表面当量的原子处于一种配位未饱和状态，体系的自由能较高，因而，非晶态金属总有进一步转变为稳定晶态的倾向，在热力学上是不稳定的。

2. 非晶态的结构模型

目前，非晶态的结构测定技术还不能得出原子排布情况的细节。所以根据原子间相互作用的知识和已经认识的长程无序、短程有序等结构特点，建立理想化的原子排布的具体模型。常见的非晶态模型可分为微晶模型和拓扑无序模型。

（1）微晶模型　这类模型认为非晶态材料是由晶粒非常细小的微晶组成的，如图7-7a所示。这样晶粒内的短程有序与晶体的完全相同，而长程无序是各晶粒的取向杂乱分布的结果。这种短程有序、长程无序的非晶态结构模型用于Pd-Ni-P非晶系相当成功。但是目前一般认为，微晶模型与实际非晶结构存在许多不相符之处。例如，微晶模型无法解释非晶态金属的密度只比同成分的晶态小1%～2%的实验事实。

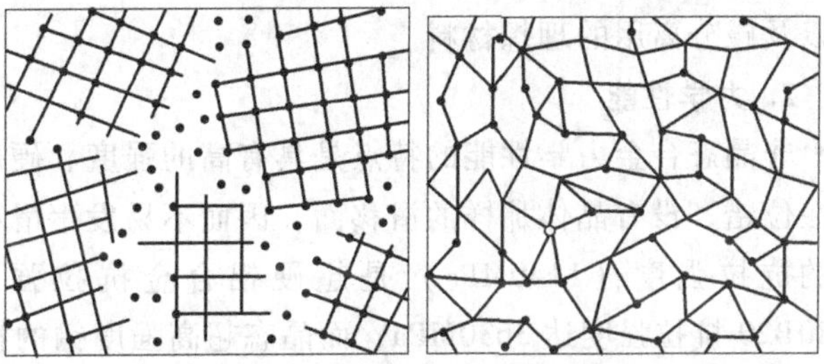

a）　　b）

图7-7　非晶态结构模型

a）微晶模型　b）拓扑无序模型

（2）拓扑无序模型　这类模型认为非晶态金属结构的主要特征是原子排列的混乱和无规，即原子间的距离或各对原子间的夹角都没有明显的规律性，如图 7-7b 所示。这类模型强调的是无序，把非晶中实际存在的短程有序看成是无规堆积中附带产生的结果。两种具有代表性的模型是硬球无规密堆模型和连续无规网络模型。

非晶态金属和合金的许多性质都直接取决于它的原子结构组态。然而在实验上，至今还没有一种实验手段可以准确地确定非晶态结构，即给出全部原子的坐标。因此，借助于理论模型来讨论非晶态结构就具有特别重要的意义。目前，虽然还不能由结构模型来回答非晶态合金与成分有关的许多问题，但是，这些模型已能用来解释非晶态合金的某些结构与性能及成分的关系，诸如弹性、磁性等。反过来，又将进一步促进人们对非晶态结构的深入认识。

7.2.2 非晶态金属的性能特点及应用

由于非晶态金属在原子排布上完全不同于晶态金属，微观结构决定了它具有一系列新的特点，如优异的磁性、电性、化学及力学性能等，因而被认为是金属材料科学中的一次革命。非晶材料具有晶态材料所无法比拟的优异性能，具有广阔的应用前景。具体通过以下各方面阐述。

1. 磁学性能

非晶态合金磁性材料具有高磁导率、高磁感、低铁损和低矫顽力等特性而且无磁各向异性，是目前非晶态金属获得广泛应用的重要原因，也是研究得最多的重要领域。但非晶合金也有饱和磁感应强度低、热处理后材质发脆、成本较高等缺点。

高磁感、低铁损的非晶磁性材料，多为铁基非晶态合金。该类合金主要用来做变压器及电动机铁心材料。非晶变压器的铁损值为现行硅钢变压器的 1/3 ~ 1/4。如果把我国现在的配电变压器全部换成非晶态合金变压器，每年可为国家节约电能 90 亿 kW · h，这就意味着每年可以建一座 100 万 kW 火力发电厂，减少燃煤 3643t，减少二氧化碳等废气排放 900 多万 m^3。从这个意义上讲，非晶态合金被人们誉为“绿色材料”。

利用非晶合金的磁滞伸缩特性可制作各种传感器。利用铁基非晶态合金的高伸缩特性可制作防盗传感器、转数传感器等。以钴基合金为代表，利用磁滞伸缩效应，可以制作磁头、电流传感器、位移传感器等。钴基非晶态金属除了具有较高的磁导率、很低的矫顽力和损耗外，还具有良好的高频性能，适合做电子器件，如电子变压器、磁放大器、磁记录头等。

此外，非晶态金属还可作为非晶开关电源、非晶合金磁屏蔽、安全可靠的非晶漏电保护器以及磁分离用的理想材料。

2. 力学性能

非晶态合金力学性能的特点是具有高的强度、硬度和韧性。非晶态合金由于其结构中不存在位错，没有晶体那样的滑移面，因而不易发生滑移，具有很高的强度。例如非晶态铝合金的抗拉强度（1140MPa）是超硬铝合金抗拉强度（520MPa）的两倍；非晶态合金 $Fe_{80}B_{20}$ 抗拉强度达 3630MPa，而晶态超高强度钢的抗拉强度仅为 1820 ~ 2000MPa。非晶态合金的硬度高，有些合金的硬度可达 1400HV。非晶态金属还具有较高的塑性和冲击韧性，在变形时无加工硬化现象，例如非晶薄带可以反复弯曲 180°而不断裂，并可以冷轧，有些合金的冷轧压下率可达 50%。表 7-2 列举了几种非晶态合金的力学性能。

表 7-2 一些非晶态合金的力学性能

合金		硬度 HV	抗拉强度/MPa	断后伸长率(%)	弹性模量/MPa
非晶态合金	$Pd_{83}Fe_7Si_{10}$	4018	1860	0.1	66640
	$Cu_{57}Zr_{43}$	5292	1960	0.1	74480
	$Co_{75}Si_{15}B_{10}$	8918	3000	0.2	53900
	$Fe_{80}P_{13}C_7$	7448	3040	0.03	121520
	$Ni_{75}Si_8B_{17}$	8408	2650	0.14	78400
晶态	18Ni-9Co-5Mo		1810 ~ 2130	10 ~ 12	

利用非晶态合金的高强度、高韧性以及工艺上可以制成条带或薄片，目前已用它来制作轮胎、传送带、水泥制品及高压管道的增强纤维，还可用来制作各种切削刀具和保安刀片。

用非晶态合金纤维代替硼纤维和碳纤维制造复合材料，可进一步提高复合材料的适应性。如采用非晶态金属制备的高耐磨音频、视频磁头在高档录音、录像机中广泛应用；而采用非晶态合金纤维复合强化的高尔夫球杆、钓鱼竿已经面市；非晶态合金纤维对水泥有强化作用，仅仅加入体积分数为 1% 的非晶态合金纤维就可以使水泥的断裂强度提高 200 倍；非晶态合金纤维还用于飞机构架和发动机元件的研制中。

3. 化学性能

(1) 耐蚀性　非晶态合金比晶态合金更加耐腐蚀，特别是在氯化物和硫酸盐中的耐蚀性大大超过不锈钢，获得了“超不锈钢”名称。非晶态合金的高耐蚀性能是由于它的结构和化学上高度均匀的单相特点。它没有晶态合金的晶粒、晶界、位错、杂质偏析等缺陷。在晶态金属中，这些缺陷密集处具有高活性，起着腐蚀成核的作用，引起局部腐蚀。非晶态合金不发生局部腐蚀而形成均匀的钝化膜，因而具有很高的耐蚀能力。例如，不锈钢在含有氯离子的溶液中，一般都要发生点腐蚀、晶间腐蚀，甚至应力腐蚀和氢脆，而非晶态的 Fe-Cr 合金可以弥补不锈钢的这些不足。Cr 可显著改善非晶态合金的耐蚀性，能迅速形成致密、均匀、稳定的高纯度 Cr_2O_3 钝化膜。非晶态金属 $Fe_{72}Cr_8P_{13}C_7$ 合金已成为化工、海洋和医学方面等一些易腐蚀环境中应用设备的首选材料，如制造海上军用飞机电缆、鱼雷、化学过滤器、反应容器等。

(2) 催化性能　非晶态金属表面能高，展现出较高的活性中心密度和较强的活化能力，可连续改变成分，具有明显的催化性能。非晶态金属催化剂主要应用于催化加氢、催化脱氢、催化氧化及电催化反应等。

(3) 储氢性能　非晶态金属还具有优良的储氢性能。某些非晶态金属通过化学反应可以吸收和释放出氢，可以用作储氢材料。

4. 电性能

非晶态合金在室温下具有很高的电阻率，比晶态合金高 2 ~ 3 倍。在温度为 0K 时，剩余电阻率远远大于晶态合金。非晶态合金的电阻温度系数比晶态合金的小。多数非晶态合金具有负的电阻温度系数，即随温度升高电阻率连续下降。电阻率最小和温度系数为零的非晶态合金，在一些仪表测量中具有广阔的应用前景。

5. 光学性能

金属材料的光学特性受其金属原子等的电子状态所支配，某些非晶态金属由于其特殊的电子状态而具有十分优异的太阳能吸收能力。所以利用某些非晶态材料能够制造出相当理想的高效率的太阳能吸收器。非晶态金属具有良好的抗辐射（中子、γ 射线等）能力，使其在火箭、宇航、核反应堆、受控热核反应等领域具有特殊的应用前景。

总之，非晶态合金因其优异的力学、磁学、电学和化学性能，具有十分广泛的应用。而且大部分非晶态合金是直接由液态急冷而成，不需要一般晶态金属带材和丝材所需经过的铸造、锻造、轧制或拉拔等多种工序，因而工艺简单。加上非晶态合金的组分有许多是较便宜的原料，因此非晶态合金是一种有广阔应用前景的新型材料。

7.3 超导材料

1911 年荷兰物理学家昂尼斯在研究水银低温电阻时发现：当温度降到 4.2K 时，水银的电阻急剧下降，以致完全消失（即零电阻）。我们把某些金属、合金和化合物在冷却到某一温度点以下电阻为零的现象称为超导电性，相应物质称为超导体。超导体由正常态转变为超导态的温度称为这种物质的转变温度（或临界温度）T_c。现已发现大多数金属元素以及数以千计的合金、化合物都在不同条件下显示出超导性，如钨的转变温度为 0.012K，锌为 0.75K，铝为 1.196K，铅为 7.193K。

超导现象的发现，引起了各国科学家的高度重视，并寄予了很大期望。但由于早期的超导体存在于液氦极低温度条件下，极大地限制了超导材料的应用。为了使超导材料更具有实用性，人们一直在探索高温超导体。高温超导材料的发展已经经历了四代：第一代镧系，如 La-Cu-Ba 氧化物，$T_c=91K$；第二代钇系，如 Y-Ba-Cu 氧化物，我国已研制出 $T_c=92.3K$ 的钇系超导薄膜；第三代铋系，如 Bi-Ca-Cu，$T_c=114\sim120K$；第四代铊系，如 Tl-Ca-Ba-Cu 氧化物，$T_c=122\sim125K$。1990 年发现的一种不含铜的钒系复合氧化物 T_c已达 132K。转变温度还在进一步不断提高，得到干冰温度（240K）至室温的超导体都是可能的。

7.3.1 超导材料的基本性质

1. 超导体基本物理现象

（1）零电阻效应　当材料温度 T 降至某一数值 T_c时，超导体的电阻突然变为零，这就是超导体的零电阻效应。电阻突然消失的温度称为超导体的临界温度 T_c。

（2）迈斯纳效应　这一现象是 1933 年德国物理学家迈斯纳等人在实验中发现的，只要超导材料的温度低于临界温度而进入超导态以后，超导材料就会将磁力线完全排斥于体外，因此其体内的磁感应强度总是零，这种现象称为“迈斯纳效应”（见图 7-8）。即在超导状态下，超导体内磁感应强度 $B=0$。

迈斯纳效应指明了超导态是一个热力学平衡状态，与如何进入超导态的途径无关，超导态的零电阻现象和迈斯纳效应是超导态的两个相互独立，又相互联系的基本属性。单纯的零电阻并不能保证迈斯纳效应的存在，但零电阻效应又是迈斯纳效应的必要条件。因此，衡量一种材料是否是超导体，必须看是否同时具备零电阻和迈斯纳效应。

2. 超导体的临界参数

超导体有三个基本临界参数：临界温度 T_c、临界磁场 H_c和临界电流 I_c。

(1) 临界温度 T_c　超导体从常导态转变为超导态的温度就叫做临界温度，以 T_c 表示，即临界温度就是电阻突然变为零时的温度。目前已知的金属超导材料中铑的临界温度最低，为 0.0002K，Nb_3Ge 最高，为 23.3K。为了便于超导材料的使用，临界温度越高越好。在实际情况中，由于材料的组织结构不同，导致临界温度不是一个特定的数值。

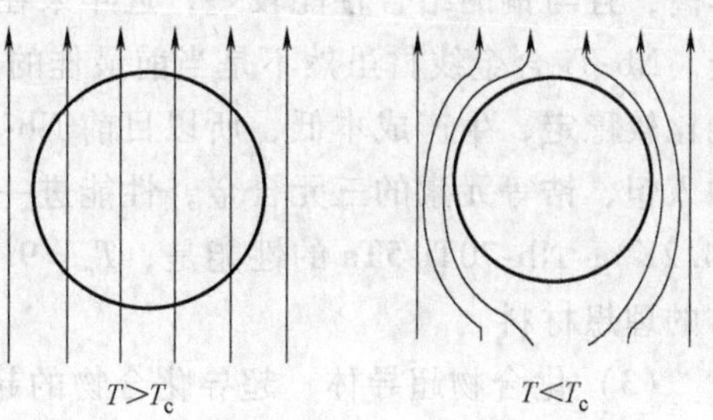

图 7-8　迈斯纳效应

(2) 临界磁场 H_c　对于处于超导态的物质，若外加足够强的磁场，则可以破坏其超导性，使其由超导态转变为常导态。一般将可以破坏超导态所需的最小磁场强度叫做临界磁场，以 H_c 表示。H_c 是温度的函数。当 $T=T_c$ 时，$H_c=0$。随着温度的下降，H_c 升高，到绝对零度时达到最高。可见在绝对零度附近超导材料并没有实用意义，超导材料的使用都要在临界温度以下的较低温度使用。

(3) 临界电流 I_c　产生临界磁场的电流，也就是超导态允许流动的最大电流，叫做临界电流，即破坏超导电性所需的最小极限电流，以 I_c 表示。

(4) 三个临界参数的关系　要使超导体处于超导状态，必须将其置于三个临界值 T_c、H_c 和 I_c 之下。三者缺一不可，任何一个条件遭到破坏，超导状态随即消失。三者关系可用图 7-9 所示曲面来表示。在临界面以下的状态为超导态，其余均为常导态。

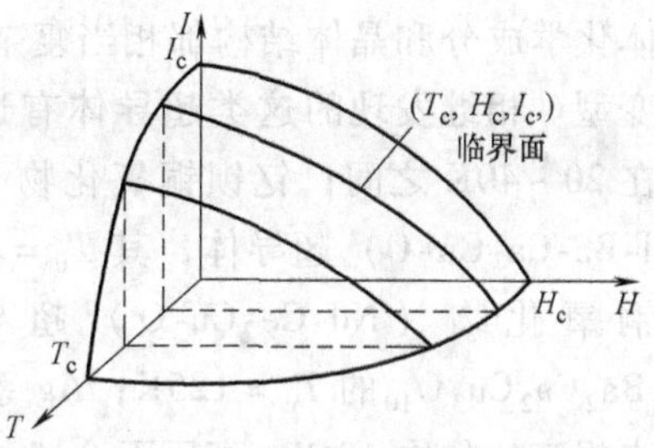

图 7-9　三个临界参数之间的关系

7.3.2　超导材料的分类及性能

超导材料主要可分为超导元素、超导合金、陶瓷超导体和聚合物超导体四大类。

超导材料按其化学组成可分为元素超导体、合金超导体、化合物超导体和氧化物超导体。近年来，由于具有较高临界温度的氧化物超导体的出现，有人把临界温度 T_c 达到液氮温度（77K）以上的超导材料称为高温超导体。元素超导体、合金超导体、化合物超导体均属低温超导材料。

1. 低温超导体

(1) 元素超导体　常压下，在目前所能达到的低温范围内，已有 28 种超导元素。其中过渡族元素 18 种，如 Ti、V、Zr、Nb、Mo、Ta、W、Re 等；非过渡元素 10 种，如 Bi、Al、Sn、Cd、Pd 等。超导元素中，除钒（V）、铌（Ni）、钽（Tc）外，其余元素超导体由于临界磁场很低，其超导状态很容易受磁场影响而遭受破坏，因此很难实用化，技术上实用价值不高。

(2) 合金超导体　超导元素加入某些其他元素作合金成分，可以使超导材料的全部性能提高。与元素超导体相比，超导合金材料具有力学强度高、磁场强度低、塑性好、易于大量生产、成本低等优点，如最先应用的铌锆合金（Nb-75Zr），但由于工艺较麻烦，制造成本高，且与铜的结合性能较差，近年来在应用上Nb-Zr合金逐渐被淘汰，后发展了Nb-Ti合金。Nb-Ti合金线材虽然不是当前最佳的超导材料，但由于这种线材制造技术比较成熟，性能比较稳定，生产成本低，所以目前Nb-Ti系超导合金仍是使用线材中的主导。铌钛合金再加入钽、锆等元素的三元合金，性能进一步提高。如Nb-60Ti-4Ta的 $T_c=9.9K$，$H_c=12.4T$（4.2K）；Nb-70Ti-5Ta的性能是，$T_c=9.8K$，$H_c=12.8T$。它们是制造磁流体发电机大型磁体的理想材料。

（3）化合物超导体　超导化合物的超导临界参量（T_c、H_c和 I_c）均较高，是具有良好的强磁场超导材料。目前较成熟的是 Nb_3Sn、V_3Ga 两种超导化合物，其他化合物由于加工成线比较困难，尚不能使用。日本开发的用加Ti的 Nb_3Sn 线材制成的超导磁体已投入使用。

2. 高温超导体

1986年人类在超导体研究领域取得了一次历史性的突破，发现了一些复杂的氧化物陶瓷具有较高的临界转变温度，其 T_c超过了77K，即在液氮的温度下工作，故称为高温超导体。高温超导体主要由氧化物超导体与非氧化物超导体组成。

（1）氧化物超导体　氧化物超导体的发现既有重要的理论意义又有应用前景，打破了人们认为高电阻的氧化物不能显示超导电性的认识，并使超导临界温度达132K。氧化物超导体化学成分和晶体结构都相当复杂，已发现的氧化物超导体结构基本是 ABO_4 钙钛矿结构的变型。相继发现的这类超导体有近百种。主要有镧锶铜氧化物（La-Sr-Cu-O）超导体，T_c在20～40K之间；钇钡铜氧化物（Y-Ba-Cu-O）超导体，其 $T_c>90K$；铊钡钙铜氧化物（Tl-Ba-Ca-Cu-O）超导体，其 $T_c=125K$；汞钡钙铜氧化物（Hg-Ba-Ca-Cu-O）超导体和钕铈铜氧化物（Nd-Ce-Cu-O）超导体是目前所发现的温度最高的超导体，其中 $Tl_2Ba_2Ca_2Cu_3O_{10}$的 $T_c=125K$；Ag系的 T_c 已达132K，若在高压下合成材料，其 T_c 还可进一步提高，如在10GPa高压下合成的超导体 T_c 可达150K。

（2）非氧化物超导体　非氧化物超导体主要是 C_{60}化合物。1991年诺贝尔实验室合成出 K_3C_{60}以来，已进行了许多这方面的研究工作。C_{60}及其衍生物具有巨大的应用前景，如作为实用超导材料和新型半导体材料已经在许多领域获得重要的应用。2001年1月，日本科学家发现了临界转变温度为39K的 MgB_2 超导体，引起了全世界的广泛关注。综合制冷成本和材料成本，MgB_2 超导体在20～30K、低场条件下应用具有明显的价格优势，尤其是在工作磁场1～2T的核磁共振成像MRI磁体领域。

7.3.3 超导材料的应用

超导材料的用途非常广阔，大致可分为三类：大电流应用（强电应用）、电子学应用（弱电应用）和抗磁性应用。大电流应用即超导发电、输电和储能；电子学应用包括超导计算机、超导天线、超导微波器件等；抗磁性应用则是利用材料的完全抗磁性制作无摩擦陀螺仪和轴承，还可应用于磁悬浮列车和热核聚变反应堆等。

1. 发电、输电和储能

超导材料最诱人的应用是发电、输电和储能。由于超导材料在超导状态下具有零电阻和完全的抗磁性，因此只需消耗极少的电能，就可以获得10万Gs（$1Gs=10^{-4}T$）以上的稳态强磁场。而用常规导体做磁体，要产生这么大的磁场，需要消耗3.5MW的电能及大量的冷却水，投资巨大。超导磁体可用于制作交流超导发电机、磁流体发电机和超导输电线路等。

2. 超导计算机

高速计算机要求集成电路芯片上的元件和连接线密集排列，但密集排列的电路在工作时会产生大量的热，而散热是超大规模集成电路面临的难题。超导计算机中的超大规模集成电路，其元件间的互连线用接近零电阻和超微发热的超导器件来制作，不存在散热问题，同时计算机的运算速度大大提高。此外，科学家正研究用半导体和超导体来制造晶体管，甚至完全用超导体来制作晶体管。

3. 超导磁悬浮列车

利用超导材料的抗磁性，将超导材料放在一块永久磁体的上方，由于磁体的磁力线不穿过超导体，磁体和超导体之间会产生排斥力，使超导体悬浮在磁体上方。利用这种磁悬浮效应可以制作高速超导磁悬浮列车。

4. 核聚变反应堆“磁封闭体”

核聚变反应时，内部温度高达 1 亿 ~2 亿℃，没有任何常规材料可以包容这些物质。而超导体产生的强磁场可以作为“磁封闭体”，将热核反应堆中的超高温等离子体包围、约束起来，然后慢慢释放，从而使受控核聚变能源成为 21 世纪前景广阔的新能源。

超导材料具有的优异特性使它从被发现之日起，就向人类展示了诱人的应用前景。随着近年来研究工作的深入，超导体的某些特性已具有实用价值，例如超导磁悬浮列车已在某些国家进行试验，超导量子干涉器也研制成功，超导船、用约瑟夫森器件制成的超级计算机等正在研制过程中。采用超导磁体后，可以使现有设备的能量消耗降低到原来的 1/10 ~ 1/100。从实际应用观点，超导体磁电的壁垒已被冲破，但要实际应用超导材料又受到一系列因素的制约，主要障碍在于温度的壁垒，提高 T_c 是人们最执著的目标，其次还有材料制作的工艺等问题，如脆性的超导陶瓷如何制成柔细的线材，超低温用结构材料的检测技术，制冷及冷却技术等。从超导技术发展的历程来看，新的更高转变温度材料的发现和制造工艺技术突破都有可能。目前，高温超导材料正从研究阶段向应用发展阶段转变，超导技术作为一类有重大发展潜力的应用技术，已经进入实际应用开发与应用基础性研究相互推动，逐步发展为高技术产业的阶段。

7.4　储氢合金

氢能源是未来社会的新能源和清洁能源之一，如用氢气取代汽油作为汽车燃料不仅对环保十分有利，而且氢发动机的热效率比汽油高。然而使用氢能源的关键技术之一就是如何安全而经济地储存和输送。最有前景的方式是用金属氢化物储氢材料储运氢气。

金属氢化物储氢材料通常称为储氢合金。在一定的温度和压力条件下，这些金属能够大量“吸收”氢气，反应生成金属氢化物，同时放出热量，其后将这些金属氢化物加热，它们又会分解，将储存在其中的氢释放出来。

储氢合金的储氢能力很强。单位体积储氢的密度，是相同温度、压力条件下气态氢的 1000 倍，也即相当于储存了 1000 个大气压的高压氢气。由于储氢合金都是固体，既不用储存高压氢气所需的大而笨重的钢瓶，又不需存放液态氢那样极低的温度条件，需要储氢时使合金与氢反应生成金属氢化物并放出热量，需要用氢时通过加热或减压使储存于其中的氢释放出来，如同蓄电池的充、放电，不易爆炸，安全程度高。因此储氢合金是一种极其简便易行的理想储氢方法。

目前研究发展中的储氢合金主要有钛系储氢合金、锆系储氢合金、铁系储氢合金及稀土系储氢合金。值得注意的是一些新的储氢材料性能正引起广泛的注意，例如 C_{60}、碳纳米管等碳材料。本节将重点论述金属氢化物的储氢原理、储氢合金材料及其重要应用。

7.4.1 储氢技术原理

称得上“储氢合金”的材料应具有像海绵吸收水那样能可逆地吸放大量氢气的特性。原则上说，这种合金大都属于金属氢化合物，其特征是由一种吸氢元素或与氢有很强亲和力的元素（A）和另一种吸氢量小或根本不吸氢的元素（B）共同组成。在一定温度和压力下，储氢合金与气态 H_2 发生可逆反应生成金属固溶体 MH_x 和氢化物 MH_y。反应分三步进行，依次如下：

第一步：先吸收少量氢，形成含氢固溶体（MH_x/α 相），此时合金结构保持不变，其固溶度 $[H]_M$ 与固溶体平衡氢压 p_{H_2} 的平方根成正比。

$$p_{H_2}^{\frac{1}{2}} \propto [H]_M \tag{7-1}$$

第二步：固溶体进一步与氢反应，产生相变，生成氢化物相（MH_y/β 相）。

$$\frac{2}{y-x}MH_x + H_2 \longleftrightarrow \frac{2}{y-x}MH_y + Q \tag{7-2}$$

式中，x 是固溶体中的氢平衡浓度；y 是合金氢化物中氢的浓度，一般 $y \geqslant x$。

第三步：再提高氢压，金属中的氢含量略有增加。

金属与氢的反应是一个可逆过程。正向反应吸氢、放热，逆向反应释氢、吸热。改变温度和压力条件可使反应按正向、逆向反复进行，实现材料的吸氢/放氢功能。合金的吸氢反应机理如图 7-10 所示。氢分子与合金接触时，就吸附于合金表面上，氢的 H—H 键解离成为原子状的氢（H），原子状氢从合金表面向内部扩散，侵入比氢原子半径大得多的金属原子与金属的间隙中（晶格间位置）形成固溶体 α 相。随着氢压的增加，固溶于金属中的氢再向内部扩散，固溶体一旦被氢饱和，过剩氢原子与固溶体反应生成氢化物 β 相，氢压进一步增加，吸氢量增加缓慢。

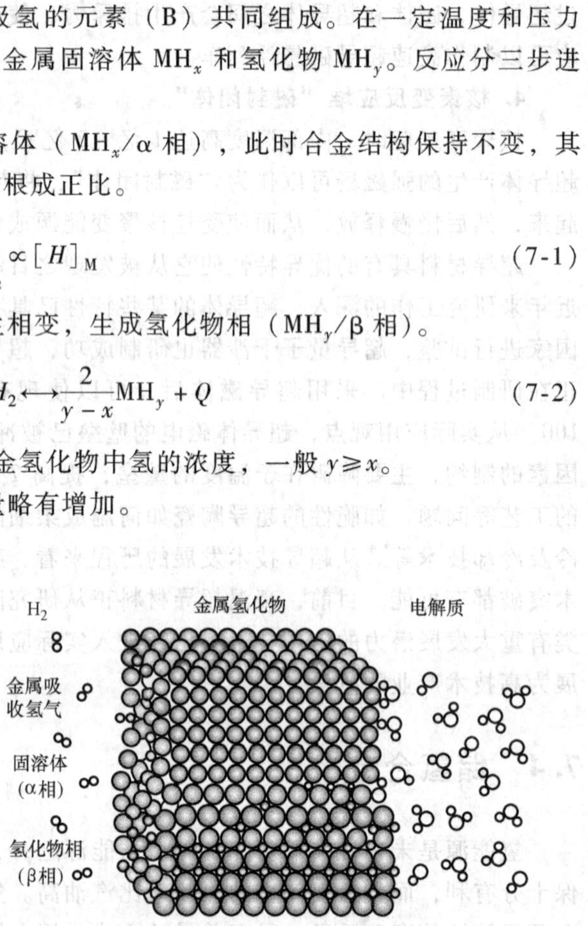

图 7-10 合金的吸氢反应机理

7.4.2 储氢合金的条件

为达到应用的需要，储氢合金一般应满足以下几方面的要求：

(1) 易活化 储氢合金常常需要经过活化处理（在纯氢气氛下使合金处于高压，然后在加热条件下减压排气的循环过程）才能正常吸氢/放氢。易活化才便于应用。

(2) 储氢量 单位质量、单位体积吸氢量大（电化学容量高），一般应不低于液态储氢方式。

(3) 吸/放氢压力和温度 储氢合金应能按应用的要求在适当的温度和压力下吸氢或放氢。

(4) 动力学特性 储氢合金应能较迅速地吸氢、放氢。

(5) 寿命长，耐中毒 储氢合金在吸氢/放氢的反复循环中，不可避免地会接触到杂质气体等并导致合金储氢能力降低，甚至丧失的现象称为储氢合金的中毒。储氢合金应有强的耐中毒能力，长的使用寿命。

(6) 抗粉化 储氢合金吸氢时体积会膨胀，放氢时又会收缩，反复的吸氢、放氢，会使合金中产生裂纹，直至破碎、粉化，这对储氢合金的应用是有害的。

(7) 滞后小 即吸收、分解过程中的平衡氢压差要小。

此外，储氢合金还应满足价格低、安全等要求。每种金属氢化物都有各自的特性，可根据不同的使用目的进行选择评价。

7.4.3 储氢合金分类及研究现状

自 20 世纪 60 年代二元金属氢化物问世以来，人们已在二元合金的基础上开发出三元及三元以上多元合金。但不论哪种合金，都离不开 AB 两类元素。其中，A 类元素是容易形成稳定氢化物的发热型金属，如 Ti、Zr、La、Mg、Ca、Mm（混合稀土金属）等；B 类元素是难于形成氢化物的吸热型金属，如 Ni、Fe、Co、Mn、Cu、Al 等。按照其原子比的不同，它们构成四大系列储氢材料。

(1) 稀土系（AB_5 型）储氢合金 主要是镧镍合金，其吸氢性好，容易活化，在 40℃以上放氢速度好，但成本高。

(2) 钛系（AB 型及 AB_2 型）储氢合金 有钛锰、铁钛、铁钛锰、钛铬、钛镍、钛铌、钛锆、钛铜及钛锰氮、钛锰铬、钛锆铬锰等合金。其成本低，吸氢量大，室温下易活化，适于大量应用。

(3) 镁系（A_2B 型）储氢合金 主要有镁镍、镁铜、镁铁等合金。具有储氢能力大（可达材料自重的 5.1% ~5.8%）、价廉等优点，缺点是放氢时需要 250℃以上高温。

(4) 锆系（AB_2 型）储氢合金 有锆铬、锆锰等三元合金和锆铬铁锰、锆铬铁镍等多元合金。在高温下（100℃以上）具有很好的储氢特性，能大量、快速和高效率地吸收和释放氢气，同时具有较低的热含量，适于在高温下使用。

7.4.4 储氢合金的应用

在现今人类对环境和资源保护愈加重视的时代，金属氢化物作为能源转换与储存材料有着十分重要的应用价值。目前已涉及的应用领域包括氢的储存与输送、氢的提纯、氢的分离与回收、氢的压缩、氢及其同位素的吸收与分离、电化学（二次电池、燃料电池）、化工催化、能量转换（蓄热、制冷、空调、取暖、热机）以及燃氢汽车等许多领域。但储氢合金能否真正得到应用还取决于它是否满足性能、经济、安全等方面的要求。目前储氢合金应用最成功的领域是 Ni-MH 电池。下面简要介绍储氢合金在几个方面的应用及其原理。

1. 在电池上的应用

随着电器、通信、电子设备的广泛使用，可充电电池的用量激增，传统的Ni-Cd电池容量低，有记忆效应，而且镉有毒不利于环保。20世纪70年代初，研究人员发现Ti-Ni及$LaNi_5$等合金不仅具有阴极储氢能力，对氢的阳极氧化也有良好的电催化活性，于是发展了用储氢合金取代镉做负极材料的Ni-MH电池。1990年，Ni-MH电池首先在日本商业化。这种电池的能量密度为Ni-Cd电池的1.5倍，不污染环境，充放电速度快，记忆效应少，可与Ni-Cd电池互换，加之各种便携式电器的日益小型、轻质化，要求小型高容量电池配套，以及人们对环保意识的不断增加，从而使Ni-MH电池发展更加迅猛。

Ni-MH电池的充放电机理非常简单，仅仅是氢在金属氢化物（MH）电极和氢氧化镍电极之间的碱性电解液中的运动。Ni-MH电池以储氢合金M为负极，以$Ni(OH)_2$为正极，以氢氧化钾水溶液为电解液，其工作原理可用以下反应说明。

充电过程 正极：$Ni(OH)_2 + OH^- \longrightarrow NiOOH + H_2O + e^-$

负极：$M + H_2O + e^- \longrightarrow MH + OH^-$

放电过程 正极：$NiOOH + H_2O + e^- \longrightarrow Ni(OH)_2 + OH^-$

负极：$MH + OH^- \longrightarrow M + H_2O + e^-$

充电时由于水的电化学反应生成的氢原子（H），立刻扩散进入合金中，形成氢化物，实现负极储氢，而放电时氢化物分解出的氢原子又在合金表面氧化为水，不存在气体状的氢分子（H_2）。电池反应的最大特点是无论是正极还是负极，都是在氢原子进入到固体内进行的反应，不存在传统Ni-Cd和Pb-酸电池所共有的溶解、析出反应的问题。

2. 氢分离、回收与净化

化工厂排出的一些废气中含有较高比例的氢气，同时化工和半导体工业又需要大量的高纯氢，利用储氢材料选择性吸氧的特性，将之收集，不但可以回收废气中的氢，还可以使氢纯度达99.9999%以上，价格便宜、安全，具有十分重要的社会效益和经济效益。

利用储氢材料分离净化氢的原理有两方面：一是金属与氢反应生成金属氢化物，加热后放氢的可逆反应；二是储氢材料对氢原子有特殊的亲和力，对氢有选择性吸收作用，而对其他气体杂质则有排斥作用。因此，可利用合金的这一特性有效分离净化氢。

储氢合金分离、精制氢气装置原理如图7-11所示。首先将含有杂质的氢气通入精制塔A中，塔A中的储氢合金与氢反应吸收氢气，完成吸氢后打开阀门将残留的杂质气体抽出，这样A中的氢气纯度得到提高。然后使塔A中的储氢合金放氢并将之输入精制塔B重复在塔A中的过程，氢气纯度得到进一步提高。反复进行多段精制可得到纯度极高的氢气。

作为净化氢气用的合金要求与储氢用合金一样，需要储氢量大、易活化、反应迅速、耐毒化、抗粉化、成本低等。目前常用的合金有：$LaNi_5$、$LaCu_4Ni$、$MmNi_{4.5}Al_{0.5}$、$TiFe_{0.85}$、$Mn_{0.15}$、$LaNi_{4.7}Al_{0.3}$、$TiFe_{0.85}$、Ni_5、Mg_2Ni、$TiMm_{1.5}$、$CaNi_5$、$Ti_{0.8}$、$Zr_{0.2}$、$Cr_{0.8}$、$Mn_{1.2}$、$MmNi_5$。

3. 金属氢化物作催化剂

金属间化合物如$LaNi_5$、Mg_2Ni、Zr_2Ni、TiFe等能迅速吸收大量的氢，而且反应是可逆的。反应时由于氢是分解后被吸收的，故氢以单原子形式存在于表面（至少短时间内是这样），使金属间化合物的表面具有相当大的活性。有氢参与的反应，可产生高的活性和特殊

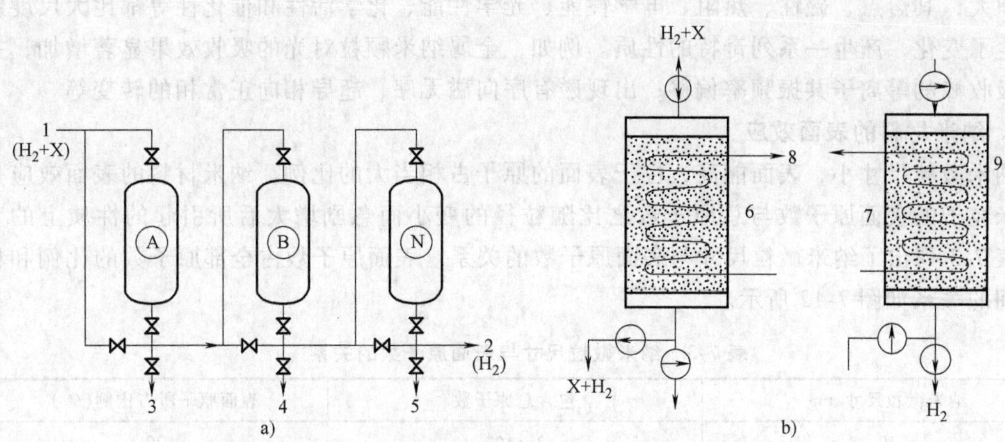

图7-11 储氢合金分离、精制氢气装置原理

a）用金属氢化物精制氢的系统示意图 b）氢精制A、B、N（充填吸氢合金）

1—含杂质X的粗制氢 2—高纯度氢 3、4、5—分离杂质 6—氢的分离过程（吸氢合金层）

7—氢的精制过程（金属氢化物层） 8—冷水 9—温水

性。有关用储氢合金作为催化剂的催化原理目前尚未建立起成熟的理论。但大量研究结果表明，未经预处理的储氢合金，没有或具有较低的活性，只有经过适当预处理改变表面活性中心的电子状态，增加活性中心数目，才能显示出高的活性。

7.5 纳米材料

纳米材料是指在三维空间中至少有一维处于纳米尺度范围或由它们作为基本单元构成的材料。纳米材料的晶粒尺寸为纳米级（10^{-9}m），它的微粒尺寸大于原子簇，小于通常的微粒，一般为1~100nm。纳米材料包括体积分数近似相等的两个部分：一是直径为几个或几十个纳米的粒子；二是粒子间的界面。前者具有长程有序的晶状结构，后者是既没有长程有序也没有短程有序的无序结构。

在纳米材料中，纳米晶粒和由此而产生的高浓度晶界是它的两个重要特征。纳米晶粒中的原子排列已不能处理成无限长程有序，通常大晶体的连续能带分裂成接近分子轨道的能级；高浓度晶界及晶界原子的特殊结构导致材料的力学性能、磁性、介电性、超导性、光学乃至热力学性能的改变。

7.5.1 纳米材料的性质

当微粒尺寸为纳米量级（1~100nm）时，微粒和它们构成的纳米固体具有一些特殊的特性。

1. 纳米材料的小尺寸效应

随着颗粒尺寸的量变，当微粒尺寸相当或小于光波波长、传导电子的德布罗意波长、超导态的相干长度或透射深度等特征尺寸时，周期性的边界条件将被破坏，会引起颗粒性质的质变。由于颗粒尺寸变小所引起的宏观物理性质的变化称为小尺寸效应。纳米颗粒尺寸小，表面积大，其熔点、磁性、热阻、电学性能、光学性能、化学活性和催化性等都比大尺度颗粒发生了变化，产生一系列奇特的性质。例如，金属纳米颗粒对光的吸收效果显著增加，并产生吸收峰的等离子共振频率偏移；出现磁有序向磁无序、超导相向正常相的转变等。

2. 纳米材料的表面效应

纳米微粒尺寸小，表面能高，位于表面的原子占相当大的比例。纳米材料的表面效应是指纳米粒子的表面原子数与总原子数之比随粒径的变小而急剧增大后所引起的性质上的变化。表7-3列出了纳米微粒尺寸与表面原子数的关系。表面原子数占全部原子数的比例和粒径之间的关系如图7-12所示。

表7-3 纳米微粒尺寸与表面原子数的关系

纳米微粒尺寸/nm	包含总原子数	表面原子所占比例(%)
10	3×10^4	20
4	4×10^3	40
2	2.5×10^2	80
1	30	99

从表7-3和图7-12中可以看出，粒径在10nm以下，表面原子的比例迅速增加。当粒径降到1nm时，表面原子数比例达到约90%以上，原子几乎全部集中到纳米粒子的表面。由于纳米粒子表面原子数增多，表面原子配位数不足和高的表面能，使这些原子易与其他原子相结合而稳定下来，故具有很高的化学活性。例如无机的纳米粒子暴露在空气中会吸附气体，并与气体进行反应；金属的纳米粒子在空气中会燃烧。利用表面活性，金属超微颗粒可望成为新一代的高效催化剂和储气材料以及低熔点材料。

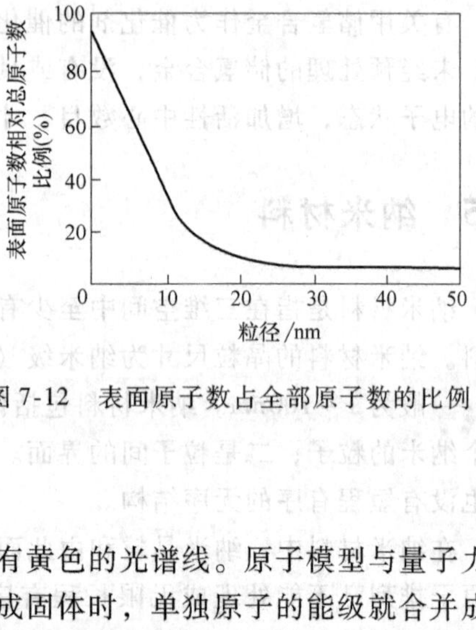

图7-12 表面原子数占全部原子数的比例

3. 量子尺寸效应

各种元素的原子具有特定的光谱线，如铀原子具有黄色的光谱线。原子模型与量子力学已用能级的概念进行了合理的解释，由无数的原子构成固体时，单独原子的能级就合并成能带，由于电子数目很多，能带中能级的间距很小，因此可以看做是连续的，从能带理论出发成功地解释了大块金属、半导体、绝缘体之间的联系与区别，对介于原子、分子与大块固体之间的超微颗粒而言，大块材料中连续的能带将分裂为分立的能级；能级间的间距随颗粒尺寸减小而增大，当热能、电场能或者磁场能比平均的能级间距还小时，就会呈现一系列与宏观物体截然不同的反常特性，称之为量子尺寸效应。例如，导电的金属在超微颗粒时可以变成绝缘体，磁矩的大小和颗粒中电子是奇数还是偶数有关，比热也会反常变化，光谱线会产生向短波长方向的移动，介电常数变化，催化性质不同等，这就是量子尺寸效应的宏观表现。因此，对超微颗粒在低温条件下必须考虑量子效应，原有宏观规律已不再成立。

4. 宏观量子隧道效应

微观粒子具有贯穿势垒的能力称为隧道效应。电子具有粒子性又具有波动性，因此存在隧道效应。近年来，人们发现一些宏观物理量，如微颗粒的磁化强度、量子相干器件中的磁通量等也显示出隧道效应，称之为宏观的量子隧道效应。宏观量子隧道效应的研究对基础研究及实用都有着重要意义，它限定了磁带、磁盘进行储存的极限。量子尺寸效应、宏观量子隧道效应将会是未来微电子、光电子器件的基础，或者它确立了现存微电子器件进一步微型化的极限，当微电子器件进一步微型化时必须要考虑上述的量子效应。例如，在制造半导体集成电路时，当电路的尺寸接近电子波长时，电子就通过隧道效应而溢出器件，使器件无法正常工作，经典电路的极限尺寸大概在0.25μm。目前研制的量子共振隧穿晶体管就是利用量子效应制成的新一代器件。

上述的表面效应、小尺寸效应、量子尺寸效应和宏观量子隧道效应都是纳米微粒与纳米固体的基本特性。它使纳米材料呈现许多既不同于宏观物体，也不同于微观的原子和分子的奇异物理、化学性质。当组成材料的尺寸达到纳米量级时，纳米材料表现出的性质与本体材料有很大的不同。例如，金属为导体，但纳米金属微粒在低温时由于量子尺寸效应会呈现电绝缘性；一般 $PbTiO_3$、$BaTiO_3$、$SrTiO_3$ 等是典型铁电体，但其尺寸进入纳米微量级就会变成顺磁体；铁磁性的物质进入纳米级（约5nm），由于由多畴变成单畴，于是显示极强的顺磁效应；当直径为十几纳米的氮化硅微粒组成纳米陶瓷时，已不具有典型的共价键特征，界面键结构出现部分极性，在交流电下电阻很小；化学惰性的金属铅制成纳米微粒后却成为活性极好的催化剂；金属的纳米微粒的光反射能力可降至1%，具有极强的光吸收能力；由于纳米粒子细化，晶界数量大幅度增加，可使材料的强度、韧性和超塑性大为提高，纳米相铜的强度比普通铜高5倍，纳米相陶瓷是摔不碎的，这与大颗粒组成的普通陶瓷完全不一样。纳米材料从根本上改变了材料的结构，可望得到诸如高强度金属和合金、塑性陶瓷、金属间化合物以及性能特异的原子规模复合材料等新一代材料，为克服材料科学研究领域中长期未能解决的问题开拓了新的途径。

7.5.2 纳米材料的分类

纳米材料按化学组成可分为纳米金属、纳米晶体、纳米陶瓷、纳米玻璃、纳米高分子和纳米复合材料；按材料物性可分为纳米半导体、纳米磁性材料、纳米非线性光学材料、纳米铁电体、纳米超导材料、纳米热电材料等；按应用可分为纳米电子材料、纳米光电子材料、纳米生物医用材料、纳米敏感材料、纳米储能材料等。

根据不同的结构，纳米材料可分为四类，即纳米结构晶体或三维纳米结构；二维纳米结构或层状纳米结构；一维纳米结构或纤维状纳米结构；零维原子簇或簇组装。

1. 纳米粉体

纳米粉体也称为超微粒子，是一类介于固体和分子之间的、具有极小粒径（1~100nm）的亚稳态中间物质。它可分为金属、高分子、陶瓷超细粉末等。纳米粉体表面原子数比例高，具有独特的小尺寸效应、表面效应、量子尺寸效应，已在许多领域得到了越来越广泛的应用。

在纳米制备科学中纳米粉体的制备由于其显著的应用前景发展得较快。纳米粒子的制备方法很多，现常用的方法包括物理方法和化学方法。评价某种粉体制备方法的优劣主要有以下几条标准：粒子纯度及表面的清洁度高；粒子粒径及粒度可控分布；粒子几何形状规则，晶相稳定性好；粉体无团聚或团聚程度低。

2. 纳米固体材料

纳米固体是由纳米微粒构成的体相材料，包括三维纳米块体和二维纳米薄膜。纳米固体按组成它的颗粒尺寸及原子排列形态可分为纳米晶体（纳米微粒为晶态）和纳米非晶体（纳米微粒为短程有序非晶态）。纳米固体由颗粒组元和界面组元构成。由于颗粒尺寸小，因此界面组元在材料中占的体积分数比在普通材料中大得多，例如在平均晶粒尺寸为5nm的纳米陶瓷中，单位体积内包含的界面数达$10^{19}/cm^3$时，晶界原子数超过50%。高浓度晶界及晶界原子的特殊结构导致材料的力学性能、磁性、电学性能、光学性能的改变。

（1）纳米薄膜　纳米薄膜可分为两类：一类是由纳米粒子组成的或堆砌而成的薄膜；另一类薄膜是在纳米粒子间有较多的孔隙或无序原子或另一种材料。纳米粒子镶嵌在另一种基体材料中的颗粒膜就属于第二类纳米薄膜。由于纳米薄膜在光学、电学、催化、敏感等方面具有很多特性，因此具有广阔的应用前景。纳米薄膜的制备方法主要有液相法和气相法。

（2）纳米块体材料　纳米块体材料通常是由表面清洁的纳米微粒经高压形成的人工凝聚体，然后将粉体坯进行烧结。例如纳米氧化物、氮化物块状材料都要经过烧结处理。由于纳米粉体具有巨大的比表面积，使作为粉体烧结驱动力的表面能剧增，扩散速率增大，扩散路径变短，烧结活化能降低，烧结速率加快，这就降低了材料烧结所需的温度，缩短了材料的烧结时间。

3. 纳米复合材料

纳米复合材料是由两种或两种以上的固相至少在一维以纳米级大小（1～100nm）复合而成的复合材料。这些固相可以是非晶质、半晶质、晶质或者兼而有之，而且可以是无机物、有机物或二者兼有。纳米复合材料也可以指弥散相尺寸有一维小于100nm的复合材料，弥散相的组成可以是金属、无机化合物，也可以是有机化合物。

纳米复合材料大致包括三种类型：①0-0复合，即由不同成分、不同相或不同种类的纳米粒子复合而成的固体；②0-2复合，即把纳米粒子分散到二维的薄膜材料中；③0-3复合，即把纳米粒子分散到常规的三维固体中。此外，有人把纳米层状结构也归结为纳米材料，由不同材质构成的多层膜也称为纳米复合材料。这一类材料在性能上比传统材料也有极大改善，已在有些方面获得了应用。

纳米复合物在润滑剂、高级涂料、人工肾脏、多种传感器及多功能电极材料方面均起重要作用。例如在Fe的超微颗粒外覆盖一层厚为5～20nm的聚合物后，可以固定大量蛋白质或酶，以控制生化反应，这在生物技术、酶工程中大有用处。

7.5.3　纳米材料的性能及应用

由于纳米材料具有独特的力学、热学、光学、电学、磁学、化学和生物医学等性质，可广泛地用于高力学性能环境、光热吸收、非线性光学、磁记录、特殊导体、分子筛、超微复合材料、催化剂、热交换材料、敏感元件、烧结助剂、润滑剂等领域。

1. 力学方面的应用

高韧、高硬、高强是结构材料开发应用的经典主题。纳米材料在力学方面可以作为高温、高强、高韧性、耐磨、耐腐蚀的结构材料。例如，金属陶瓷作为刀具材料已有50多年的历史，由于金属陶瓷的混合烧结和晶粒粗大的原因其力学强度一直难以有大的提高。应用纳米技术制成超细或纳米晶粒材料时，其韧性、强度、硬度大幅提高，使其在难加工材料刀具等领域占据了主导地位。使用纳米技术制成的陶瓷、纤维广泛地应用于航空航天、航海、石油钻探等恶劣环境中。

2. 磁学方面的应用

纳米磁性材料具有十分特别的磁学性质。纳米微粒尺寸小，具有单磁畴结构和矫顽力很高的特性。用它制成的磁记录材料不仅音质、图像和信噪比较好，而且记录密度比 $\gamma\text{-}Fe_2O_3$ 高几十倍。此外，超顺磁的强磁性纳米颗粒还可以制成磁性液体，广泛应用于电声器件、阻尼器件、旋转密封、润滑、选矿、医疗器械、光显示等领域。

3. 光学方面的应用

纳米微粒由于小尺寸效应，使它具有常规材料不具备的光学特性，如光学非线性、光吸收、光反射、光传输过程中小的能量损耗等都与纳米微粒尺寸有很强的依赖关系。利用这些性质制得的光学材料在日常生活中和高科技领域中有广泛的用途。由于量子尺寸效应，纳米半导体微粒的吸收光谱一般存在蓝移现象，其光吸收率很大，可应用于红外线感测器材料。利用某些纳米材料的光致发电现象制作发光材料，如利用纳米非晶氮化硅在紫外光到可见光范围的光致发光现象，锐钛矿型纳米二氧化铁的光致发光现象等来制作发光材料。用二氧化硅纳米微粒制成的光纤对波长大于600nm光的传输损耗小于10dB/km。

4. 热学方面的应用

纳米材料的比热和热膨胀系数都大于同类粗晶材料和非晶体材料，这是由于界面原子排列较为混乱、原子密度低、界面原子耦合作用变弱的结果。因此在储热材料、纳米复合材料的机械耦合性能应用方面有极其广泛的应用前景。例如 $Cr\text{-}Cr_2O_3$ 颗粒膜对太阳光有强烈的吸收作用，从而有效地将太阳光能转换为热能；纳米金属材料显著的特点是熔点低，如纳米银粉的熔点低至100℃。这一优点使纳米金属在低温下烧结成合金制品成为现实，而且可望将一般不可互熔的金属冶炼成合金，制造诸如质量轻、韧性好的“超级”钢等特种合金。

5. 电学方面的应用

纳米材料在电学方面主要可以作为导电材料、超导材料、电介质材料、电容器材料、压电材料等。利用纳米粒子的隧道量子效应和库仑堵塞效应制成的纳米电子器件具有超高速、超容量、超微型、低能耗的特点，有可能在不久的将来全面取代目前的常规半导体器件。用纳米粉末辅加适当工艺，能制造出具有巨大表面积的电极，可大幅度提高放电效率的高性能电极材料。纳米导电浆料（导电胶、导磁胶等）可广泛应用于微电子工业中的布线、封装、连接等，对微电子器件的小型化起着重要用。纳米金属粉末对电磁波有特殊的吸收作用，可作为军用高性能毫米波隐形材料、可见光-红外线隐形材料和结构式隐形材料、手机辐射屏蔽材料。

6. 化工环保方面的应用

纳米材料在橡胶、塑料、涂料等精细化工领域都能发挥重要作用。如纳米 Al_2O_3 和 SiO_2 加入到普通橡胶中，可以提高橡胶的耐磨性和介电特性，而且弹性也明显优于用白炭黑作填料的橡胶。塑料中添加一定的纳米材料，可以提高塑料的强度和韧性，而且致密性和防水性也相应提高。此外，在有机玻璃中加入经过表面修饰处理的 SiO_2 可使有机玻璃抗紫外线辐射而达到抗老化的目的；而加入 Al_2O_3，不仅不影响玻璃的透明度，而且还会提高玻璃的高温冲击韧性。纳米 TiO_2 能够强烈吸收太阳光中的紫外线，产生很强的光化学活性，可以用光催化降解工业废水中的有机污染物，具有除净度高、无二次污染、适用性广泛等优点，在环保水处理中有着很好的应用前景。在环境科学领域，除了利用纳米材料作为催化剂来处理工业生产过程中排放的废料外，还将出现功能独特的纳米膜。这种膜能探测到由化学和生物制剂造成的污染，并能对这些制剂进行过滤，从而消除污染。

7. 医药方面的应用

纳米粒子比红血细胞（6～9nm）小得多，可以在血液中自由运动，纳米粒子药物在人体内的传输更为方便，还可以用来检查和治疗身体各部位的病变。用数层纳米粒子包裹的智能药物进入人体，可主动搜索并攻击癌细胞或修补损伤组织；使用纳米技术的新型诊断仪器，只需检测少量血液就能通过其中的蛋白质和DNA诊断出各种疾病。银具有预防溃烂和加速伤口愈合的作用，通过纳米技术将银制成尺寸在纳米级的超细小微粒，然后使之附着在棉织物上，杀菌能力可提高200倍左右，对临床常见的外科感染细菌都有较好的抑制作用。矿物中药制成纳米粉末后，药效可大幅度提高，并具有高吸收率、剂量小的特点；还可利用纳米粉末的强渗透性将矿物中药制成贴剂或含服剂，避开胃肠吸收时体液环境与药物反应引起的不良反应或造成吸收不稳定；也可将难溶矿物中药制成针剂，提高吸收率。

由于纳米材料的奇特性质，其应用领域极为广泛，可以说它已经渗透到了方方面面。利用纳米微粒巨大的比表面积还可以制成气敏、湿敏、光敏、温敏等多种传感器。纳米材料研究是目前材料科学研究的一个热点，其相应发展起来的纳米技术被公认为是21世纪最具有前途的科研领域。

思考题

1. 简述形状记忆合金的效应原理、记忆条件，举例说明形状记忆合金在工程、生物及航空领域的应用。
2. 为什么非晶材料具有晶态材料所无法比拟的优异性能，而且，具有潜在的广阔的应用前景。
3. 超导材料如何分类？举例叙述其应用。
4. 为满足应用的要求，储氢合金一般应具备、满足哪些方面的要求？
5. 举例说明纳米材料的性能及应用。

第8章 工程材料的合理选用

教学基本要求

1. 熟悉工程材料选用的原则，正确运用选材方法。
2. 能熟练选择一般机械零件，如轴类、齿轮、切削刀具等的材料及热处理方法。
3. 熟知汽车发动机零件，如发动机曲轴的选材及热处理方案及工艺路线。
4. 了解航空航天功能材料的种类及应用。
5. 了解锅炉和汽轮机材料的种类及应用。

8.1 机械零件合理选材的基本原则与步骤

如何正确、合理地选用机械零件用材及其热处理，是从事机械设计与制造的每一位工程技术人员都应具备的基本能力。这是因为，机械零件的设计不仅仅是结构设计，同时也包括材料的选用。选材问题处理得是否合理，不仅对零件的质量和工作寿命起着至关重要的作用，而且还将影响零件的生产成本和产品的经济效益。可见，这是一项复杂而有一定难度的工作，必须全面综合考虑。

机械零件在选材时一般应遵循以下原则：①使用性原则；②工艺性原则；③经济性原则；④可持续发展原则。

8.1.1 使用性原则

使用性原则是指机械零件必须满足力学、物理、化学等性能要求，是保证零件完成所设计的功能的必要条件，因而成为选材时考虑的最主要因素。不同零件所要求的使用性能是不一样的，因此选材时首要的任务就是要在分析机械零件工作条件的基础上，判断零件所要求的主要使用性能有哪些。

零件工作条件的分析包括以下几方面：

(1) 受力状况分析　主要有受力大小、受力种类（拉伸、压缩、弯曲、扭转以及摩擦力等）、载荷性质（静载、动载、交变载荷等）及其分布特点等。

通常，机械零件都是在受力条件下工作的，所要求的使用性能主要是材料的力学性能。因而，只要针对零件的具体工作状况及要求，同时考虑到对零件尺寸和重量的要求或限制以及零件的重要程度（重要件往往需要有较高的安全系数），就能确定零件材料应具有的主要力学性能。

作为力学性能的判据在用于选材时可分为两类：一类是可直接用于设计计算的，如抗拉强度、屈服强度、疲劳强度、弹性模量、断裂韧度等；另一类是不能直接用于计算，但可根据经验而间接用于确定零件的性能，如伸长率、断面收缩率、冲击吸收能量等。后一类性能判据往往是作为保证安全的性能判据，其作用是增加零件的抗过载能力和使用安全性。硬度判据（如 HBW、HRC、HV 等）虽然不能直接用于计算，但由于它在确定的条件下与其他性能判据（如强度、塑性、韧性、耐磨性等）密切相关，且硬度值获取方法简便又基本不破坏零件，因此实际工作中应用普遍，常在零件的技术要求中以标注硬度值和材料的处理状态来综合反映对其力学性能的要求。

在按照上述力学性能判据选材时，要注意解决好材料的强度和塑性、韧性合理配合的问题。经常是强度与塑性、韧性间相互矛盾着，提高了材料的强度，其塑性和韧性就会降低；反之亦然。增加零件强度是为了充分发挥材料的潜力，减小零件的尺寸和重量，但零件的安全性通常依靠适当的塑性、韧性来保证。因为零件上的形状突变处（如孔、槽、台阶等）以及材料内部存在的缺陷（如气孔、夹杂物等），在工作时可能会形成应力集中的“敏感性缺口”，如果材料有足够的塑性、韧性，就可以通过局部塑性变形使应力松弛，并通过冷变形强化增加零件的强度，从而使零件不至于发生破坏。

不同零件所要求的使用性能是不同的，即使是同一零件的不同部位，有时对使用性能的要求也有所不同。如汽车、拖拉机上的连杆螺栓，工作时整个断面承受的是均匀分布的周期变化拉应力，其损坏形式除了由于强度不足引起过量塑性变形外，还会产生疲劳断裂。因此，连杆螺栓材料除了要求有足够高的屈服强度和抗拉强度外，还要求有较高的疲劳强度。同时要求材料必须具有足够的淬透性，以使淬火时心部获得半马氏体组织。而齿轮零件，则齿面要求高硬度，心部要求一定的强度和较好的塑性、韧性。

（2）环境状况分析　除根据力学性能选材外，对于在高温和腐蚀介质中工作的零件，还要求材料具有优良的化学稳定性（即抗氧化性）、耐蚀性及抗高温蠕变性能等。

工作周围的环境包括温度（如高温、常温、低温和交变温度等）、湿度（水中长期或间歇浸泡状态、露天雨雪淋泡及风沙侵蚀状况）、介质情况（有无海水、酸、碱和盐腐蚀等）和摩擦条件等。

（3）特殊要求分析　如对电性能（导电性或绝缘性）、磁性能（顺磁、逆磁、铁磁、软磁、硬磁）、热性能（导热性、热膨胀性）和密度等有特殊要求时，就应根据材料的物理和化学性能进行选材。如要求零件具有高导电性和导热性，应选铜、铝等金属材料；要求零件具有好的绝缘性，应选高分子材料和陶瓷材料；要求零件耐腐蚀或抗氧化，应选不锈钢或耐热钢、耐蚀合金或高温合金和陶瓷材料等；要求零件防磁，应选奥氏体不锈钢、铜及铜合金、铝及铝合金等；要求零件质量轻，应选铝合金、钛合金和纤维增强复合材料等。

8.1.2　工艺性原则

材料工艺性能的好坏，在很大程度上影响着零件制造的难易程度、生产效率、加工成本和加工质量等，因此，尽管与使用性能的要求相比工艺性能处于次要地位，但在选材时其重要性同样不可忽视。在市场条件下，工艺性能还可能成为决定材料取舍的主要因素。

在金属材料、高分子材料和陶瓷材料三大类别中，金属材料的工艺性能主要有铸造性能、压力加工性能、焊接性能、可加工性能和热处理工艺性能等。

1. 铸造性能

金属材料的铸造性能可通过流动性、收缩性、偏析倾向、吸气性和熔点等判据加以综合评定。流动性好，收缩性和偏析倾向小，则铸造性能好。在同一合金系中，以共晶成分或在共晶点附近成分的合金铸造性能最好。几种常见金属的铸造性能见表 8-1。铸铁由于铸造性能优良、熔炼方便，成为制造承载不大、受力简单而结构复杂，尤其有复杂内腔结构的零部件，如机床床身、发动机气缸等的最常用材料。球墨铸铁在许多场合现已可以替代铸钢。铸造铝硅合金适合于制造要求轻巧结实或有一定耐磨性的铸件。

表 8-1　常见金属的铸造性能

合金	流动性	收缩性		偏析倾向	对壁厚的敏感性	熔点	其他
		体收缩	线收缩				
铸造铝合金	尚好	小	小	大	大	低	易吸气和氧化
铸造黄铜	好	小	小	较小	—	比铸铁低	易形成集中缩孔
铸造青铜	比黄铜差	最小	较小	大	—	比铸铁低	易产生缩松
灰铸铁	很好	小	小	小	较大	较高	—
球墨铸铁	比灰铸铁稍差	大	小	小	比灰铸铁小	比灰铸铁略高	易形成缩孔、缩松，白口倾向大
铸钢	差	大	大	大	小	高	导热性差，高碳钢易冷裂

2. 压力加工性能

压力加工性能主要以金属的塑性和变形抗力来衡量。金属在压力加工时，塑性越好，变形抗力越小，则压力加工性能越好。压力加工分为热成形加工和冷成形加工。热成形加工时，还应考虑金属锻造温度范围的宽窄和抗氧化性的好坏等。冷成形加工时主要以材料的塑性、变形抗力、加工表面质量和产生裂纹倾向等来衡量。

一般来说，低碳钢的压力加工性能好，随着碳含量的增加，非合金钢的压力加工性能变差。合金钢的压力加工性能不如相同碳含量的非合金钢。变形铝合金、铜合金等也有较好的压力加工性能。

3. 焊接性能

焊接性能通常用材料在焊接加工时焊接接头产生裂纹、气孔等缺陷的倾向以及焊接接头对使用要求的适应性来衡量。常用金属材料的焊接性能见表 8-2。各类结构钢，尤其以碳当量小于 0.4% 的钢材是焊接结构件中应用最多的金属材料。

表 8-2　常用金属材料的焊接性能

材　料	焊接性能	焊　接　性　能　说　明
低碳钢、低合金结构钢、奥氏体不锈钢	良好	在普通条件下都能焊接，没有工艺限制。但当焊件厚度太大，或施焊温度过低时，焊前要预热。奥氏体不锈钢焊接时要注意防止产生晶间腐蚀
中碳钢、高碳钢、合金结构钢	一般或较差	随碳含量和合金含量增加，形成焊接裂纹的倾向增大。焊前应预热，焊后应热处理
铸铁	很差	焊接裂纹倾向大，且焊接接头易产生白口。主要用于铸铁件的补焊
铝及铝合金	较差	氧化倾向大，易形成夹杂物和未熔合；焊接接头易产生热裂纹和氢气孔
铜及铜合金	较差	裂纹倾向较大，易产生气孔和未焊透等缺陷

4. 可加工性能

可加工性能一般用切削抗力大小、加工零件的表面粗糙度、加工时切屑排除难易程度和刀具磨损的快慢程度来衡量。铝、镁合金和易切削钢的可加工性良好；碳钢和铸铁的可加工性一般；高速钢、奥氏体不锈钢、钛合金等材料较难切削。采用适当的热处理可调整某些材料的硬度，如钢的硬度在 170～230HBW 时其可加工性较好；当钢材中碳的质量分数大于 0.6% 时，采用球化退火可以改善可加工性能。

5. 热处理工艺性能

金属材料的热处理工艺性能常用淬透性、淬硬性、变形开裂倾向、过热倾向、氧化脱碳倾向、回火脆性倾向和耐回火性等进行评价。大多数钢和铝合金、钛合金及球墨铸铁通过热处理都可得到强化，铜合金少数可以利用热处理进行强化。例如，形状复杂且要求整体硬度高的零件，应该选用淬透性及淬硬性好、变形开裂倾向小的材料来制造，如一阀体从强度要求选用 45 钢即可，但是作为阀体，它是一种形状复杂的零件，使用 45 钢在淬火中变形开裂倾向大，为保险起见，应选用 40Cr 油淬。

工程非金属材料的成形工艺各有自身的特点，选用时应根据实际的生产条件考虑其成形加工的可行性。多数陶瓷材料经烧结成形后具有极高的硬度，只能用碳化硅或金刚石砂轮磨削成形，一般不能进行其他加工。高分子材料可切削成形，但因其导热性较差，影响切削热的散出，工件在切削时易急剧升温，严重时可使材料软化或变焦。

选材时应根据具体零件的加工特点和生产批量来考虑其工艺性能要求。例如，对力学性能要求不高但结构较复杂的箱体零件，用铸造的方法生产毛坯，因此应主要考虑其铸造性能和可加工性能。又如，大批量生产的冷镦螺钉、螺母，只要求其具有良好的锻压性能。再如，对于要求高强度高精度的模具，选材时要着重考虑的工艺性能是材料的可加工性和热处理工艺性能。

8.1.3 经济性原则

在市场经济中，讲求经济效益是大多数产品（尤其是民用产品）在设计时所要遵循的基本原则。所以，采用质优价廉的材料，降低成本，使产品在市场上具有最强的竞争力，争取最好的经济效益，始终是设计者要时刻不忘的原则，即要遵循经济性原则。一个产品或零件的总成本从制造者角度看，一般是由材料的成本、加工制造成本以及维修保养成本（或售后服务成本）等构成的，其中前两部分设计师考虑较多，因此对于选材的经济性一般从这两方面加以考虑。

1. 合理降低材料的成本

在满足零件使用性能和使用寿命期限的前提下，无疑应优先选择价格尽量低廉且供应充分的材料。常用的金属材料中，非合金结构钢价格最低；低合金结构钢、优质非合金结构钢、非合金工具钢价格也较便宜；铸钢件（含毛坯加工成本）、合金结构钢、低合金工具钢的价格较高些，为非合金结构钢价格的 2～4 倍；高合金钢和工程非铁合金价格最为昂贵，可为非合金结构钢的 5 倍乃至更高。非金属材料的价格因品种不同而有较大的差异。但高聚物材料的单位体积价格往往相对较低，在某些场合用其代替金属材料，不仅可以降低成本，而且有较好的使用效果，值得加以重视。表 8-3 是常见材料的参考价格，仅供参考。应当指出，单从价格的高低来决定材料的弃取，往往过于简单和片面。

表 8-3　常用材料的参考价格（2009 年初）

材料	参考价格/元 · t^{-1}	材料	参考价格/元 · t^{-1}
Q235（型材）	3750～4550	电解镍	90250
Q345	5770～6600	ABS（环保）	8400
20CrMoTi（圆钢）	6500	通用 PVC	2800～3000
高速钢	17500	环氧树脂	19500～20000
铸铁（锭）	2100～2800	尼龙 66	28500
电解铜	30150	聚碳酸酯	25800～32500
电解铝	12380	刚玉（Al_2O_3）	4200～4250
电解锌	11200	碳化硅	2000～4000

注：资料来源于阿里巴巴网站。

2. 材料加工工艺成本要低

材料加工工艺的讨论实质是经济性研究。这对于那些形状复杂、加工费用高的零件来说意义更大。以球墨铸铁件代替钢材锻造曲轴就是这方面的一个例子。设计中坚持以铁代钢、以铸代锻、以型材代替锻件和焊件的原则，都是降低材料或制造成本的良好措施。又如，对于要调质处理的零件，若选用合金调质钢（如 40Cr 钢），因其淬透性好，热处理变形小，废品率低，因而工艺成本比选用碳素钢（如 45 钢）低。

选择与低成本加工工艺方法相适应的材料，往往也可使零件的总成本降低。例如，一般的机床床身，批量生产时应选用质优价廉的灰铸铁，但在单件生产时，选用钢板焊接反而更经济，因为生产设备简单，省去了制作模样、造型和造芯等工序的费用，而且缩短了制造周期。

在选材时还应注意立足于本国资源，多采用我国资源丰富的合金钢系列，如锰钢、硅钢等；少选或不选含铬、钴等我国资源缺乏的钢种，这样有利于保持材料货源的稳定。还应尽量减少材料的品种及规格，以求简化采购、运输和管理等工作。

3. 要进行价值工程分析

在市场经济中更多的则是考虑产品的功能成本，即运用价值工程方法来分析产品成本。价值工程也称为价值分析，是指以产品或作业的功能分析为核心，以提高产品或作业的价值为目的，力求以最低寿命周期成本实现产品或作业使用所要求的必要功能的一项有组织的创造性活动。价值分析涉及价值、功能和寿命周期成本等三个基本要素。价值分析中所述的价值，是指对象（产品或作业）具有的必要功能与取得该功能的总成本的比值，即效用（或功能）与费用之比，即

$$\text{价值}\ (V) = \frac{\text{功能}\ (F)}{\text{成本}\ (C)}$$

它是对研究对象的功能和成本进行的一种综合评价。在选材中也要从社会需求出发，充分考虑产品的寿命周期成本，从价值分析的角度，即根据材料的功能成本比（称为价值）来考虑选材的经济性问题显得更为合理。

生产实践表明，在许多时候，选用性能优良的材料，虽然价格贵些，但因提高了零件的质量和使用寿命，实际上比选用价低而性能差的材料更为经济。例如，某大型载货车辆构件可用 Q235 钢来制造，也可用 Q420（15MnVN）钢来制造，当以抗拉强度为主要指标进行选

材时，两者可简略列成表8-4进行价值比较。从表8-4可见，选用后者不仅满足了设计强度要求而且减轻了车辆本身质量，提高了车辆“载重比”，车辆本身质量减轻，既减少了钢材耗用，又减少了油料消耗，直接降低了车辆的寿命周期成本。

表8-4 Q235和Q420两种材料的价值比较

牌号	功能（F）		成本（C）	价值（V）
	R_m/MPa	比值[1]	相对成本	$V=F/C$
Q235	375~500	1	1	1
Q420	590~740	1.5	0.94	1.6

① 指两钢材平均抗拉强度的比值。

可见，在很多情况下，选材时，可将材料的性能作为功能，与材料的成本或价格相比，从而得出其价值，根据价值的大小判断其经济性。这其中既有对消费者希望少花钱多受益的期望，也有对社会“可持续发展”要求的回应，更多地则表现了企业对待社会的伦理道德素质。

8.1.4 可持续发展原则

21世纪是知识经济时代，同时也是可持续发展的世纪。社会、经济的可持续发展要求以自然资源为基础，与环境承载能力相协调。开发、研制与使用生态环境材料，恢复被破坏的生态环境，减少废气、污水、固态废弃物对环境的污染，控制全球气候变暖，减缓土地沙漠化，用材料科学与技术来改善生态环境，是历史发展的必然，也是材料科学的进步。因此，在选择材料时，还应注意：

（1）尽量选用节约资源、降低能耗的材料　选择生态环境材料，是追求社会保证实施可持续发展的根本出路。例如，在保证上述性能的条件下选择非调质钢代替调质钢，既节省了能源，又减少了环境污染。

（2）开发与选用环境相容性的新材料　现在人们在纯天然材料、生物医学材料、绿色包装材料、生态建材乃至新型金属材料等方面的开发和应用都有较大的进展。在生态环境材料应用研究中，对现有材料进行环境协调性改性方面，如采用二次精炼、控制轧制与控制冷却等新技术而制得的新型工程构件用钢，其综合力学性能有较大幅度提高，节约又降耗。

（3）尽可能选用可环境降解材料　社会生活中当产品使用报废后，其废弃物材料若不易分解且难于被自然界所吸收，将对环境产生极大的污染，如聚合物材料的加工和使用后的废弃物就会造成严重的环境污染。在此情况下，应优先选用可环境降解的新型塑料制品。这种新型塑料在废弃后，能在一定时间内经光合作用而脆化、降解成碎片，再经大自然的侵蚀而进入土壤被微生物消化，可以减少环境污染。

针对污染问题，人们正在研发各种生态环境材料，对环境进行修复、净化或替代等处理，逐渐改善地球的生态环境，使之朝可持续发展的道路前进。

8.1.5 选材的基本步骤

零件选材的基本步骤大致如下：

1）正确分析零件的工作条件和失效形式，提出零件最关键的性能指标要求，初步确定候选材料的类型范围。

2）通过分析计算或加实验的方法分析应力的分布及大小，确定零件应具有的主要力学性能指标，在特定条件下还要考虑物理、化学性能判据。

3）在以上工作的基础上，进行材料的预选择。此时不局限于选择一种材料，可提出多种用材方案，以便比较。对预选的材料，在经过工艺性和经济性分析之后，进行综合评价。综合评价应采用定量与定性相结合的方法。由此可确定零件所用材料的牌号，并同时决定零件的热处理方法或其他强化处理方法。

4）对于重要的零件应进行产品试制，初步检验所选材料和热处理方法是否满足所设计的性能判据要求，以及零件加工过程有无困难。试验结果基本满意后再进行正式投产。

上述选材步骤只就一般过程而言，非严格程序。实际工作中还常采用经验法、类比法、替代法及试差法等多种方法，即通过借鉴或参考以往的成功经验或其他种类产品中功能或使用条件类似，且实际使用良好的零件的用材情况，经过合理的分析、对比后，选择与之相同或相近的材料。

8.2 机械零件的失效分析

一台新机器或新零件的设计可以按照前节所述思路进行选材。实际能否满足使用要求，还须通过实践检验。如对产品试制并进行规定负荷试验，直至零件损伤、失效，再进行全面分析，进而确定零件应具备性能的具体数值。即使正常生产的产品，发生非正常损坏也应进行失效分析，寻找原因，为今后选材积累数据。可见，零件失效分析是零件设计的又一重要依据。

8.2.1 零件失效及失效形式

零件的失效，是指当材料的使用性能不能满足零件工作条件的要求时，零件就以某种形式失去其应有的效能，即失效。例如，机床主轴在工作中因变形而失去精度，无法加工出合格产品；弹簧因工作过久，虽未变形或断裂，但已失去弹性等；压力容器在使用中，材料内部出现达到危险尺寸的裂纹；齿轮在工作过程中因轮齿折断而无法传递动力，螺栓在使用中发生断裂而不能起到联接或紧固作用；车床上的三爪自定心卡盘长期使用后因磨损而变形，无法牢固地夹持工件等。

根据零件承受载荷的类型和外界条件及失效的特点，失效形式可归纳为三大类：过量变形、断裂和表面损伤。每一类型中还包括几种具体的失效形式，如图 8-1 所示。同一个零件可以有几种失效形式，在使用过程中也可能有不止一种失效形式发生作用，但零件在实际失效时一般总是以一种失效形式起主导作用，很少同时以两种或两种以上形式失效。究竟哪是主导因素，应作具体的失效分析。

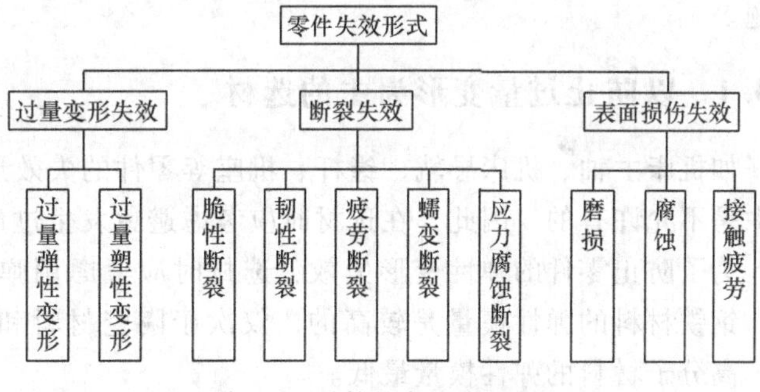

图 8-1　零件的主要失效形式

8.2.2 失效分析

失效分析的目的是找出产生失效的主导因素，为能准确确定零件的主要使用性能提供可靠依据。例如，各类发动机曲轴的选材，按传统的知识认为，曲轴工作中主要承受高的冲击性和耐磨性，应选用45 钢制造。而失效分析结果证实，曲轴的主要失效形式是疲劳断裂，所以疲劳强度应是曲轴设计、制造的主要使用性能指标，选用球墨铸铁制造质优、耐用又价廉。可见，了解失效形式是正确选材的基本前提之一。

实际上，一个零件的失效往往是相当复杂的，常常不是单一原因造成的，而是多种因素共同作用的结果。所以，失效分析是一项涉及面很广的复杂的技术工作，必须要有一个科学的方法，合理的工作程序。

首先，对零件使用现场进行调查。了解零件的工作环境和失效经过，拍照记录相关零件的受损情况、零件的使用寿命，收集并保存失效零件残体供分析用。

其次，收集零件用材和制造工艺档案资料。复查零件材料的化学成分和原材料质量，详细了解零件的毛坯制造、机械加工、热处理等工艺和操作过程。

第三，失效零件本身的检测分析。对失效零件进行损伤处的外观分析（了解零件的损伤种类，寻找损伤的起源，观察损伤部位的表面粗糙度和几何形状等），并取样进行断口分析、金相分析、力学性能测试等。还要分析在失效零件上收集到的腐蚀产物的成分、磨屑的成分等，必要时还要进行无损探伤、断裂力学分析等。

综合上述各方面的调查和分析结果，判断影响零件失效的各种因素，排除不可能或非重要的因素，最终确定零件失效的真正原因，特别是起决定作用的主要原因。

失效分析的结果，既可对零件的失效形式加以预测，又是零件选材的依据，同时又可以对合理制订零件的制造工艺、优化零件的结构设计，以及新材料的研制和新工艺的开发等提供有指导意义的数据。但在本课程中仅就材料方面的问题进行讨论。

8.3 常用零件选材的原则方法

选材的一般思路或方法就是以不同种类的零件所要求的不同主要性能为出发点，来确定适用的材料种类及强化方法。本节简介几种以力学性能为主进行选材的方法及其需要注意的问题。

8.3.1 以防止过量变形为主的选材

如机床主轴、机床导轨、镗杆、机座等零件的失效形式多以过量弹性变形为主，这在工作中是不允许有的。因此，在选材时应考虑避免发生过量变形失效。

为了防止零件的弹性变形失效，选材时应考虑用弹性模量高的材料。在常用工程材料中，钢铁材料的弹性模量是较高的，仅次于陶瓷材料和难熔金属，而工程非铁合金则要低些，高分子材料的弹性模量最低。

塑性变形是零件的工作应力超过了材料的屈服强度的结果。零件应选用屈服强度较高的材料，以防止出现塑性变形失效。钢材的屈服强度主要取决于其化学成分和组织，增加碳含量、合金化以及进行热处理和冷变形强化等对提高钢的屈服强度有显著作用。例如，低碳钢经淬火及低温回火后的屈服强度可高于经调质处理的中碳钢；高强度合金钢经适当的热处理后可达到很高的屈服强度，在常用工程材料中仅次于陶瓷材料。

非铁合金中，钛合金的屈服强度较高，与碳钢大致相当；铜合金和铝合金的屈服强度要低一些。高分子材料的屈服强度一般较低。由于高分子材料和铝合金等在比强度、耐蚀性和价格等方面的优点，在零件结构和尺寸设计合理的情况下，也是可以选用的。

8.3.2　以抗磨损性能为主的选材

耐磨性是材料抗磨损能力的判据，它主要与材料的硬度以及显微组织等有关。但对于在不同使用条件下工作的要求耐磨的零件，选材时还应进行具体分析，针对不同情况，应有不同选择。

一种情况是受力小，冲击或振动也不大，但摩擦较剧烈，对塑性与韧性要求不高，主要是要求高硬度，特别是高的耐磨性的零件，如顶尖、冷冲模、切削刀具、量具等。一般多选用经淬火及低温回火后的高碳钢或高碳合金钢，其组织为高硬度的回火马氏体和碳化物。通过适当的表面处理，还可进一步提高这类零件的表面硬度和耐磨性。有时也可选用硬质合金或陶瓷材料等。对于不重要的零件，可采用耐磨铸铁，如白口铸铁、冷硬铸铁等。

第二种情况是同时受磨损与交变应力或冲击载荷作用的零件，要求材料有较高的耐磨性及较高的强度、塑性和韧性，即同一零件的表面和心部具有不同的性能（面硬心韧）。它们的主要失效形式除磨损外，还可能是过量变形或断裂。例如，机床齿轮、凸轮轴等零件，要求心部有良好的综合力学性能，通常选用中碳钢或中碳合金钢，经正火或调质后再进行表面淬火或渗氮；汽车变速齿轮、花键轴套等零件，因在较高的冲击载荷下工作，对心部的塑性、韧性要求高，可选用低碳钢或低碳合金钢，经渗碳淬火及低温回火处理；挖掘机铲齿、铁路道岔、坦克履带等零件，它们在高应力或剧烈冲击的条件下工作，要求有很高的韧性，则可用高锰钢进行水韧处理来满足性能要求。

还有一种情况是在耐磨的同时还要求有良好的减摩性（指具有低而稳定的摩擦因数）的摩擦副零件，如滑动轴承、轴套、蜗轮和齿轮等。常用的材料有轴承合金、青铜、灰铸铁和工程塑料（如聚四氟乙烯）等。

8.3.3　以抗疲劳性能为主的选材

对于发动机曲轴、滚动轴承和弹簧等，最主要的失效形式是疲劳破坏。因此，这类零件在选材时应着重考虑抗疲劳性能。

抗疲劳的零件大多用金属材料制造。对于钢来说，有利于提高疲劳抗力的组织是回火马氏体（尤其是低碳马氏体）、回火托氏体、回火索氏体和贝氏体。可选用低碳钢或低碳合金钢经淬火及低温回火、中碳钢或中碳合金钢经调质或淬火及中温回火、超高强度钢经等温淬火及低温回火，来获得较高的抗疲劳性能。

由于通过表面强化能抑制表面裂纹的萌生和扩展，同时还可以在零件表面形成残余压应力，还可部分抵消工作时由载荷所引起的促进疲劳断裂的拉应力。所以对产生于零件表层的疲劳裂纹，进行表面强化处理是提高疲劳抗力的有效方法，如表面淬火、渗碳、渗氮、喷丸和滚压等。

常用的工程材料中，高分子材料和陶瓷材料的抗疲劳性能较差。

8.3.4 以综合力学性能为主的选材

对于一般轴类、连杆、重要的螺栓和低速轻载齿轮等零件，它们工作时承受循环载荷与冲击载荷，其主要失效形式是过量变形和断裂（大多数是疲劳断裂）。这就要求零件要有较高的强度和疲劳极限，同时还要有良好的塑性和韧性，以增强零件抵抗过载和断裂的能力，即要求材料具有较好的综合力学性能。

对此，如果是一般零件，可选用调质或正火的中碳钢、淬火并低温回火状态的低碳钢、正火或等温淬火状态的球墨铸铁等材料；而重要的零件，则可选用合金调质钢、经控制锻造的合金非调质钢、超高强度钢等；对于受力较小并要求有较高的比强度或比刚度的零件，可考虑选用变形铝合金、镁合金或工程塑料、复合材料等。

8.3.5 选材时应注意的事项

在根据力学性能判据选用材料时，各种材料的性能数据一般都可以从有关的国家标准或设计手册中查到，但在具体应用这些数据时必须注意以下几方面的问题：

1. 成形及改性工艺对材料性能的影响

同一种材料，如果成形及热处理改性工艺不同，其内部组织是不一样的，因而性能数据也不同。如铸件与锻件，退火工件、正火工件与淬火工件等，其力学性能是有差别的，甚至差别很大。

选择了材料牌号只是确定了材料的化学成分，只有同时也选择相应的加工工艺和热处理方法，才能决定材料的性能。因此，必须在零件的成形和热处理状态与标准或手册中的性能数据所注明的状态相同时，才可直接利用这些数据。

2. 材料性能数据的波动

实际材料的化学成分是允许在一定范围内波动的，零件热处理时工艺参数也会有一定的波动，这些都会导致零件性能的波动。选材时应对此有所了解并做出估计。

3. 实际零件性能与实验数据的差距

在各类标准或手册中可以查到不同工程材料的力学性能数据，但这些数据都是由小尺寸标准试样在规定的实验条件下测得的。实际上，它们不能直接代表材料制成零件后的性能，因为零件在实际使用中的受力情况往往比实验条件更为复杂，并且零件的形状、尺寸和表面粗糙度等也与标准试样有所不同。通常，实际零件的性能数据往往随零件尺寸的增大而减小，称为材料的尺寸效应。其原因在于：随着尺寸的增大，零件中存在各种缺陷的可能性也越大，性能受到的削弱也越大。对于需要淬火的零件来说，尺寸增大将使实际淬硬层深度减小，而使零件截面上不能获得与小尺寸试样处理状态相同的均一组织，从而造成性能的下降。淬透性越差的钢，尺寸效应越明显。

4. 零件硬度值的合理确定

零件硬度值的确定不仅要正确地反映零件应有的强度等力学性能要求，而且要考虑到零件的工作条件和结构特点。通常，对于承受均匀载荷、无缺口或无截面变化的零件，因其工作时不发生应力集中，可选择较高的硬度；而对于使用时有应力集中的零件，则应选用偏低一些的硬度值，以使零件有较高的塑性；对于高精度的零件，一般应采用较高的硬度；对于一对摩擦副，两者的硬度值应有一定的差别，其中小尺寸零件的硬度值应比大尺寸零件的高出 25 ~ 40HBW。

5. 非金属材料与金属材料的性能差别

在选材时，不能简单地直接用某种非金属材料取代金属材料，而要根据非金属材料的性能特点进行正确选用，必要时还需对零件结构重新设计。对于工程塑料，应注意它的如下特点：受热时的线胀系数比金属大得多，而其刚度比金属低一个数量级；其力学性能在长时间受热时会明显下降，一般在常温下和低于其屈服强度的应力下长期受力后会产生蠕变；缺口敏感性大；一般增强型工程塑料的力学性能是各向异性的；有的工程塑料会吸湿，并引起尺寸和性能的变化。橡胶材料的强度和弹性模量也比金属小得多，不能耐高温，且易于老化，因此在选用时应注意零件的使用环境、工作温度和寿命周期的要求。陶瓷材料脆性较大，而且其强度对应力状态很敏感，它的抗拉强度虽低，但抗弯强度较高，抗压强度则更高，一般比抗拉强度高一个数量级。

8.4　轴类零件的选材及热处理

8.4.1　工作条件与失效形式

轴是机器中最基本的零件之一，轴的主要作用是支承传动零件并传递运动和动力，轴的质量的好坏直接影响机器的精度与寿命。依据承受载荷的不同，轴可分为转轴、传动轴和心轴三种。转轴既传递转矩又承受弯矩，如齿轮减速箱中的轴等；传动轴是只传递转矩不承受弯矩或承受弯矩较小的轴，如汽车的传动轴等；心轴是只承受弯矩不传递转矩的轴，如自行车的前轴等。综合前述，轴的共同特点是：

1）要传递一定的转矩，可能还承受一定的交变弯矩或拉压载荷。

2）需要用轴承支持，在滑动轴承轴颈处应有较高的耐磨性。

3）大多要承受一定的冲击载荷。

8.4.2　主要性能要求

1）应具有良好的综合力学性能，即强度与塑性、韧性有良好的配合，以防变形和冲击断裂。

2）具有高的疲劳强度，以防轴疲劳断裂。

3）有较高的硬度和良好的耐磨性。

4）特殊条件下的特殊要求。如在高温下工作的轴，要求有高的高温强度和高的抗蠕变变形能力；在腐蚀性介质中工作的轴，则要求有良好的耐蚀性。

显然，作为轴的材料，用有机高分子材料，其弹性模量小，不合适；而用陶瓷材料，其太脆，韧性差，也不合适。因此作为轴的材料，几乎都是选用金属材料。

对轴进行选材时，必须将轴的受力情况作进一步分析，按受力情况可以将轴分为以下几类：

① 刚度和耐磨性为主、轻载的轴。以刚度为主要性能要求、轻载的非重要轴，可以用碳钢或球墨铸铁来制造；对于轴颈有较高耐磨性要求的轴，则须选用中碳钢并进行表面淬火，将硬度提高到 52HRC 以上；若要求高精度、高尺寸稳定性及高耐磨性的轴，如镗床主

轴，则常选用 38CrMoAlA 钢，并进行调质及渗氮处理。

② 主要受弯曲、扭转的轴。如变速箱传动轴、发动机曲轴、机床主轴等，这类轴在整个截面上所受的应力分布不均匀，表面应力较大，心部应力较小，不必选用淬透性很高的钢种，一般选用中碳钢，如 45 钢、45Cr、40MnB 等，既经济，韧性又高。

③ 同时承受弯曲（或扭转）及拉压载荷的轴。如船用推进器轴、锻锤锤杆等，这类轴在整个截面上应力分布均匀，心部受力也较大，选用的钢种应具有较高的淬透性。

8.4.3 轴类零件的选材与工艺路线实例

1. 机床主轴的选材与工艺路线

机床主轴在工作中承受交变弯曲应力与扭转应力，但承受的冲击载荷并不大，转速也不高且平稳。大端轴颈处，因在使用中常会因轴颈磨损导致精度丧失，造成失效；在锥孔与外圆锥面处，工作时易拉毛，这些部位应具有一定的耐磨性。

因此，机床主轴可选用 45 钢，载荷较大者可选用 40Cr 等钢。

图 8-2 为 C6132 车床主轴，用 45 钢制造，其主要工艺路线安排如下：

下料→锻造→正火→粗加工→调质→精车→表面淬火、低温回火→磨削

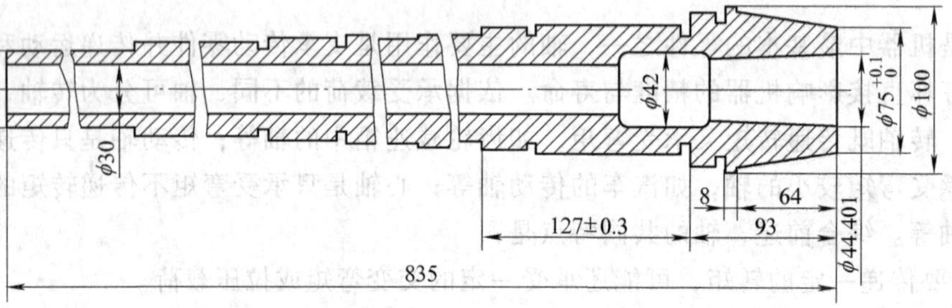

图 8-2 C6132 车床主轴简图

正火的目的是得到合适的硬度，便于机械加工，同时改善锻造组织，为最终热处理做好准备。调质是为了使主轴得到良好的综合力学性能和疲劳强度。将调质安排在粗加工后进行，可以更好地发挥调质的效果。

对轴颈、内锥孔、外锥面进行表面淬火、低温回火，是为了提高硬度，增加耐磨性，延长轴的使用寿命。

常见各类机床主轴的工作条件、常用材料及热处理可参考表 8-5。

表 8-5 常见各类机床主轴的工作条件、常用材料及热处理

序号	工作条件	材料	热处理	硬度	原因	应用举例
1	1）与滚动轴承配合 2）轻载荷或中等载荷，转速低 3）精度要求不高 4）稍有冲击载荷，交变载荷可以忽略不计	45	调质处理	220～250HBW	1）调质后，保证主轴具有一定强度 2）精度要求不高	一般机床主轴

（续）

序号	工作条件	材料	热处理	硬度	原因	应用举例
2	1)与滚动轴承配合 2)轻载荷或中等载荷，转速略高 3)装配精度要求不太高 4)冲击和交变载荷可以忽略	45	调质后整体淬硬	42～47HRC	1)有足够的强度 2)轴颈及装配处有高的硬度 3)不承受大的冲击载荷 4)简化热处理操作	龙门铣床、立式铣床、小型立式车床等的主轴
3	1)与滑动轴承配合 2)轻载荷或中等载荷，转速低 3)精度要求不高 4)冲击交变载荷不大	45	正火，调质，轴颈部分表面淬硬	170～217HBW 220～250HBW 48～53HRC	1)正火或调质后保证主轴具有一定的强度和韧性 2)轴颈处有滑动摩擦，需要有高的硬度	C650、C660、C8480等大重型车床的主轴
4	1)与滚动轴承配合 2)承受中等载荷，转速较高 3)精度要求高 4)受冲击载荷	40Cr (42MnVB)	调质，轴颈部分表面淬硬	220～250HBW 48～53HRC	1)调质后主轴有较高的强度和韧性 2)轴颈处得到需要的硬度	铣床、龙门铣床、车床等的主轴
5	1)与滑动轴承配合 2)承受中等载荷，转速较高 3)承受较高的交变载荷与冲击载荷 4)精度要求较高	40Cr 40MnVB	调质处理 轴颈部分表面淬火 装配处表面淬硬	220～250HBW (250～280HBW) 52～57HRC 48～53HRC	1)调质后主轴具有高的强度和硬度 2)为获得良好的耐磨性选择表面淬硬 3)装配处有一定的硬度	车床主轴或磨床砂轮主轴（ϕ80mm以下）
6	1)与滑动轴承配合 2)中等载荷或重载荷 3)轴颈有高的耐磨性 4)精度要求较高 5)受较高的交变载荷但冲击载荷小 6)表面硬度和显微组织要求高	GCr15 9Mn2V	调质后轴颈和头部局部淬火	250～280HBW (调质) 59HRC (头部)	1)获得高的表面硬度和耐磨性 2)超精磨性能好，粗糙度易降低	较高精度的磨床主轴
7	1)与滑动轴承配合 2)重载荷，转速较高 3)精度要求极高，轴隙小于0.003mm 4)受很高的疲劳应力和冲击载荷	38CrMoAlA	正火或调质，渗氮	250～280HBW >900HV	1)有很高的心部强度 2)达到很高的表面硬度，不易磨损，保持精度稳定 3)优良的耐疲劳性能 4)畸变最小	高精度磨床主轴、镗床主轴、坐标镗床等的主轴

（续）

序号	工作条件	材料	热处理	硬度	原因	应用举例
8	1）与滑动轴承配合 2）受中等载荷，心部要求强度不高，但转速很高 3）精度要求不高 4）不大的冲击应力和较高的疲劳应力	20Cr 20MnVB 20Mn2B	渗碳后淬硬	表面硬度 58～63HRC	1）心部强度不高，受力易扭曲畸变 2）表面硬度高，适用于高速低载荷主轴	高精度精密车床、内圆磨床等的主轴
9	1）与滑动轴承配合 2）重载荷，高速运转 3）高的冲击力 4）很高的交变载荷	20CrMnTi 12CrNi3	渗碳后淬硬	表面硬度 58～63HRC	1）有很高的表面硬度、冲击韧性和心部硬度 2）热处理畸变比20Cr小	转塔车床、齿轮磨床、精密丝杠车床、重型齿轮铣床等的主轴

2. 曲轴的选材与工艺路线

曲轴（见图8-3）在内燃机中工作时，将活塞连杆的往复运动变为旋转运动，是形状复杂而又重要的零件之一。气缸的气体压力通过活塞的作用，使曲轴承受很大的冲击应力和扭转应力，在复杂繁重的工作条件下，曲轴的失效形式主要是轴颈磨损和疲劳断裂。

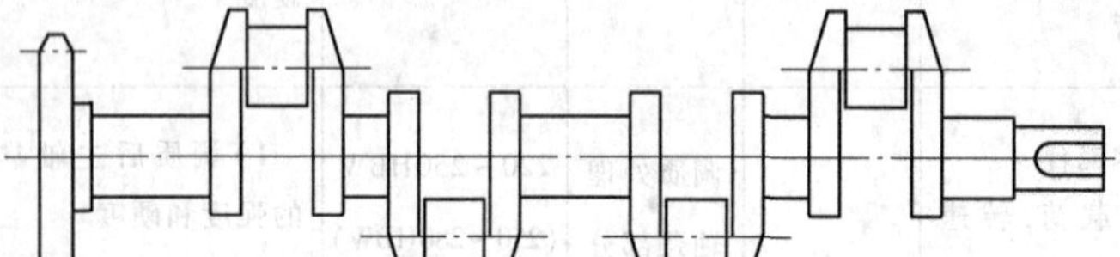

图8-3 曲轴简图

作为高速、大功率内燃机的曲轴，一般都用合金调质钢锻造成形，中、小型的内燃机曲轴常选用球墨铸铁或45钢。表8-6为各种发动机曲轴用材及热处理。

表8-6 各种发动机曲轴用材及热处理

用途	材料	预备热处理		最终热处理		
		工艺	硬度 HBW	工艺	层深/mm	硬度
轿车、轻型车、拖拉机	45	正火	170～228	感应淬火	2～4.5	55～63HRC
	50Mn	调质	217～277	碳氮共渗：570℃，180min 油冷	>0.5	500HV
	QT600-3	正火	229～302	碳氮共渗：560℃，180min 油冷	≥0.1	650HV
载货汽车及拖拉机	QT600-3	正火	220～260	感应淬火，自回火	2.9～3.5	46～58HRC
	45	正火	163～196	感应淬火，自回火	3～4.5	55～63HRC
	45	调质	207～241	感应淬火，自回火	≥3	≥55HRC

球墨铸铁件正火后有较高的强度及屈强比，以及高的扭转疲劳强度，较好的减振性，小的缺口敏感性。经过多次冲击抗力试验发现，在冲击应力不很高时，QT600-3比45钢还好。应用球墨铸铁制造曲轴，不仅工艺性好而且成本低廉。

球墨铸铁曲轴的工艺路线安排如下：

铸造成形→热处理（正火和高温回火）→机械加工→轴颈气体渗氮。

正火（950℃）的目的是增加珠光体含量和细化珠光体，提高抗拉强度、硬度和耐磨性；高温回火的目的是消除正火（风冷、喷雾）所造成的内应力；气体渗氮是为了提高轴颈的表面硬度和耐磨性。

3. 丝杠的选材与工艺路线

作为特种轴，丝杠是机床重要的零件之一。丝杠按其摩擦性质分为滑动丝杠、滚动丝杠和静压丝杠三大类，主要应用于进给机构和调节移动机构（如车床、铣床、磨床、镗床、钻床、刨床进给结构）。它的精度高低直接影响机床的加工精度、定位精度和测量精度，因此要求它具有高精度、高的稳定性和高的耐磨性。

按照热处理的不同，丝杠有不淬硬和淬硬两种。

为保证使用过程中的尺寸稳定，需尽可能消除工件的应力，尽可能减少残留奥氏体量。丝杠受力不大，但转速很高，表面要求有高的硬度和耐磨性，硬度为 60 ~ 64HRC。在加工处理过程中，每一工序都不能产生大的应力和大的应变，尤其是在丝杠加工过程中，应着重考虑防止弯曲、减少内应力和提高丝杠螺距精度。对不淬硬丝杠一般采用车削工艺，外圆及螺纹部分分多次加工，以求逐渐减少切削力和内应力；对淬硬丝杠，则采用“先车后磨”或“全磨”两种不同工艺。

不淬硬丝杠常用 45 钢、易切削钢（Y40Mn）和碳素工具钢（T10A、T12A）等制造；淬硬丝杠常用合金结构钢、合金工具钢及微变形钢等，如 9Mn2V、CrWMn、GCr15 和 GCr15SiMn 等。以选用 CrWMn 钢为例，理由是：

1）CrWMn 钢是高碳合金工具钢，淬火处理后能获得高的硬度和耐磨性，可满足硬度和耐磨性的要求。

2）CrWMn 钢由于加入合金元素的作用，具有良好的热处理工艺性能，淬透性好，热处理变形小，有利于保证丝杠的精度。以 9Mn2V 和 CrWMn 比较，前者淬透性差些，适用于加工直径较小的精密丝杠。

为防止精密丝杠在加工过程中产生很大的应力和变形，满足淬硬精密丝杠的技术要求，工艺路线一般安排如下：

下料→正火→球化退火→粗加工→去应力退火→精加工→淬火→冷处理→低温回火。

8.5　齿轮零件的选材及热处理

8.5.1　齿轮的工作条件与失效形式

齿轮是机械中最主要的传动零件，其作用是传递转矩，变换速度或方向，少数受力不大，仅起分度定位作用；齿轮的转速可以相差很大；齿轮的直径可以从几毫米到几米，工作条件、环境也有很大差别。因此，齿轮的工作条件是较复杂的，但大多重要齿轮仍具有以下共同特点：

1）由于传递转矩，而使轮齿根部承受较大的弯曲应力。

2）齿面在工作过程中相互滚动和滑动，表面受到强烈的摩擦和磨损。

3）由于变速、起动或啮合不良，使轮齿会受到冲击载荷作用。

导致轮齿失效的主要形式是弯曲疲劳轮齿折断和齿面失效（齿面失效又分为齿面磨粒磨损、齿面疲劳点蚀及齿面胶合）。

8.5.2 主要性能要求

1）高的弯曲疲劳强度和接触疲劳强度。

2）齿面有高的硬度和耐磨性。

3）轮齿心部要有足够的强度和韧性。

4）良好的工艺性，成本尽可能低。

8.5.3 齿轮的选材与热处理

齿轮的工作条件不同，所用的材料及热处理方法也有所不同。作为制造齿轮的材料，陶瓷是不合适的，因为脆性大，不能承受冲击。对受力不大或无润滑条件下工作的齿轮，如水表等，可选用塑料（如尼龙、聚碳酸酯等）制造；在低应力、低冲击载荷条件下工作的齿轮，可用 HT250、HT300、HT350、QT600-3、QT700-2 等材料制造；较为重要的齿轮，一般都用钢制造。

8.5.4 齿轮选材与工艺路线实例

1. 机床齿轮的选材与工艺路线

运动平稳，转速中等，负荷不大，无强烈冲击，强度和韧性要求均不太高的机床齿轮，一般用中碳钢（例如 45 钢）制造，采用高频感应淬火进行表面强化处理。图 8-4 为 C6132 车床的传动齿轮，其制造工艺路线为：

下料→锻造→正火→粗加工→调质→精加工→高频感应淬火→低温回火→精磨。

图 8-4 C6132 车床的传动齿轮

对性能要求不高的齿轮可以在锻造后先粗加工，再正火、精加工，省去调质处理。

对极少数高速、重载、高精度或承受一定冲击的齿轮，可采用 38CrMoAlA、35CrMo 等合金渗氮钢进行表面渗氮处理，或合金渗碳钢进行渗碳 + 淬火 + 低温回火处理。

如果该齿轮受力较大，则可选用中碳低合金钢，如 40Cr。

小模数齿轮，由于齿高不大，在进行高频感应淬火时，常常使齿的整个截面热透，造成淬火后心部硬度增高，韧性下降，会发生断齿和崩齿，这时可选用低淬透性钢，如 55Tid、60Tid。

正火的目的是使组织均匀，消除锻造应力，调整硬度，便于切削；调质可以使齿轮具有良好的综合力学性能，提高齿轮心部的强度和韧度（硬度可达 220HBW，冲击韧度可达 40J/cm^2），使齿轮能承受较大的弯曲应力和冲击。

高频感应淬火的目的是赋予齿轮表面以高硬度、高耐磨性，并使齿轮表面有压应力，从而增强了抗疲劳的能力；低温回火是为了消除淬火应力，防止产生研磨裂纹和提高抗冲击能力。表 8-7 为机床齿轮常用钢种及热处理工艺，以供参考。

表 8-7　机床齿轮常用钢种及热处理工艺

序号	齿轮工作条件	牌号	热处理工艺	硬度要求
1	在低载荷下工作，要求耐磨性高的齿轮	15（20）	渗碳	58～63HRC
2	低速低载荷下工作的不重要变速箱齿轮和挂轮架齿轮	45	正火	156～217HBW
3	低速低载荷下工作的齿轮（如车床溜板上的齿轮）	45	调质	200～250HBW
4	中速中载荷或大载荷下工作的齿轮	45	高频淬火中温回火	40～45HRC
5	速度较大或中等载荷下工作的齿轮，齿部硬度要求较高	45	高频淬火低温回火	52～58HRC
6	高速中等载荷，要求齿面硬度高的齿轮	45	高频淬火低温回火	52～58HRC
7	速度不大中等载荷，断面较大的齿轮	40Cr 42SiMn	调质	200～230HBW
8	高速高载荷，齿面硬度要求高的齿轮	40Cr 42SiMn	调质后表面淬火低温回火	45～50HRC
9	高速中载受冲击，模数小于 5mm 的齿轮	20Cr 20CrMo	渗碳	58～63HRC
10	高速重载受冲击，模数大于 6mm 的齿轮	20CrMnTi 20SiMnVB 12CrNi3	渗碳	58～63HRC
11	在不高载荷下工作的大型齿轮	50Mn2 65Mn	正火	<241HBW
12	传动精度高，要求具有一定耐磨性的大型齿轮	35CrMo	正火加高温回火	255～302HBW

2. 汽车齿轮的选材与工艺路线

汽车上使用齿轮的部位主要在变速箱、驱动桥差速器中，通过齿轮传动将动力传至半轴带动主动轮转动，驱使汽车前进，通过改变齿轮速比与方向，控制汽车行驶速度和前进、后退。另外，在发动机凸轮轴有齿轮，汽车起动电动机、汽车里程表等处也使用齿轮。

汽车变速齿轮受力较大，超载和受冲击频繁，其耐磨性、疲劳强度、心部强度及冲击韧度等性能要求均比一般机床齿轮要高，仅选用一般调质钢感应淬火难以保证要求，通常要选用渗碳钢作为重要齿轮。同时要根据汽车齿轮生产批量大的特点，选用先进、合理的工艺方法，追求成本的降低。

我国应用最多的是合金渗碳钢 20Cr、20CrMnTi、20MnVB、20CrMnMo 等，并经渗碳、淬火及低温回火处理。经渗碳后表面碳含量大大提高，保证淬火后得到高硬度，提高耐磨性和接触疲劳抗力。在渗碳、淬火及低温回火后其齿面硬度可达 58～62HRC，心部硬度为 30～45HRC。由于合金元素提高淬透性，淬火、回火后可使心部获得较高的强度和足够的冲击韧度。为进一步提高齿轮的耐用性，渗碳、淬火、回火后，还可采用喷丸处理，以增大表层压应力。其加工工艺路线一般为：

下料→锻造→正火→切削→渗碳→淬火→低温回火→喷丸→磨削。

对于大模数、重载、高耐磨和韧性要求高的齿轮，可以选用 12Cr2Ni4A 或 18Cr2Ni4WA 等高淬透性渗碳钢。

对飞机、坦克等用的特别重要的齿轮，则可选用高性能、高淬透性的渗碳钢（如 18Cr2Ni4WA）来制造。

表 8-8 分别列出了汽车、拖拉机齿轮常用钢种及热处理技术要求，可供参考。

表 8-8 汽车、拖拉机齿轮常用钢种及热处理技术要求

序号	齿轮类型	常用钢种	热处理	
			工艺	技术要求
1	汽车变速箱和差速箱齿轮	20CrMnTi、20CrMo 等	渗碳	层深：$m_n < 3$mm 时，0.6 ~ 1.0mm；3mm $< m_n <$ 5mm 时，0.9 ~ 1.3mm；$m_n >$ 5mm 时，1.1 ~ 1.5mm 齿面硬度：58 ~ 64HRC 心部硬度：$m_n <$ 5mm 时，32 ~ 45HRC；$m_n >$ 5mm 时，29 ~ 45HRC
		40Cr	碳氮共渗	层深：>0.2mm 齿面硬度：51 ~ 61HRC
2	汽车驱动桥主动及从动圆柱齿轮	20CrMnTi、20CrMo	渗碳	渗碳深度按图样要求，硬度要求同序号 1 中的渗碳工艺
	汽车驱动桥主动及从动锥齿轮	20CrMnTi、20CrMnMo	渗碳	层深：$m_t <$ 5mm 时，0.9 ~ 1.3mm；5mm $< m_t <$ 8mm 时，1.0 ~ 1.4mm；$m_t >$ 8mm 时，1.2 ~ 1.6mm 齿面硬度：58 ~ 64HRC 心部硬度：$m_t <$ 8mm 时，32 ~ 45HRC；$m_t >$ 8mm 时，29 ~ 45HRC
3	汽车驱动桥差速器行星及半轴齿轮	20CrMnTi、20CrMo、20CrMnMo	渗碳	同序号 1 中的渗碳工艺
4	汽车发动机凸轮轴齿轮	HT180、HT200		170 ~ 229HBW
5	汽车曲轴正时齿轮	35、40、45、40Cr	正火，调质	149 ~ 179HBW 207 ~ 241HBW
6	汽车起动电动机齿轮	15Cr、20Cr、20CrMo、15CrMnMo、20CrMnTi	渗碳	层深：0.7 ~ 1.1mm 齿面硬度：58 ~ 63HRC 心部硬度：33 ~ 43HRC
7	汽车里程表齿轮	20	碳氮共渗	层深：0.2 ~ 0.35mm

（续）

序号	齿轮类型	常用钢种	热处理	
			工艺	技术要求
8	拖拉机传动齿轮、动力传动装置中的圆柱齿轮及轴齿轮	20Cr、20CrMo、20CrMnMo、20CrMnTi、30CrMnTi	渗碳	层深不小于模数的 0.18 倍，但不大于 2.1mm，各种齿轮渗层深度的上下限差不大于 0.5mm，硬度要求同序号 1、2
9	拖拉机曲轴正时齿轮、凸轮轴齿轮、喷油泵驱动齿轮	45	正火	156～217HBW
			调质	217～255HBW
		HT200		170～229HBW
10	汽车、拖拉机油泵齿轮	40、45	调质	28～35HRC

8.6 弹簧零件的选材及热处理

弹簧是利用材料的弹性和弹簧的结构特点，在产生变形及恢复变形时，可以把机械能或动能转换成形变能，或者把形变能转换成动能或机械能。由于弹簧的这种特性，使其作为重要的基础零件，小至机械钟表发条、枪栓弹簧到生活用品，如测力器和弹簧秤中的弹簧，大至各种汽车都离不开减振弹簧等，因此，弹簧的应用非常广泛。

8.6.1 工作条件与失效形式

为了使弹簧能够可靠地工作和便于制造，要针对弹簧的不同工作条件具体分析。普通弹簧一般是在室温、大气条件下承受载荷，有些弹簧是在不同介质、不同温度下工作。在外力作用下，弹簧材料内部往往产生弯曲应力或扭转应力。板簧承受的最大应力是在根部或位于凹表面，而螺旋弹簧承受的最大切应力是在弹簧圈的内侧表面。所以，弹簧的失效往往在这些部位发生。

总结其失效形式主要是疲劳断裂和应力松弛。

8.6.2 性能要求

在力学性能方面，由于弹簧是在弹性范围内工作，不允许产生永久的塑性变形，因而要求弹簧材料有很高的弹性极限、屈服强度和抗拉强度；由于弹簧一般是在长时间、交变载荷下工作，因而要求弹簧有很高的疲劳寿命；有些弹簧是在较高工作温度下或在腐蚀性环境中工作，则要求弹簧材料有良好的耐热或耐蚀性。

以螺旋弹簧为例，其制造工艺过程为卷制、端部加工、热处理、工艺试验及强压处理。工艺试验的目的是检验弹簧热处理的效果和有无其他缺陷，如弹簧表面是否出现明显的脱碳层等缺陷，是否造成应力集中，从而降低弹簧的疲劳强度。强压处理或表面喷丸强化处理，使表面产生压应力，消除或减轻弹簧的表面缺陷，可以有效地提高弹簧的疲劳强度，延长弹簧的使用寿命，一般安排在弹簧成形及热处理后进行。

对于要求淬火而截面尺寸较大的弹簧，要求钢材有适当的淬透性，较小的过热敏感性和表面脱碳倾向性。在冷热成形时要求材料具有良好的卷制绕簧性能，以便提高弹簧的制造质量。

8.6.3 选材及其热处理

在选材时，对于弹簧的功用、重要程度、使用条件、加工和热处理以及经济性诸因素综合考虑的同时，首先要以抗疲劳性能为主进行选择。制造弹簧用材料按其化学成分分类，有碳素弹簧钢和各种合金弹簧钢以及铁基、镍基、钴基、铜基等弹性合金。在此主要介绍弹簧用钢及其热处理。

1. 热轧弹簧钢

热轧弹簧钢大部分是圆钢和扁钢，用以制造尺寸较大的（弹簧直径 $d>8\text{mm}$ 时）热卷制螺旋弹簧和板簧。弹簧成形后必须经过淬火与回火处理。如60Si2Mn钢制造汽车板簧的工艺路线为：

扁钢剪制→机械加工（孔加工）→加热压弯→淬火→中温回火→喷丸。

热成形弹簧也可采用等温淬火获得下贝氏体或形变热处理，对提高弹簧性能和使用寿命有明显的效果。

表8-9为各种弹簧钢的力学性能及主要用途。

表8-9 各种弹簧钢的力学性能及主要用途

牌号	力学性能(不小于)				硬度HBW不大于	主要用途
	屈服强度/MPa	抗拉强度 R_m/MPa	伸长率 A(%)	断面收缩率 Z(%)		
65	800	1000	9	35	285	用作一般机器上的圆、方螺旋弹簧或小型机械弹簧
70	850	1050	8	30	285	
75	900	1100	7	30	302	用作汽车、拖拉机上承受振动的圆螺旋弹簧
85	1000	1150	6	30	302	用作汽车、拖拉机及一般机器上的扁形弹簧、圆形螺旋弹簧
65Mn	800	1000	8	30	302	用作截面直径小于15mm的中小型低应力弹簧
55Si2Mn	1200	1300	6	30	302	用作汽车、拖拉机、铁道车辆上的板簧、螺旋弹簧等，以及温度在250℃以下的中等应力的弹簧
60Si2Mn	1200	1300	5	25	321	用作汽车、拖拉机、铁道车辆上的板簧、螺旋弹簧，也用于制造承受交变载荷及中等载荷下工作的大型弹簧
60Si2MnA	1400	1600	5	20	321	
60Si2CrA	1600	1800	6	20	302	用作承受重载荷和重要用途的大型螺旋弹簧和板簧
60SiMnWA	1700	1900	5	20	302	用作极重要的和重载下工作的螺旋弹簧和板簧
60Si2CrVA	1700	1900	6	20	302	

（续）

牌号	力学性能（不小于）				硬度 HBW 不大于	主要用途
	屈服强度 /MPa	抗拉强度 R_m/MPa	伸长率 A(%)	断面收缩率 Z(%)		
50CrVA	1150	1300	10	40	321	用作特别重要的承受大应力的各种尺寸的螺旋弹簧，也可用作大截面的以及在 300℃以下工作的重要弹簧
30W4Cr2VA	1350	1500	7	40	321	用作高温条件下使用的弹簧
55SiMnVB	1250	1400	5	30	321	用于汽车前后簧、副簧
55SiMnMoV	1300	1400	6	30	321	用于重型汽车板簧，越野汽车板簧

2. 弹簧钢丝和钢带

弹簧钢丝按供应状态分为冷拔弹簧钢丝、油淬火回火钢丝及退火钢丝等，这些钢丝都是通过热处理而获得较高的弹性。对于薄片弹簧，例如各种钟表发条、碟簧、点火线圈弹簧以及各种弹簧垫圈，经常使用如 50A、65、75、85、95 或 T7A ~ T12A 等钢带来制造。对于要求高强度和耐磨性好的弹簧，则宜选用 T9A、T12A 钢带。

8.7　其他常见零件的选材及热处理

机架、箱体类零件包括常见机械的机身、底座、支架、横梁、工作台、齿轮箱、轴承座、阀体、泵体等。其中，机架、箱体类零件的特点是形状不规则、结构比较复杂，重量差异很大，工作条件也相差很大。如机身、底座等一般的基础零件，以承压为主，并要求有较好的刚度和减振性；工作台、导轨等零件，则要求有较好的耐磨性；有些机械的机身、支架往往同时承受压、拉和弯曲应力的联合作用，或者还有冲击载荷，一般受力不大，但要求有良好的刚度和密封性。

下面以机床导轨为例来分析这类零件的选材及热处理。

1. 机床导轨的工作条件和失效形式

在机床中导轨是其重要的工作基面，是整台机床的装配基础，也是机床工作精度的保证。其失效形式主要是导轨工作面的磨损和擦伤，丧失平直度和表面粗化。为此，在日常生产中对机床导轨维修所占的工作量达整台机床维修工作量的 40% ~ 50%，可见其维护成本是很高的。因此，正确和合理地选择机床导轨的材料和热处理方法是提高其耐磨性、抗擦伤能力、保持机床精度、降低生产维护成本和延长使用寿命的重要措施之一。

2. 机床导轨用材及热处理

普通机床的导轨传统上是采用铸铁经表面淬火，但这种材料易于产生滑动导轨的“爬行”。为了提高机床的定位精度，减少传动阻力，滚动导轨的应用日渐广泛。

为了克服铸铁导轨不能很好适应滚动的点接触或接触载荷的缺点，可采用镶钢导轨，通过淬火、渗碳淬火、感应淬火和渗氮等表面硬化处理，来提高导轨的接触疲劳强度和承载能力。镶钢导轨常用的材料有：9Mn2V、GCr15、CrWMn、20Cr、38CrMoAl 等。

目前，机床导轨用材有三个明显的趋势：硬化导轨的比例增加、镶钢导轨比例增加以及非金属导轨比例增加。表8-10为现行机床常用的配合副及其工作条件。

表 8-10 现行机床常用的配合副及其特点

序号	配合副	工作条件
1	铸铁/铸铁导轨	
2	铸铁/淬火钢导轨	淬硬导轨的磨损速率为不淬硬的 1/2~1/3
3	铸铁/镶淬火钢导轨	镶轴承钢、渗碳钢、渗氮钢的优于序号 2
4	淬火床鞍/淬火床身导轨	对耐磨性要求特别高时，采用此种配合副，其总磨损速率仅为序号 1 的 1/4.5~1/5
5	铸铁/镀铬铸铁	在磨粒磨损的条件下，耐磨性比序号 1 高出 2~3 倍，摩擦因数小，运行平稳
6	塑料/铸铁导轨	适合于在污染条件下工作，磨损量小于铸铁淬火钢，其中聚四氟乙烯基的干摩擦因数极低，吸振爬行性能好
7	铝基合金或锌基合金/铸铁导轨	上导轨镶铝基合金或锌基合金，可减小摩擦，且有防止擦伤铸铁导轨的作用

8.8 切削刀具的选材及热处理

切削刀具泛指丝锥、板牙、钻头、车刀、铣刀、锯条、拉刀等工具，刀具一般由工作部分和夹持部分组成。刀具材料主要是指工作部分的材料。

8.8.1 工作条件与失效形式

在切削过程中，刀具材料在强烈摩擦、高温、高压下工作，还要承受弯曲应力、扭转应力、冲击和振动等，由此造成的失效形式有：

（1）磨损　刀具切削部位与工件被切削部位的强烈摩擦，使刀具前刀面、后刀面等发生磨损。

（2）断裂　切削刀具在冲击力及振动作用下折断或崩刃。

（3）刀具刃部软化　伴随切削过程的进行，由于刀具刃部温度不断升高，若刀具材料的热硬性低或高温性能不足，会致使刃部硬度显著下降而丧失切削加工能力。

8.8.2 主要性能要求

为避免（或减少）产生上述刀具的失效现象，刀具材料应具备以下基本性能：

1）一般有较高的硬度（一般 60HRC 以上）。

2）有较好的耐磨性。

3）有较高的热硬性。

4）有足够的强度和韧性。

5）有较好的工艺性能，如淬透性、焊接性及刃磨性等。

能完全满足上述所有性能要求的刀具材料几乎没有，而且不同的工件材料和加工要求不同，对刀具材料性能的要求也不同，因此应根据不同的加工要求选择合适的刀具材料。

8.8.3　切削刀具的选材

目前，常用的刀具材料有碳素工具钢、合金工具钢、高速钢、硬质合金及陶瓷刀具等。可根据切削刀具的使用条件和性能要求的不同进行合理选用，见表 8-11。

表 8-11　切削刀具选材简介

刀具名称	主要使用性能	选用材料	主要优缺点
手工刀具(简单、低速)，如锉刀、手锯条、木工用刨刀、凿子等工具	高硬度、高耐磨性，对热硬性和强韧性要求不高	碳素工具钢 T7～T12(A)等	价格便宜，但淬透性差，使用温度低
机用刀具(低速、形状较复杂)，如丝锥、板牙、拉刀等	同上，其淬透性、耐磨性提高，使用温度低于 300℃	低合金刃具钢如 9SiCr、CrWMn	淬透性较好，变形开裂小，但热硬性较差
高速切削刃具(使用温度<600℃左右)，如铣刀、车刀和精密刀具等	高硬度、高耐磨性及高热硬性，强韧性、淬透性好	高速钢 W18Cr4V、W6Mo5Cr4V2 等	硬度 62～68HRC，使用温度<600℃，价格较贵
硬质合金刀具(使用温度达 1000℃)	高硬度、高耐磨性、高热硬性，冲击韧度、抗弯强度较差	硬质合金 P10、P20、P30、P40 等	用于高速强力与难加工材料的切削，价格贵
陶瓷刀具(其使用温度可达 1400～1500℃，硬度可高达 5000～9000HV)	硬度(5000～9000HV)、热硬性(1400～1500℃)极高，耐磨性好	氧化铝、热压氮化硅、立方氮化硼等	用于淬火钢、冷硬铸铁等精加工和半精加工，抗冲击力低，易崩刃

8.8.4　典型刀具

1. 麻花钻

麻花钻是应用最广的钻孔工具，切削时钻头在封闭的内表面工作，由于钻头切削刃始终处于连续切削状态，且切削时排屑、冷却困难以及钻头与工件和钻屑之间的摩擦，都会产生大量的切削热，切削温度较高，因此，除要求高的硬度（62～65 HRC）、耐磨性和一定的韧性外，还要求具有较高的热硬性。另外，麻花钻形状复杂，钻心比较薄弱，要求热处理变形要小。根据麻花钻的工作条件和性能要求，一般选用高速钢（如 W6Mo5Cr4V2、W18Cr4V 钢等）制造，其中 W6Mo5Cr4V2 钢不仅具有较高的硬度、耐磨性及高的热硬性，且韧性比 W18Cr4V 高，钻孔时不易脆断。其加工工艺路线如下：

锻造→球化退火→加工成形→淬火→三次高温回火→磨削→刃磨→检验。

麻花钻毛坯采用锻造（或轧制）成形，通过压力加工改善碳化物的分布，同时获得所需的尺寸和形状。球化退火是为了降低硬度、便于切削、消除内应力，并为最终热处理做好组织准备。由于高速钢的导热性很差，麻花钻在淬火加热过程中要进行一次预热，避免在此期间产生变形与裂纹，1270～1280℃的淬火和550～570℃的三次回火是为了获得高的硬度、高的热硬性、高的耐磨性及一定的韧性，其最终组织为回火马氏体+碳化物+少量残留奥氏体。

2. 手用铰刀的选材

手用铰刀是铰孔刀具，主要用于降低钻削后孔的表面粗糙度值，以保证孔的形状和尺寸达到所需的加工精度。在加工过程中，手用铰刀刃口受到较大的摩擦，它的主要失效形式是磨损和扭断。故手用铰刀对力学性能的主要要求是：刃口具有高的硬度、耐磨性以防止磨损，心部具有足够的强度与韧性以抵抗扭断，并应具有良好的尺寸稳定性。手用铰刀常用的材料为CrWMn（微变形钢）。

手用铰刀应具有较高的碳含量，以保证淬火后获得高的硬度；少量的合金元素可提高钢的淬透性，并形成碳化物，提高钢的耐磨性。选用CrWMn（微变形钢）淬火时变形量小，可保证手用铰刀的尺寸精度。其加工工艺路线如下：

锻造→球化退火→加工成形→去应力退火→铣齿、铣方柄→淬火→低温回火→磨削→刃磨→检验。

3. 数控机床刀具

根据数控机床高速、高效和自动化程度高的特点，则用于数控机床的刀具必须具有刚性好、寿命高以及可加工性稳定、可靠的性能，以减少加工中的换刀次数，从而保证加工工件的精度，尤其在数控机床上进行高精密连续加工时，可减少对刀误差和因磨损引起的不可预测误差。刀具材料中陶瓷刀具具有很高的硬度、耐磨性，其寿命比硬质合金高几倍。同时，陶瓷刀具具有很高的热硬性和抗氧化性，其切削速度可比硬质合金提高3～10倍，从而大幅度提高生产率。因此，用于数控机床上的刀具宜选用陶瓷刀具材料来制造。

陶瓷刀具材料主要有以Al_2O_3为主要成分的氧化铝陶瓷刀具材料。氧化铝陶瓷刀具硬度高，仅次于金刚石、碳化硼、立方氮化硼和碳化硅而居第五位，热硬性和耐磨性好，适合加工各种铸铁和各种钢料，也可加工铜合金、石墨、工程塑料和复合材料，但不适合加工铝合金和钛合金。

以氮化硅（Si_3N_4）为共价键成分的陶瓷材料，具有高温强度高、抗热震性好、高温蠕变小、耐磨等优点。氮化硅陶瓷刀具的加工范围与氧化铝陶瓷刀具相似，但氮化硅陶瓷刀具不适合加工塑性好的钢件，氮化硅陶瓷刀具特别适合加工铸铁。

4. 车刀的选材分析

车刀系最基本、常用的切削刀具，可以参照表8-12，根据车刀的工作条件不同而选用合理的车刀材料。

表8-12 车刀的工作条件与车刀选材

工作条件	推荐材料	硬度
低速切削（8～10m/min），切削易切削材料（灰铸铁、软有色金属、一般硬度结构钢）	碳素工具钢和低合金工具钢 T10（A）、C2、W	62HRC

（续）

工作条件	推荐材料	硬度
较高速切削（25 ~ 55m/min），切削一般材料，形状较复杂、受冲击较大的刀具	通用高速钢 W6Mo5Cr4V2	64 ~ 66HRC
高速切削（30 ~ 100m/min），切削难切削材料（如钛合金、高温合金），形状较复杂、受一定冲击的刀具	超硬高速钢 W6Mo5Cr4V2Al	66 ~ 69HRC
极高速切削（100 ~ 300m/min），切削一般材料（铸铁、有色金属、非金属材料）	硬质合金 M20、K20、K30	88 ~ 91HRA
极高速切削（100 ~ 300m/min），切削难切削材料（如淬火钢等）	硬质合金 M10、P01、P40	90 ~ 93HRA

8.9　模具零件的选材及热处理

在现代汽车、拖拉机、电机及仪器仪表元器件等机械制造、冶金等各行业中，为实现无切削或少切削生产广泛使用模具。根据工作条件，常见的模锻、冷冲压、冷挤压、压铸、塑压等用模具可以归纳为冷作模具、热作模具和塑料模具等几类。

在选择模具材料以前应对模具的工作条件、失效形式及性能要求进行分析，综合各方面因素进行选材。模具选材的基本原则为：

1）按照模具的性能要求选钢材，不必局限于传统钢种。

2）大批量生产中选用优质钢材，提高模具的寿命，可降低模具成本。

3）批量较小的简单模具选用价格便宜的钢材，也就是坚持经济性原则。

热处理是模具生产的关键。制订合理的加工工艺路线及热处理工艺，可减少模具生产中废品的产生，并且可有效地提高模具的使用寿命。

对于表面要求高硬度或耐蚀性的模具，还可采用适当的表面处理提高其使用寿命，如渗氮、渗铬、渗硼等。

8.9.1　冷作模具

在常温下对材料进行压力加工的模具称为冷作模具。常用的冷作模具有：冲裁模、拉深模、拉丝模、冷镦模、冷挤压模等。

冷作模具在常温下使坯料变形，坯料的变形抗力很大，所以模具的工作条件很恶劣，工作部分也受到了强烈的挤压、摩擦和较大的冲击载荷作用。冷作模具使用时的温度一般不超过 200 ~ 300℃。

冷作模具正常的失效形式是磨损。但如果模具的选材、热处理或结构设计不当，常会因变形、崩刃、开裂而出现早期失效。为了使冷作模具不易变形，耐磨损，不开裂，在高应力作用下保持尺寸精度不发生变化，冷作模具用钢应该具有高强度、高硬度、高耐磨性和足够的韧性，并且要求冷、热加工工艺性要好，对热硬性要求不高。表 8-13 是常用冷作模具钢的分类、牌号、特点及适用范围。

表 8-13 常用冷作模具钢的分类、牌号、特点及适用范围

分类		牌号	特点	适用范围
化学成分	钢的性质			
碳素工具钢，低合金工具钢	低淬透性钢	T7A～T12A Cr2、9Cr2	加工性能好，在薄壳硬化状态有充分的韧性和疲劳抗力，但淬透性、耐回火性和耐磨性低	适于制作轻载冲裁模、一般成形模和压印模等
低合金工具钢	抗冲击性钢	4CrW2Si、5CrW2Si 60Si2Mn、6CrW2Si、65Mn	低碳中合金，抗冲击疲劳极好，耐磨性、抗压强度较差	适于制作各种冲剪工具、精压模、冷镦模等
低合金工具钢	低变形性钢	9Mn2V、CrWMn、9Mn2、6CrNiSiMoV、7CrSiMnMoV、8Cr2MnSiMoV	淬透性较好，淬火操作简单，变形易于控制，但韧性、耐回火性及耐磨性仍不足	适于制作中、小批量，形状较复杂的模具
高合金工具钢	微变形高耐磨性钢	Cr12、Cr12MoV、Cr4W2MoV、Cr12Mo1V1（D2）、Cr5Mo1V	淬透性高，中等的耐回火性，耐磨性好，但变形抗力和冲击抗力较小	适于制作成批大量生产的冷冲模，中等载荷的冷挤、冷镦模
高合金工具钢	高强韧性钢	6W6Mo5Cr4V、5Cr4W5Mo2V、65Cr4W3Mo2VNb（65Nb）、5Cr4Mo3SiMnVAl（012Al）	属于高碳高合金钢，兼有高强度和高综合性能	适于制作各类重载冷冲模具
高速钢	高强度钢	W18Cr4V、W6Mo5Cr4V2	具有高的抗压强度、耐回火性和耐磨性，韧性较差	适于制作重载、长寿命的拉深模、冷挤压模

1. 冲裁模的选材及热处理

冲裁模是一种带有刃口，被加工材料沿着模具刃口的轮廓发生分离的模具，包括落料、冲孔、切边、剪切模具等。

（1）工作条件、失效形式　从板料的被冲裁过程可分为：弹性变形、塑性变形、裂纹产生和裂纹扩展等四个阶段。由于被加工材料产生塑性变形，故冲裁模的工作部分，尤其是刃口受到强烈的摩擦，所以冲裁模的主要失效形式是磨损。此外，冲裁模还受到一定的冲击力、剪切力和弯曲力的作用。有时因结构不合理或选材及热处理不当而出现崩刃、变形、折断等现象，从而导致模具过早失效。

（2）性能要求　为保证冲裁模不因过早磨损而失效，必须有高的硬度和耐磨性；为防止冲裁模工作过程中出现崩刃、折断现象，强调模具应有较高的抗弯强度及一定的韧性。

（3）选材原则　为了满足模具高硬度、高耐磨性和高强度的要求，所选用的钢材通常应具有较高的碳含量，并且还要考虑冲裁模所加工件的材料种类、形状、尺寸及生产批量等因素。用于制造冲裁模的典型钢种有：碳素工具钢、低合金冷作模具钢、Cr12 型钢、高碳中铬钢、高速钢、低碳高速钢等。表 8-14 为常用冲裁模材料的选用及热处理后的硬度范围。

表8-14 常用冲裁模材料的选用及热处理后的硬度范围

模具类型	钢号			热处理后硬度 HRC
	简单(轻载)	复杂(轻载)	重载	
硅钢片冲模	CrWMn、Cr6WV、Cr4W2MoV、Cr12、Cr12MoV、Cr2Mn2SiWMoV	Cr6WV、Cr12、Cr12MoV、Cr4W2MoV、Cr2Mn2SiWMoV		58~62
钢板落料冲孔模	45、T7A~T12A、9Mn2V、Cr2、9SiCr	CrWMn、Cr6WV、Cr12MoV、Cr4W2MoV、Cr2Mn2SiWMoV	Cr12MoV、Cr4W2MoV、5CrW2Si	56~60
切边模	T7A~T12A	CrWMn	Cr12MoV	50~55
冲头	T10A、9Mn2V、9SiCr	9Mn2V、CrWMn、Cr6WV、Cr12MoV	W18Cr4V、W6Mo5Cr4V2、6W6Mo5Cr4V	52~56
小冲头	T7A、T10A、9Mn2V	Cr6WV、Cr12MoV、Cr4W2MoV	W18Cr4V、W6Mo5Cr4V2、6W6Mo5Cr4V	54~58

(4) 应用举例 硅钢片冲模(凹模)的选材及热处理。

1) 选材。由于硅钢片加工批量大,保证模具使用寿命是应首先考虑的要素,能满足此要求的钢种很多,常用的是Cr12冷作模具钢。Cr12高碳($w_C=2\% \sim 2.3\%$)可保证模具具有高的硬度、强度和极高的耐磨性。铬的加入可大幅度提高钢的淬透性(油淬临界直径为200mm),并使钢经高温淬火后残留奥氏体量增加,从而降低了钢淬火后的变形倾向。

2) 工艺路线。Cr12冷作模具钢的加工工艺路线如下:

锻造→球化退火→切削→去应力退火→淬火→回火→磨削→检验。

3) 热处理工艺说明。球化退火是为了消除锻造应力,降低硬度,方便切削,获得索氏体+碳化物组织,为淬火作组织准备;去应力退火可消除加工应力,减小模具淬火时的变形。

淬火时应注意:要两次盐炉中预热,然后进行分级淬火,以减少模具的应力和变形开裂倾向。

为减少残留奥氏体、提高硬度,常在淬火后采用冷处理。

2. 拉深模的选材及热处理

拉深是变形区在一拉一压的应力状态作用下,使板料(浅的空心坯)成为空心件(深的空心件)而厚度基本不变的加工方法。它主要由凸模、凹模和压边圈组成,图8-5为薄壁筒拉深示意图。

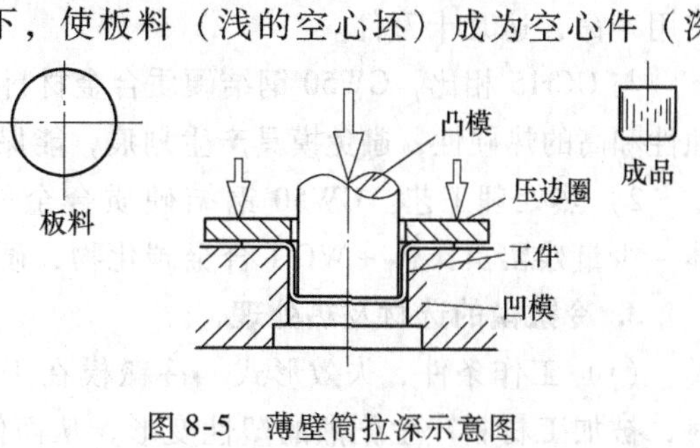

图8-5 薄壁筒拉深示意图

(1) 工作条件、失效形式 拉深模工作过程中,凹模承受强烈的摩擦和径向应力,凸模承受摩擦和压缩应力。由于被加工材料的剧烈变形以及与型腔的摩擦,使局部温度升高。高速拉深时，模具工作表面温度可达 400～500℃，使坯料与型腔表面焊合，撕裂后粘附在型腔表面，形成坚硬的“小瘤”，造成粘模。模具表面的小瘤会造成产品表面的磨损和擦伤，从而降低了工件的表面质量。故拉深模的主要失效形式为磨损和粘模。

（2）性能要求　为保证产品的外观，模具表面不允许出现磨损痕迹，故冷拉深模必须具有较低的表面粗糙度值、良好的润滑条件及高的耐磨性。

（3）选材原则　拉深模材料的选择应根据坯料种类、产品形状和批量大小来决定。应在保证产品数量和质量的基础上，尽可能地降低成本。对于直径小于 75mm 的零件的小模具，应优先考虑材料性能，因为材料费用只占模具生产中很小的比例（即使是高合金工具钢，材料费用也不大于模具总成本的 5%）；而制造直径大于 200mm 的零件的模具时，材料费用很高，故选材时应综合权衡材料的成本和性能，如采用工具钢镶块制作或采用合金铸铁制作也不失为一种节省的选择。

对于圆形制品和小批量生产的，可采用碳素工具钢；中批量生产的，可采用低合金工具钢；形状不规则的产品或大批量生产的，可采用 Cr12MoV 钢；大批量生产可用硬质合金。拉深模的常用材料见表 8-15。

表 8-15　拉深模的常用材料

制品类别	拉深材料	要求加工的零件数		
		10^4 个	10^5 个	10^6 个
小型	铝铜合金	T10A、9Mn2V、CrWMn	9Mn2V、CrWMn	Cr12MoV
	钢	T10A、9Mn2V、CrWMn	9Mn2V、CrWMn	Cr12MoV
	奥氏体不锈钢	T10A（镀铬）、铝青铜	铝青铜	Cr12MoV、硬质合金
中型	铝铜合金	合金铸铁	合金铸铁	镶嵌 Cr12MoV 钢
	钢	合金铸铁	镶嵌 Cr12 钢	镶嵌 Cr12MoV 钢
	奥氏体不锈钢	合金铸铁、镶嵌铝青铜	镶嵌 Cr12 钢、镶嵌铝青铜	镶嵌渗氮后的 Cr12MoV 钢
大型	铝铜合金	合金铸铁	合金铸铁	镶嵌 Cr12MoV 钢
	钢	合金铸铁	镶嵌 Cr12 钢	镶嵌 Cr12MoV 钢
	奥氏体不锈钢	合金铸铁、镶嵌铝青铜	镶嵌 Cr12 钢、镶嵌铝青铜	镶嵌渗氮后的 Cr12MoV 钢

（4）应用举例　生产防尘盖（材料为 Cr6WV 钢）的拉深模的选材及热处理。

1）材料。原用材料为 GCr15，模具使用寿命为 5000 件。现选用 GW50 钢结硬质合金［以 WC 为硬质相，其余为粘结相（Fe 及少量的 C、Mo、Cr 等）］制造，可显著提高模具的使用寿命，达几十万件。

与 GCr15 相比，GW50 钢结硬质合金材料具有极高的硬度、耐磨性、刚度、抗氧化性、耐蚀性和高的热硬性，避免模具产生划痕，能保证产品的表面质量，提高了拉深模的使用寿命。

2）热处理工艺。GW50 钢结硬质合金的淬火、回火工艺如图 8-6 所示，可获得马氏体 + 少量残留奥氏体 + WC + 合金碳化物，硬度为 65～68HRC。

3. 冷镦模的选材及热处理

（1）工作条件、失效形式　冷镦模在工作时具有高的作业速度和较大的冲击力。冷镦时，被加工材料产生剧烈的塑性变形，从而使模具受到很大的压力、摩擦力和冲击力。其常

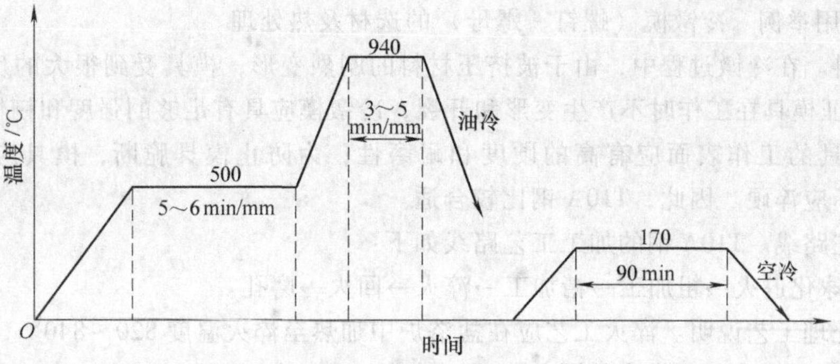

图 8-6　GW50 钢结硬质合金的淬火、回火工艺

见的失效方式主要为：型腔表面磨损、压塌变形、粘附、模具断裂、崩块等。

（2）性能要求　高的表面硬度，以抵抗表面磨损、压塌变形；高的强度和韧性，以保证模具能够承受较高的压力而不致破裂；良好的润滑条件，防止工作时产生粘模。

（3）选材原则　为了保证冷镦模具有高的硬度和耐磨性，选用冷镦模钢材时碳的质量分数一般为 0.8% ~1.15%。其中大型模具的韧性要求较高，碳的质量分数取下限，小型模具则取上限。高负载条件下工作的模具要求具有高的强度和低的硫、磷含量，故常选用高级优质工具钢。

冷镦模也可采用硬质合金或硬质合金镶块的组合式结构，这样既发挥了硬质合金高硬度、高耐磨性的特点，又可利用加套法施加预应力，从而节约金属，提高冷镦模的使用寿命。运用硬质合金或硬质合金镶块的组合式结构已成为冷镦模材料的发展方向。此外，硬质合金镶块模的模套材料，应具备高的强度、韧性和足够的淬透性。冷镦模的常用材料见表 8-16。

表 8-16　冷镦模的常用材料

模具名称	结构	规格	常用牌号	工作硬度 HRC
凹模	整体式	< M6	9SiCr、Cr12MoV	59 ~ 61
		> M8	T10A	56 ~ 59
	组合式	模芯 > M10	Cr12MoV	52 ~ 59
			W6Mo5Cr4V2	57 ~ 61
		模芯 < M10	K20	
		模套	T10A、GCr15	48 ~ 52
			60Si2Mn	44 ~ 48
成形冲头	凹穴冲头	中、小规格	60Si2Mn	57 ~ 59
			5CrMnMo	57 ~ 59
	外六角冲头	大、中规格	Cr12MoV	57 ~ 59
			C6WV	52 ~ 56
	内六角冲头	中、小规格	60Si2Mn	52 ~ 57
		大规格	W6Mo5Cr4V2、W18Cr4V	59 ~ 61
	十字冲头	小规格	W6Mo5Cr4V2、W18Cr4V	59 ~ 61
		大、中规格	60Si2Mn	55 ~ 57

（4）应用举例　冷镦模（螺钉、螺母）的选材及热处理。

1）材料。在冷镦过程中，由于被挤压材料的剧烈变形，模具受到很大的反作用力和摩擦力。为保证模具在工作时不产生变形和开裂，冷镦模应具有足够的强度和韧性；为防止过度磨损，模具的工作表面应有高的硬度和耐磨性；为防止模具脆断，模具应是“面硬心韧”，心部不应淬硬。因此，T10A 钢比较合适。

2）工艺路线。T10A 钢的加工工艺路线如下：

锻造→球化退火→粗加工→精加工→淬火→回火→磨孔。

3）热处理工艺说明。淬火工艺应在盐浴炉中加热至淬火温度 820～840℃，用喷水（盐水或水）专用夹具冷却顶模中的同心孔和两端部、光冲的两端（见图 8-7），使之具有一定的淬硬层和较高的硬度，增加耐磨性。冷镦模淬火后的淬硬层分布如图 8-8 所示。

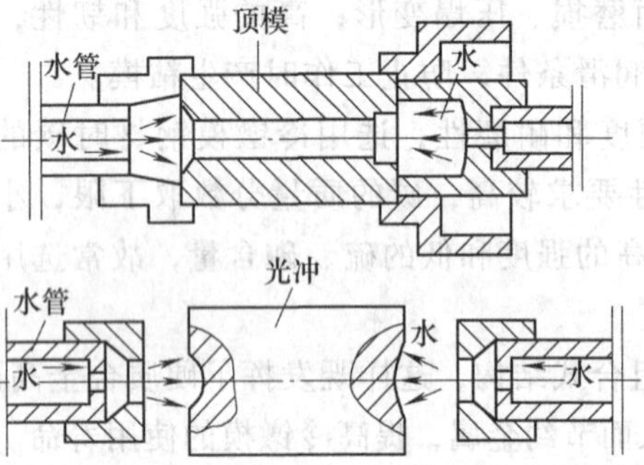

图 8-7　冷镦模的喷水淬火

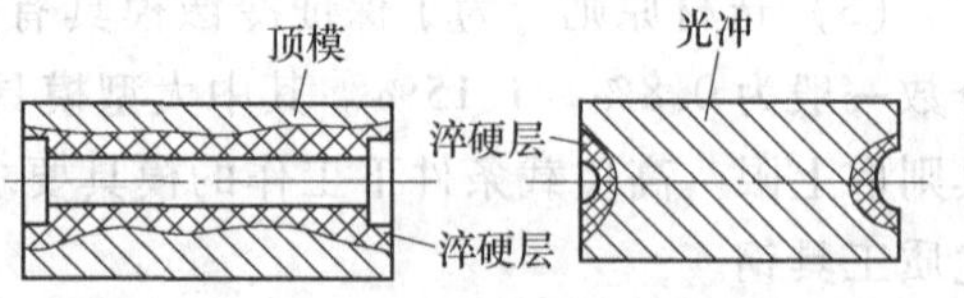

图 8-8　冷镦模淬火后的淬硬层分布

4. 挤压模的选材及热处理

挤压模是坯料在封闭模腔内受三向不均匀压应力作用下，从模具的孔口或缝隙挤出，使之横截面积减小，成为所需制品的加工方法的模具，如图 8-9 所示。

（1）工作条件、失效形式　金属的挤压成形是在巨大的三向压应力下进行的。模具在挤压过程中承受很大的压应力，凸模的受力大于凹模。在高压作用下，金属产生剧烈的塑性变形，从而使工件与模具之间发生强烈摩擦，凹模在挤压时受到很大的挤压应力，并在挤压过程中产生热效应，使工件和模具的温度上升，局部温度甚至可达 400℃以上。此外，由于凸模的偏心等原因，凸模在工作过程中还将受到一定的弯曲应力，故凸模的受力条件极为复杂。其主要失效形式为磨损、脆断、软化和啃伤等。

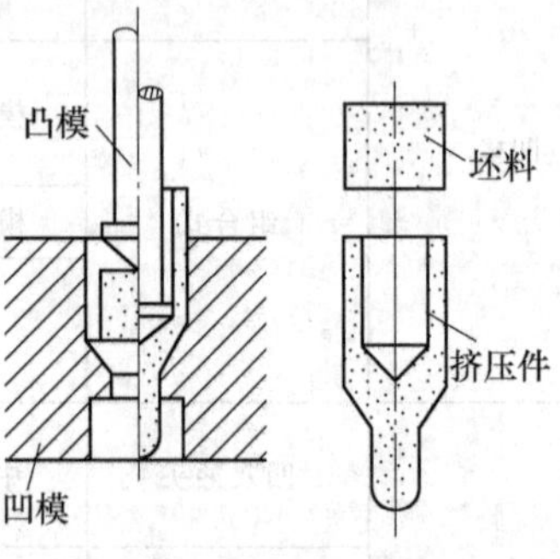

图 8-9　挤压示意图

（2）性能要求　为防止模具变形并减少表面磨损，要求有很高的硬度和耐磨性，硬度一般为 61～63HRC；足够的耐热疲劳性和热硬性；为防止由于冲击、偏心弯曲载荷和应力集中而引起的折断，还必须具备很高的强韧性。

（3）选材原则　为了保证模具有高的硬度和耐磨性，挤压模通常选用高碳工具钢。由于挤压模要求较高的强度，故常选用淬透性较高的合金钢，如 9SiCr、CrWMn 等。由于高速工具钢既具有高的硬度、耐磨性，又具有高的热硬性，能保证挤压模在高温下保持高的硬度，所以，高速工具钢经常作为挤压模用钢选用。

当挤压件数量在 50 万以上时，可选用硬质合金作为模具材料，以保证模具不被很快磨损，从而提高模具的使用寿命，但必须做成嵌入式，以保证模具具有足够的韧性。

常用的挤压模材料见表 8-17。

表 8-17　常用的挤压模材料

模具类型		采用的模具材料
铝件冷挤压模	凸模	CrWMn、Cr12MoV、W18Cr4V、W6Mo5Cr4V2
	凹模	9SiCr、CrWMn、Cr12MoV、W18Cr4V、W6Mo5Cr4V2、K20、K30
	凸模	Cr12、W18Cr4V、W6Mo5Cr4V2、钢结硬质合金
	凹模	K10、K20、K30
铜件冷挤压模		CrWMn、Cr12MoV、W18Cr4V、W6Mo5Cr4V2
钢件冷挤压模		W6Mo5Cr4V2、6W6Mo5Cr4V、65Nb、012Al

(4) 应用举例　缝纫机梭架（被挤压材料为 20Cr）挤压凸模的选材及热处理。

1）材料。零件冷挤压成形简图如图 8-10 所示。在挤压过程中，由于被挤压材料的剧烈变形，模具受到很大的反作用力和摩擦力。故挤压模应具有足够的强度、韧性，高的硬度、耐磨性及热硬性。W6Mo5Cr4V2 是常用的高速钢，高碳、高合金保证了模具有高的硬度、耐磨性及热硬性；钢模可采用分级淬火等方法，减小淬火变形、开裂倾向。

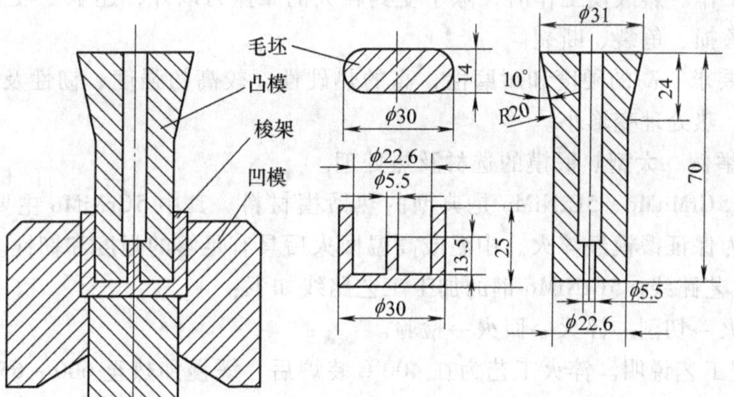

图 8-10　零件冷挤压成形简图

a）梭架成形图　b）凸模尺寸

2）工艺路线。W6Mo5Cr4V2 钢的加工工艺路线如下：

锻造→球化退火→粗加工→去应力退火→精加工→淬火→回火→磨削。

3）热处理工艺说明。为避免产生较大应力，球化退火时应缓慢加热（15 ~ 20℃/h），退火后获得索氏体 + 碳化物，硬度为 26 ~ 28HRC。

为了提高凸模的韧性，防止凸模碎裂，可采用较低温度（1190℃）加热淬火，并在淬火后立即进行多次高温回火。回火组织为回火马氏体+碳化物+少量残留奥氏体。回火硬度为62~64HRC。缝纫机梭架挤压凸模的淬火、回火工艺如图8-11所示。

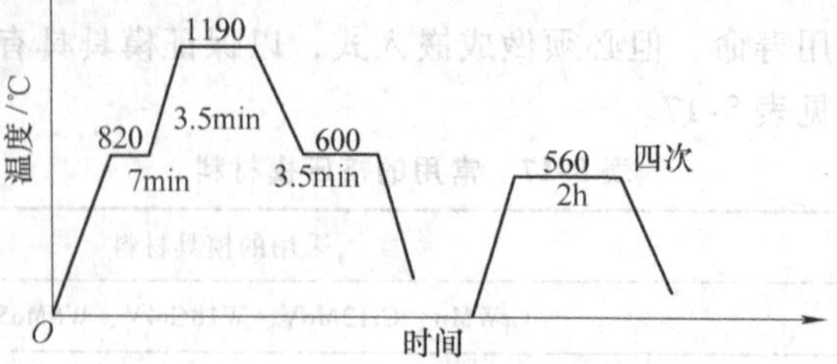

图8-11 缝纫机梭架挤压凸模的淬火、回火工艺

8.9.2 热作模具

热作模具是用于制造经加热的固态或液态金属在压力下热成形零件的模具。前者称为热锻模（包括热挤压模），后者称为压铸模。热作模具在高温（400~1000℃）下工作，并且模膛和模具表面经常摩擦，要求其在工作温度下能保持足够的强度、韧性、耐磨性、硬度以及较高的热疲劳抗力，因为这类模具尺寸往往较大，还应具有好的导热性、耐回火性及淬透性。

1. 热锻模的选材及热处理

（1）工作条件、主要失效形式　热锻模不仅工作温度高，而且还要在反复受热和冷却的条件下进行工作。热锻模工作时，除了受到较大的摩擦力以外，还承受很大的冲击。其主要失效形式为磨损、龟裂、断裂。

（2）性能要求　高的硬度和耐磨性，高的热硬性，较高的强度、韧性及抗热疲劳性能，良好的淬透性，热处理变形小。

（3）应用举例　大型热锻模的选材及热处理。

1）材料。5CrMnMo、5CrNiMo是典型的热锻模材料。其中5CrNiMo主要用于大、中型热锻模，中碳为保证锻模经淬火、中温或高温回火后具有足够的强度和韧性。

2）加工工艺路线。5CrNiMo钢的加工工艺路线如下：

锻造→退火→切削→淬火→回火→检验。

3）热处理工艺说明。淬火工艺为在400℃装炉后，缓慢加热至600~650℃预热，避免因急剧加热而产生热应力，然后浸入850~900℃的盐浴炉中加热，出炉预冷后油淬。为了保证淬火质量，避免淬火开裂，应严格控制锻模在油中的停留时间（小型锻模15~25min，中型锻模25~45min，大型锻模45~70min）和出油温度（150~200℃）。

锻件淬火后，需立即在箱式炉或井式炉中整体加热至500℃，保温7~9h，退火后硬度为26~28HRC。回火的目的是消除淬火应力，降低淬火后的硬度，增加韧性。

2. 压铸模的选材及热处理

（1）工作条件、主要失效形式　压力铸造（简称压铸）是指熔融金属在高压下高速充型，并在压力下凝固的铸造方法。压铸模的工作条件是与高温金属接触，易产生化学反应而腐蚀。同时在高压下工作，其工作温度高达600~1000℃，且是在反复受热和冷却的条件下进行工作的。在工作时，模具受到坯料变形的机械应力和坯料之间的强烈摩擦作用。压铸模常见的失效形式为模腔变形（塌陷）、磨损、热疲劳（龟裂）、化学腐蚀。

（2）性能要求　良好的高温强韧性，高的耐热疲劳能力和热磨损抗力，高的淬透性，热处理变形小以及高的耐蚀性。

（3）应用举例　铜、铝合金压铸模的选材及热处理。

1）材料。3Cr2W8V 是典型的压铸模材料。低的碳含量，可保证压铸模经淬火、高温回火后具有足够的强度和韧性。合金元素 Cr、W、V 的加入可提高钢的淬透性、热硬性、耐磨性、耐蚀性等性能。

2）加工工艺路线。3Cr2W8V 钢的加工工艺路线如下：

锻造→退火→切削→去应力退火→淬火→多次高温回火→磨削→检验。

3）热处理工艺说明。淬火工艺要经过两次在盐浴炉预热（小型模具可不预热），回火采用 560℃三次回火，获得回火马氏体＋碳化物组织，硬度为 42～46HRC。

8.9.3　塑料模具

塑料制品在工业及日常生活中得到广泛应用。塑料常采用压制、挤出、注射、吹塑、浇注等方法成型。压制成型大多用于热固性塑料；注射成型适用于热塑性塑料或流动性较大的热固性塑料；挤出成型适用于热塑性塑料的管材、棒材及丝、网、薄膜的生产，还可用于电线、电缆的包覆等。

无论热塑性塑料还是热固性塑料，其成型过程都是在加热加压条件下完成的。但一般加热温度不高（150～250℃），成型压力也不大（大多为 40～200MPa），因此塑料模具用钢的常规力学性能要求不高，但对塑料模材料的加工工艺性能却要求高，如要求材料变形小，易切削，研磨抛光性能好，表面粗糙度值低，花纹图案的刻蚀性、耐蚀性等均要求较高，而且要求有较好的焊接性和比较简单的热处理工艺等。

然而伴随着塑料制品向精密复杂化、大型化和多型腔化的方向发展，对塑料模具钢的性能要求也越来越高。

1. 热固性塑料（以酚醛塑料为例）**模具的选材及热处理**

（1）工作条件、主要失效形式　酚醛塑料模主要用于压制各种酚醛塑料（电木或胶木）粉，即将酚醛塑料粉加入压模中加热至 150～200℃热压成型。酚醛塑料模工作过程中不但受热、受力大，易磨损、易侵蚀，手工脱模时还受到冲击和碰撞，故模具的主要失效形式为长期受热、受压而产生的皱纹、凹陷、麻点、棱角堆塌等缺陷，使模具尺寸精确度降低。

（2）性能要求

1）较好的机加工成形性能及低的表面粗糙度值，即易抛光性好，注重钢材材质纯净，组织致密。

2）较高的硬度和耐磨性，表面硬度为 48～53HRC，并有一定的热硬性。

3）足够的强度和韧性，良好的耐蚀性，热处理变形微小。

（3）选材及热处理

1）酚醛塑料模常用钢种按化学成分分为：渗碳钢（如 20、20Cr、12CrNi3A）、调质钢（如 45 钢、40Cr、4Cr5MoSiV1）、碳素工具钢（如 T7A、T10A）、硫系精密模具钢（如

8Cr2MnWMoVS、5NiSCa）等。酚醛塑料模常用钢种及应用范围见表 8-18。

表 8-18 酚醛塑料模常用钢种及应用范围

钢 种	应 用 范 围
20	冷挤压成形的小凹模、外套及其他导引用辅助部件
T7A、T10A	小型轻载模（10kg 以下），表面镀铬后可用于中型模具
CrWMn	中型复杂模具（10～20kg），也可用于使用寿命较长的小模具
45	调质处理后用于简单件、小批量生产
40Cr	经渗氮处理后用于小型复杂模具或使用寿命不高的模具
GCr15	用于尺寸精度要求不严的中、小型复杂模具
30Cr13	用于耐蚀性要求较高的模具

2）酚醛塑料模加工工艺路线

① 渗碳钢：锻造→退火→粗加工→再结晶退火→精加工→渗碳→淬火→低温回火→抛光→渗铬→抛光装配。

② 调质钢：锻造→退火→粗加工→调质处理→精加工→抛光→渗铬（或渗氮处理）→抛光装配。

③ 碳素工具钢和低合金工具钢：锻造→球化退火→粗加工→去应力退火→精加工→淬火→低温回火→抛光→渗铬→抛光装配。

（4）应用举例 基本尺寸（长×宽×高）为 165mm×145mm×63mm 的电器开关盒座酚醛塑料模的选材及热处理。

1）材料。选用 T10A。T10A 具有高的碳含量，可保证钢淬火后具有高的硬度和耐磨性。经球化退火后具有良好的可加工性，易于成形，T10A 钢价格相对便宜，质量稳定。

2）加工工艺路线。T10A 钢的加工工艺路线如下：

锻造→球化退火→粗加工→调质处理→精加工→最终热处理→抛光装配。

3）热处理工艺说明。电器开关盒座酚醛塑料模的球化退火及调质处理按常规进行。其最终热处理工艺如图 8-12 所示。

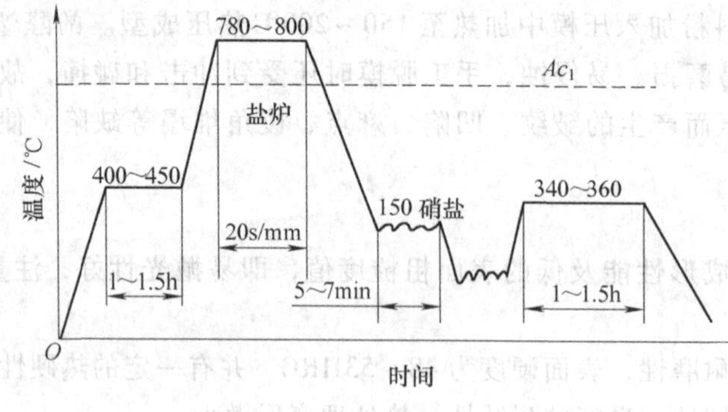

图 8-12 电器开关盒座酚醛塑料模热处理工艺

2. 热塑性塑料模具的选材及热处理

注射成型的工艺过程为：借助柱塞或螺杆的推力，将已塑化好的塑料熔体射入闭合的模膛内，经冷却、固化、定型后开模可得制品。图 8-13 所示为注射成型示意图。

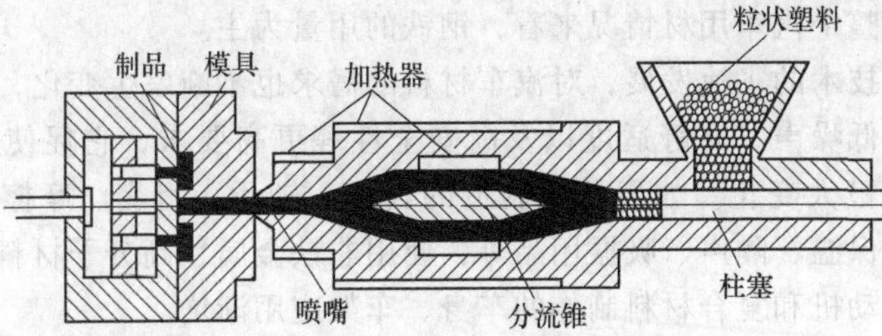

图 8-13　注射成型示意图

（1）工作条件、主要失效形式　因为热塑性塑料是在塑料软化后成型的，所以热塑性塑料模工作时受到的压力和磨损程度较小，故力学性能要求较电器开关盒座酚醛塑料模稍低。但在压制某些含氯、氟的塑料制品时，因腐蚀性气体的产生，要求模具具有较高的耐蚀性。所以，模具的主要失效形式为受热、受压易产生皱纹、麻点、棱角堆塌等缺陷，造成模具尺寸精确度降低。

（2）性能要求

1）具有优良的花纹蚀刻性能，热处理变形小，型腔须镜面化，表面粗糙度值必须很低，能保持精度，以现代塑料器件制作趋于精密化的要求。

2）材料有一定的硬度、耐磨性和韧性，有良好的冷、热加工成形性，模具在长期使用过程中应能保持原有的形状和尺寸，以保证零件的互换性和配合精度。

3）尽量选择质量较好的材料，因为材料的消耗在模具制造成本中占比例较小，这在大批量生产精密产品的模具制造来说尤其重要。

（3）应用举例　精密热塑性塑料模具（磁带盒内盒模具）的选材及热处理。

1）材料。选用 5NiSCa 作为精密热塑性塑料模具制造钢材已是许多企业的成熟选择，包括多种收录机、洗衣机等注射模，使用效果很好。因为 5NiSCa 钢作为一种 S-Ca 复合易切削塑料模具钢，不仅可加工性好，而且镜面抛光性能很好，保持表面低粗糙度值的能力强，钢的图案蚀刻性能良好。5NiSCa 钢的淬透性也很好，其使用寿命超过进口模具，平均寿命达 200 万件。

2）热处理。5NiSCa 淬火加热温度为 860～900℃，油冷，在 575～650℃范围内回火，硬度为 35～45HRC。

8.10　汽车零件的选材及热处理

8.10.1　汽车零件的选材概况

汽车是现代社会主要的交通工具，而且汽车的工作条件差异极大，可能是尘土飞扬、雨雪、风沙等道路，也可能是在 -75～45℃环境中工作，抑或在交变载荷和振动的条件下工作。而一辆汽车由上万个零部件组装而成，这上万个零部件又采用了 4000 余种不同的材料加工制成。以中型载货汽车用材为例，钢材约占 64%，铸铁约占 21%，有色金属约占 1%，非金属材料约占 14%。有些零件要在高温、腐蚀与摩擦等条件下使用。因此，汽车零件要求有高的强度、韧性、耐磨性及疲劳强度等。此外还要求载重比，要求制造汽车零件的材料具有高的比强度。从整个汽车用材情况来看，钢铁的用量为主。

然而，伴随科学技术的飞速发展，对汽车材料的需求也不断发生变化，对材料提出了轻量化、高效、节能、低噪声、高舒适度以及高安全性等更高要求，它促使新型材料不断涌现，新的构成在发生极大变化。如用塑料制造的齿轮、轴承、滑套、摩擦片、转向盘、油箱、油管以及装饰、保温、隔声、吸振用品等，使用非铁金属、高分子材料、玻璃等的用量将有所上升。陶瓷发动机和复合材料制作的车身、车架应用渐增。

对汽车结构材料来说，其总的发展趋势是：钢铁材料所占比例将逐步下降，有色金属、陶瓷、聚合物、复合材料等新型材料的用量将有所上升。在性能可靠的条件下，尽可能多地采用铝合金、复合材料等轻型、新型材料取代钢铁材料。随着大量新型材料如聚合物材料、复合材料等的迅速发展，为现代汽车的发展提供了必要的条件。复合材料、陶瓷材料、特殊用途材料（耐蚀、耐高温、隔光、隔热材料等）的用量呈增长趋势。

8.10.2 部分汽车零件的材料与热处理实例

汽车主要结构可分为发动机、底盘、车身、电气设备等四部分。下面以汽车发动机和底盘零件为例，介绍其选材与热处理工艺。

1. 发动机缸体与缸套的选材

发动机的缸体是机器的主体，其上下内外安装着发动机主要的零部件。缸体在工作时要承受燃气压力的拉伸和燃气压力与惯性力联合作用下的扭转和弯曲，以及螺栓预紧力的综合作用，超过安全值时，会使缸体产生横向和纵向变形，将直接影响汽车的可靠性和工作能力。

一般汽车发动机缸体多采用灰铸铁作为缸体材料。在汽车上灰铸铁应用是比较广泛的，如飞轮、飞轮壳、变速箱壳及盖、离合器壳及压板、进排气支管、制动鼓以及液压制动总泵和分泵的缸体等。

铝合金密度小，虽刚度差、强度低及价格贵，但为了减轻发动机重量也时常应用。

发动机工作时，气缸内与活塞接触的内壁面直接承受燃气的冲刷，并与活塞存在着具有一定压力的高速相对运动，致使气缸内壁受到强烈的摩擦而造成磨损。因此，气缸工作面必须选用耐磨材料，制成缸套后镶入气缸。

常用缸套材料则为耐磨合金铸铁，主要有高磷铸铁、硼铸铁、合金铸铁等。为了提高缸套的耐磨性，可用镀铬、表面淬火、喷镀金属钼或其他耐磨合金等办法对缸套进行表面处理。

2. 连杆用材

在发动机工作中将活塞的往复运动转变为曲轴的旋转运动，并把作用在活塞上的力传给曲轴以输出功率的是连杆。在工作中，连杆除承受燃烧室燃气产生的压力外，还要承受纵向和横向的惯性力。显然，连杆既受交变的拉压应力，又受弯曲应力，是在一个很复杂的应力状态下工作，其主要的失效形式是疲劳断裂和过量变形。

工作条件要求连杆既要具有较高的强度和抗疲劳性能，又要具有足够的刚性和韧性。制造连杆一般选用45钢、40Cr或40MnB等调质钢。

汽车发动机零件及底盘常用材料与热处理见表8-19和表8-20。

表 8-19　汽车发动机零件常用材料与热处理

代表性零件	材料种类及牌号	使用性能要求	主要失效形式	热处理及其他
缸体、缸盖、飞轮、正向齿轮	灰铸铁 HT200	刚度、强度、尺寸稳定性	产生裂纹、孔壁磨损、翘曲变形	不处理或去应力退火；也可用铸铝合金做缸体、缸盖，固溶处理后时效
缸套、排气门座	合金铸铁	耐磨性、耐热性	过量磨损	铸造状态
曲轴等	球墨铸铁	刚度、强度、耐磨性、疲劳抗力	过量磨损、断裂	表面淬火、圆角滚压、渗氮，也可用钢锻件
活塞销等	渗碳钢 20、20Cr、18CrMnTi、12Cr2Ni4	强度、冲击韧性、耐磨性	磨损、变形、断裂	渗碳、淬火、回火
连杆、连杆螺栓、曲轴等	调质钢 45、40Cr、40MnB	强度、疲劳抗力、冲击吸收功	过量变形、断裂	调质、探伤
各种轴承、轴瓦	轴承钢和轴承合金	耐磨性、疲劳抗力	磨损、剥落、烧蚀、破坏	不热处理
排气门	耐热气阀钢 4Cr3Si2、6Mn20Al5MoVNb	耐热性、耐磨性	氧化、烧蚀等	淬火、回火
气门弹簧	弹簧钢 65Mn、50CrVA	疲劳抗力	变形、断裂	淬火、中温回火
活塞	ZL108、ZL110	耐热强度	烧蚀、变形、断裂	固溶处理及时效
支架、盖罩、挡板、壳等	钢板 Q235、08、Q345、20	刚度、强度	变形	不热处理

表 8-20　底盘常用材料与热处理

代表性零件	材料种类牌号	使用性能要求	主要失效形式	热处理及其他
纵梁、横梁、转动轴、保险杠、钢圈等	25、Q345 钢板等	强度、刚度、韧性	弯曲、扭斜、铆钉松动、断裂	要求用冲压工艺性能好的钢板
前桥（前轴）、转向节臂（羊角）、半轴等	调质钢 45、40Cr、40MnB	疲劳、韧性、疲劳抗力	弯曲变形、扭转变形、断裂	模锻成形、调质处理、圆角滚压、无损探伤
变速箱齿轮、后桥齿轮等	渗碳钢 20CrMnTi、30CrMnTi、20MnTiB、12Cr2Ni4 等	强度、耐磨性、接触疲劳抗力及断裂抗力	麻点、剥落、齿面过量磨损、变形、断齿	渗碳（渗碳层深度 0.8mm 以上）、淬火、回火，表面硬度为 58～62HRC
变速器壳、离合器壳	灰铸铁 HT200	刚度、尺寸稳定性、一定强度	产生裂纹、轴承孔磨损	去应力退火
后桥壳等	可锻铸铁、球墨铸铁	刚度、尺寸稳定性、一定强度	弯曲、断裂	后桥还可用优质钢板冲压后焊接或用铸钢

（续）

代表性零件	材料种类牌号	使用性能要求	主要失效形式	热处理及其他
钢板弹簧等	弹簧钢 65Mn、60Si2Mn、50CrVMn、55SiMnVB	耐疲劳、冲击和腐蚀	折断、弹性减退、弯度减小	淬火、中温回火、喷丸强化
驾驶室、车厢、罩等	钢板 08、20	刚度、尺寸稳定性	变形、开裂	冲压成形
分泵活塞、油管	铝合金、铜合金	耐磨性、强度	磨损、开裂	

8.11 锅炉、压力容器和汽轮机主要零件的选材

锅炉、压力容器和汽轮机是石油、化工、电力、机械等行业广泛应用的一种焊接构件。它的运行条件苛刻，制造工艺复杂，一旦发生破坏，后果极其严重。正确选择材料、合理进行热处理，对确保锅炉、应力容器的安全运行十分重要。

锅炉、压力容器和汽轮机是在特定的温度、压力、介质下工作的，所受压力、工作温度变化范围大，工作介质可能是酸性、碱性或其他腐蚀性介质。因而，锅炉、压力容器常发生脆性破坏、过量的塑性变形、应力腐蚀等形式的失效。

锅炉、压力容器和汽轮机的可靠性和所选用钢材的性能有着密切的关系。表 8-21 为锅炉、汽轮机等主要零件选材概况。

表 8-21 锅炉、汽轮机等主要零件选材概况

零件名称	失效形式	工作温度	用材情况
水冷壁管或省煤器管	爆管（蠕变或持久断裂或过度塑性变形）、热腐蚀疲劳	<450℃	低碳钢管如 20G
过热器管		<550℃ >580℃	珠光体耐热钢，如 15CrMo 珠光体耐热钢，如 12Cr1MoV
蒸汽导管		<510℃ >540℃	珠光体耐热钢，如 15CrMo 珠光体耐热钢，如 12Cr1MoV
汽包		<380℃	20G 或 16MnG 等普低钢
吹灰器		短时达 800～1000℃	12Cr13
固定、支撑零件（吊架、定位板等）		长时达 700～1000℃	Cr6SiMo 或 Cr20Ni14Si2、Cr25Ni12
汽轮机叶片		<480℃的后级叶片	12Cr13、20Cr13
汽轮机叶片	疲劳断裂、应力腐蚀开裂	<540℃ <580℃前级叶片	Cr11MoV Cr12WMoV
转子	断裂 疲劳或应力腐蚀开裂 叶轮变形	<480℃ <520℃ <400℃	34CrMo 17CrMo1V（焊接转子） 27Cr2MoV（整体转子） 34CrNi3Mo（大型整体转子）

（续）

零件名称	失效形式	工作温度	用材情况
紧固零件（螺栓、螺母等）	螺栓断裂 应力松弛	<400℃ <430℃ <480℃ <510℃	45 35SiMn 35CrMo 25Cr2MoV
叶片	蠕变变形 蠕变断裂 蠕变疲劳或热疲劳断裂	<650℃ 750℃ 850℃ 900℃ 950℃	12Cr17Ni13W、1Cr14Ni18W2NbBRE 等 Cr14Ni40MoWTiAl（铁基） 镍基合金，如 Nimonic90 镍基合金，如 Nimonic100 镍基合金，如 Nimonic115
转子及蜗轮轴		<540℃ <650℃ <630℃	珠光体耐热钢 20Cr3MoWV 铁基合金 Cr14Ni26MoTi 铁基合金 Cr14Ni35MoWTiAl
火焰筒及喷嘴		<800℃ <900℃ <980℃	铁基合金，Cr20Ni27MoW 镍基合金 Inconel718 等 镍基合金 HastelloyX 等

由表 8-21 可知，要求锅炉、压力容器用钢有足够的强度、塑性和韧性，是为其在承受压力时有足够的稳定性。强调钢材的良好热加工性能和焊接性能，是因为锅炉、压力容器要经过各种成形工艺。对于腐蚀介质下工作的锅炉、压力容器、汽轮机，材料必须具有相应的耐蚀性和抗氢能力；对于在高温下工作的压力容器必须保证组织稳定；对于在低温下工作的锅炉、压力容器，要保证在使用温度下有足够的韧性。由表 8-21 中用材情况可知，锅炉、压力容器等用材料一般碳含量较低，以保证满足上述要求。

锅炉、压力容器和汽轮机常用的热处理有：正火、调质、回火、去应力退火等。正火主要用于改善母材性能，提高塑性与韧性，改善焊缝性能，提高综合力学性能。在厚壁锅炉、压力容器、汽轮机中，用调质处理来提高壳体材料的强度和韧性，更好地发挥材料的潜力。在正火或淬火后，必须配合适当的回火环节，以改善钢材的组织和性能。安排去应力退火，是为了消除焊接的不良影响。

8.12　航空航天材料简介

8.12.1　航空航天材料的种类

航空是指飞行器在地球大气层的航行活动，航天是指飞行器在大气层外宇宙空间的航行活动。航空航天飞行器所用材料包括金属材料、无机非金属材料、高分子材料和先进复合材料四大类，按其使用功能又可分为结构材料和功能材料两大类。

1. 航空结构材料

航空结构材料主要包括飞机机体材料和发动机材料。

（1）飞机机体材料　飞机机体材料的主要特点是大量采用高比强度和高比模量的轻质、高强、高模材料，从而提高飞机的结构效率，降低飞机结构重量系数。具体来说，就是树脂基复合材料和钛合金用量相应增加，传统铝合金和钢材的用量相应减少。重点发展的材料包括树脂基复合材料、先进铝合金、锂铝合金材料、各类钛合金、新型超高强度钢、高性能透明材料、先进复合材料等。

（2）发动机材料　发动机材料的主要特点是围绕提高发动机推力重量比来展开的，推力重量比的提高有赖于涡轮前进口温度的提高，而涡轮前进口温度的提高又有赖于转子部件设计结构的改进和材料的更新，所以单晶叶片材料和粉末高温涡轮盘材料是发动机的关键材料。在一台先进发动机上，高温合金和钛合金的用量分别要占发动机总结构重量的55%～65%和25%～40%，并对许多新型高温材料提出了更高的需求，如新型高温合金和高温钛合金、高温树脂基复合材料、金属基复合材料、陶瓷基和碳/碳复合材料等。

2. 航空功能材料

航空功能材料主要为机载设备材料，其关键材料主要是各种微电子、光电子、传感器等光、声、电、磁、热的高功能及多功能材料，包括高灵敏度红外探测材料、高透过率红外头罩材料、电致伸缩和磁致伸缩陶瓷材料、激光倍频材料、高强度激光材料、极高反射率镀膜材料等。

3. 航天结构材料

航天结构材料主要包括运载火箭及导弹材料和航天飞行器材料。

（1）运载火箭及导弹材料　运载火箭及导弹材料包括运载火箭箭体材料、战略导弹弹头材料和火箭发动机材料。

运载火箭箭体材料主要有箭体结构用高强轻质铝合金材料、高性能碳/环氧复合材料、碳/双来酰亚胺复合材料、碳/聚酰亚胺复合材料；推进剂贮箱用高强可焊铝锂合金材料，高性能碳/环氧复合材料；整流罩用蜂窝夹层结构材料；仪器框架用高性能环氧复合材料、高强轻质合金材料等。

战略导弹弹头材料的关键材料是防护材料，主要有玻璃/酚醛、高硅氧/酚醛、碳/酚醛、碳/碳等复合材料。导弹弹头的发展方向是要实现弹头小型化、轻质化、高性能、全天候、强突防、减轻结构重量，所用结构材料主要有先进碳/碳复合材料、高性能碳/酚醛材料、新型陶瓷基复合材料、高强轻质铝合金材料等。

火箭发动机材料主要有液氢/液氧火箭发动机用电铸材料、高温合金材料、超低温（-253℃）钛合金材料、高强钛合金薄壁管材、金属间化合物及其复合材料等；液氧/煤油火箭发动机用新型不锈钢材料、新型高温合金材料等。

（2）航天飞行器材料　航天飞行器材料包括卫星和空间站材料、载人飞船及可重复使用航天飞行器材料。卫星和空间站所用结构材料主要有超高模量碳纤维增强复合材料、碳/环氧材料、高强轻质铝合金材料、高聚物基复合材料、金属基复合材料、碳/碳复合材料等。载人飞船及可重复使用航天飞行器所用结构材料主要是铝合金，其防热材料主要有抗氧化碳/碳复合材料、刚性陶瓷瓦、柔性陶瓷隔热毡、碳化硅/碳化硅复合材料等。

4. 航天功能材料

航天功能材料主要为微电子元器件材料，光电子元器件材料，信息传输、存储、显示元器件材料，传感器敏感元件材料，隐身和智能结构材料。

微电子元器件用材料有：硅半导体材料，砷化镓（GaAs）半导体材料，磷化铟（InP）半导体材料，碳化硅（SiC）、氮化钙（CaN）、氮化铝（AlN）、氮化铟（InN）高温半导体材料以及半导体薄膜材料等。

光电子元器件用材料有：硅半导体材料，砷化镓、磷化铟、砷化铟半导体材料，激光材料，非线性光学晶体材料，红外探测器材料，红外光学材料等。

信息、传输、存储、显示元器件用材料有：发光材料，着色材料，磁记录介质材料，光纤材料等。

传感器敏感元件用材料有：磁敏材料、压敏材料、力敏材料、气敏材料、湿敏材料等。

隐身材料有：雷达波隐身材料、红外隐身材料、可见光隐身材料和声隐身材料。

智能结构材料有：智能结构传感元件用光导纤维、电阻应变丝、疲劳寿命丝、智能结构驱动元件用形状记忆合金、压电材料、电流变液材料、磁流变液材料、导电高分子材料等。

8.12.2　航空航天材料的要求

航空航天产品受其使用条件和环境的制约，对材料提出了严格的要求。

对结构材料而言，其中最关键的要求是轻质、高强和高温、耐蚀。从这一点上可以说，航空航天产业把结构材料的性能提高到了它的极限水平。飞行器的设计准则已经从原始的静强度设计发展到今天的损伤容限设计，设计选材时的重要决定因素是寿命期成本、强度重量比、疲劳寿命、断裂韧性、储存期及可靠性、可维修性等。

对于航天产品来说，还要考虑材料更高的比刚度、低热膨胀系数、耐超高温和超低温能力，以及在空间环境中的耐久性。如为了提高航天器燃烧时的效率和保证重返大气层时的防护，需要有耐高温防热材料，可以说，高温材料是影响航空航天产品性能提高的一类关键材料。

航空航天产品在追求轻质和减重方面可以说是“克克计较”，对航天飞机来说，每减轻1kg 的经济效益将逾万美元。

8.12.3　航空航天材料的发展展望

1. 高性能

高性能航空航天材料对于降低结构重量和提高飞行器的结构效率、工作可靠性及延长寿命作用极为明显。航空航天飞行器极力追求低重量，除了结构设计要求外，发展低密度材料是追求的目标。另外，强调材料的韧性，有时宁可牺牲一点强度，也要确保韧性要求。作为航空航天飞行器特别重要的是耐高温、耐低温、抗氧化、耐腐蚀等要求。

2. 高功能及多功能

功能材料在航空航天飞行器中的作用越来越重要，如飞机的雷达火控设备和隐身结构、火箭导弹的制导和测控都要求有高功能的光、电、声、热、磁材料，高功能和多功能是其重要的发展方向。

3. 复合化

复合材料可以明显减轻结构重量和提高结构效率，这是航空航天材料的重要发展趋势。例如美国研制成功的第四代军用歼击机上树脂基复合材料的结构重量已占整机重量的24%，国外卫星、战略导弹及固体火箭发动机的关键结构材料几乎已经复合材料化。

4. 智能化

智能材料及结构通过自身的感知与驱动，实行自诊断、自适应和自修复等功能，赋予工程结构件或元器件以智能，可以大大增加航空航天飞行器的敏捷性、安全性和可靠性。从材料科学与工程的范围来看，智能化应包括功能材料及结构材料的制备加工、性能的检测控制等。

5. 低成本

目前，各世界强国都在强调军民结合和军民转化，航空航天产品同样在追求低成本化，所以航空航天材料的低成本是一个重要发展趋势。例如我国卫星发射的低成本服务在国际上就占有十分有利的地位。材料的低成本目标应该包括原材料、制备加工、检测评价和维修等全过程。从目前的发展趋势看，碳纤维增强树脂基复合材料在航空航天结构上若能更广泛地应用，将强烈地依赖于降低碳纤维成本方面的突破性进展。

6. 高环境相容性

可持续发展是人类在地球上赖以生存的重要前提，在大气层内和大气层外的航空航天飞行器所用的材料及其制备、加工和回收，必须具有高度的环境相容性，无污染，易回收。航空航天飞行器上所用的金属材料、无机非金属材料和有机高分子材料都不同程度地存在环境污染问题，有待进一步解决。

7. 材料计算设计和模拟仿真

为适应材料科学的创新，发展了材料的计算设计和数值模拟技术。

材料设计可以从微观水平上分为不同层次，进而从不同层次上了解材料的真实本质，实现现实生活中用实验方法难以达到的目标。

新材料研究的计算机设计和模拟仿真是以量子力学、分子动力学、微观力学等为理论基础，以材料的固有性能、使用性能、静态和动态力学的和物理的各种参量为依据的数据库，以计算机为工具，在数学和物理建模的基础上开展的。当然，模拟和简化边界条件的验证性的科学实验也是完全必要的。

思 考 题

1. 工程技术人员一般在哪些场合会遇到选材的问题？合理选材有何重要意义？
2. 选材的一般原则是什么？在处理实际的选材问题时应如何正确地运用这些原则？
3. “经济性原则就是指在满足使用性和工艺性要求的条件下，选用价格最便宜的材料”。这种说法对吗？应该如何全面准确地理解选材的经济性原则？
4. 用流程图（程序框图）的形式表述选材的一般步骤以及其中各步骤之间的相互关系。
5. 零件的失效形式主要有哪些？失效分析对于零件选材有什么意义？
6. 以你在金工实习中见过或用过的几种零件或工具为例，来说明它们的选材方法。
7. 在零件选材时应注意哪些问题？应如何考虑材料的尺寸效应对选材的影响？
8. 某一模具，可用甲、乙两种材料制造。用这两种材料制造该模具的成本和使用寿命分别列于下表中，试分析采用哪种材料较为合理？

材　料	材料价格/元 · kg^{-1}	材料单耗/kg	加工费用/元	使用寿命/件
甲	15	24.5	3600	140000
乙	9	26.8	3900	80000

9. 齿轮类机械零件常见的失效形式有哪些？试分析之。

10. 何谓表面损伤失效，它包含哪些失效内容？如何提高这类失效抗力？

11. 试确定下列工作条件下的齿轮材料，并提出热处理工艺名称和技术条件（硬度）：

1）齿轮尺寸较大（$d_{分}$ >400 ~ 600mm），轮坯形状又复杂，不易锻造时（$d_{分}$ 为分度圆直径）。

2）表面要求耐磨的一般精度的机床齿轮。

3）当齿轮承受较大的载荷，要求硬的齿面和强韧的齿心时。

4）高速传动的精密齿轮。

12. 分析下列要求能否达到，为什么？

1）图样上用 45 钢制造直径 20mm 的轴类零件，表面硬度要求 50 ~ 55HRC，产品升级后，此轴类零件直径增加到 40mm，为达到原表面硬度改用 40Cr 制造。

2）制造小直径的零件（如连杆螺栓）原经调质处理时采用了中碳钢，现拟改用低碳合金钢经淬火后使用。

3）原刀具要求耐磨但形状简单，选用 T12A 钢制造，硬度为 60 ~ 62HRC，现因料库缺料，改用 T8A 钢制造。

4）汽车、拖拉机齿轮原选用 20CrMnTi 经渗碳淬火、低温回火后使用，现改用 40Cr 钢经调质高频感应淬火后使用。

5）要求低碳钢不经化学热处理，只经淬火得到高硬度 58 ~ 60HRC。

6）要求 T12A 钢制刀具淬硬到 70HRC。

13. 从失效抗力出发，下列零件应考虑哪些性能指标？应选择何种类型的材料？

1）承受复杂应力的重要结构件，如发动机曲轴。

2）弹性零件，如传递大功率的齿轮。

3）耐磨结构零件，如传递大功率的齿轮。

4）600℃以上高温受力结构件，如涡轮机叶片。

14. 为下列零件选材并说明理由，制订其加工工艺路线，并说明其中各热处理工序的作用：

1）机床主轴。

2）镗床镗杆。

3）燃气轮机主轴。

4）汽车、拖拉机曲轴。

5）中压汽轮机后级叶片。

6）钟表齿轮。

7）内燃机的火花塞。

8）赛艇艇身。

15. 指出下列工件应采用所给材料中的哪一种？并选定其热处理工艺方法。

工件：	铰刀	汽车变速箱齿轮	受力不大的精密丝杠	冷冲裁模
材料：	20Mn2B	Cr12MoV	T12	W18Cr4V

第9章　课堂讨论指导

课堂讨论一　铁碳合金相图

1. 讨论目的

1）熟悉铁碳合金相图各特性点、线的意义，弄清相及各相区的组织。

2）综合运用二元合金相图的基本知识，对铁碳合金的结晶进行分析，熟练应用杠杆定律求解组成相或组织组成物的质量分数。

3）了解碳含量对平衡状态下铁碳合金的组织与性能的影响。

4）分析铁碳合金相图的应用。

2. 讨论题

1）$Fe\text{-}Fe_3C$ 相图有哪些重要转变点、线、相及组织？

2）写出铁碳合金相图中 C、S 两点进行相变的反应式，指出各为何反应，说明反应产物及其性能特点。

3）试分析比较碳的质量分数为0.2%、0.77%、4.5%的铁碳合金的塑性、强度、硬度，并说明"趁热打铁"、铸铁受冲击易破裂及铁碳合金相图仅画到碳的质量分数6.69%为止的原因？

4）怎样区分工业纯铁、钢、白口生铁？

3. 讨论方法

1）讨论课前，预先要求学生认真阅读教材，按讨论题目做好发言准备。

2）讨论课开始时，可先由一至几名学生在黑板上默画出 $Fe\text{-}Fe_3C$ 相图，并加以说明。然后，其他学生各抒己见，提出补充和修改意见，最后由教师或学生进行总结。

3）本讨论课也可以以全体同学默写 $Fe\text{-}Fe_3C$ 相图，老师通过巡视及收交试卷中观察到的实际情况进行分析讨论。

课堂讨论二　金属热处理

1. 讨论目的

1）理解熟悉退火、正火，淬火及回火的实质、基本参数与应用场合。

2）掌握并学会用奥氏体等温转变曲线分析问题。

3）培养具有初步选择热处理工艺方法的能力。

2. 讨论题目

1）根据给定条件与要求，选择合理的热处理工艺方法，说明热处理前后的组织、性能及热处理工艺参数。

① ZG270-500齿轮坯，晶粒粗大，且有铸造应力。

② 65Mn钢的锻件，因锻造加热时温度过高，冲击韧度较低。

③ T11A钢锻件，切削困难。

④ 用 Q195 钢板冲制零件，在经两次以上冲压成形过程中出现破裂。

⑤ 用热轧的 45 钢棒料制造“心轴”时，强度及冲击韧度略低于要求指标。

⑥ 用弹簧制成的健身拉力器，使用不久就失去弹性。

2）在材料化学成分合乎要求，产品设计人员选择的热处理方法也合理的情况下，产生下列问题，试分析产生原因，提出改进措施。

① 经调质的 40Cr 钢件，冲击韧度达不到要求指标。

② 用 T12 钢制造的工具，经淬火后，硬度低于 60HRC。

③ 在热处理操作中按名义上的工艺参数进行热处理，有时出现不合格的产品。

3. 讨论方法

1）讨论应在完成热处理实验课教学后进行。讨论前，布置学生认真阅读教材中相关章节，按讨论题目课前做好发言准备。

2）讨论时，鼓励学生自由选题回答，展开师生互动讨论，最后由老师讲评，指出较合理的热处理方法及工艺参数。

课堂讨论三　工 业 用 钢

1. 讨论目的

1）认识理解运用添加合金元素，通过化合物、固溶强化及细晶强化提高钢材性能的机理。

2）深入了解常见低合金高强度结构钢、合金渗碳钢、合金调质钢、弹簧钢、轴承钢、工具钢及特殊性能钢的牌号、主要合金成分、性能及热处理方法。

3）培养学生选用钢材的能力。

2. 讨论题

1）合金元素分别通过哪些途径影响钢的相变、物理化学性能及力学性能？

2）与非合金钢相比，合金结构钢、特殊性能钢在组织及性能方面有哪些主要特点？在什么情况下选用合金钢较为合理？

3）有些齿轮和轴承受冲击载荷，要求用热处理方法使其内部韧性高，表面硬度高。请根据下列条件选择适宜的钢材及热处理方法。

① 活塞销 $R_m = 800\text{MPa}$，$a_K \geqslant 6\text{J/cm}^2$，表面硬度 >60HRC。

② 齿轮 $R_m = 1000\text{MPa}$，$a_K \geqslant 7\text{J/cm}^2$，表面硬度 ≥350HBW。

4）按下表总结各类钢的特点

	牌号举例	化学成分	力学性能	热处理	用途
低合金高强度结构钢					
调质钢					
高速钢					
奥氏体不锈钢					

3. 讨论方法

1）讨论前布置学生认真阅读教材中相关章节，每位同学应认真阅读有关教材内容，按讨论题目做好发言准备。

2）讨论时，鼓励学生自由选题回答，展开师生互动讨论，最后由老师讲评。

参考文献

[1] 崔明铎．工程材料及其热处理［M］，北京：机械工业出版社，2009.
[2] 崔明铎．工程实训［M］．北京：高等教育出版社，2007.
[3] 崔明铎，刘河洲．机械制造技术［M］．北京：机械工业出版社，2013.
[4] 崔明铎．机械制造基础［M］．北京：清华大学出版社，2008.
[5] 王忠．机械工程材料［M］．北京：清华大学出版社，2005.
[6] 齐宝森，等．机械工程材料［M］．2 版．哈尔滨：哈尔滨工业大学出版社，2005.
[7] 耿洪滨，吴宜勇．新编工程材料［M］．哈尔滨：哈尔滨工业大学出版社，2000.
[8] 朱张校．工程材料［M］．北京：高等教育出版社，2006.
[9] 徐自立．工程材料［M］．武汉：华中科技大学出版社，2003.
[10] 戈晓岚，王特典．工程材料［M］．南京：东南大学出版社，2000.
[11] 徐自立．工程材料及应用［M］．武汉：华中科技大学出版社，2007.
[12] 孙维连，魏凤兰．工程材料［M］．北京：中国农业大学出版社，2006.
[13] 丁厚福，王立人．工程材料［M］．武汉：武汉理工大学出版社，2001.
[14] 崔占全．工程材料［M］．北京：机械工业出版社，2005.
[15] 潘强，等．工程材料［M］．上海：上海科学技术出版社，2003.
[16] 蒲永峰，梁耀能．机械工程材料［M］．北京：清华大学出版社，2005.
[17] 朱张校，姚可夫．工程材料［M］．北京：清华大学出版社，2009.
[18] 赵忠魁．金属材料学及热处理技术［M］．北京：国防工业出版社，2012.
[19] 孙康宁，等，现代工程材料成形与制造工艺基础［M］．北京：高等教育出版社，2005.
[20] 林建榕．工程材料及成形技术［M］．北京：高等教育出版社，2007.
[21] 陈培里．工程材料及热加工［M］．北京：高等教育出版社，2007.
[22] 崔令江．材料成形技术基础［M］．北京：机械工业出版社，2003.
[23] 李世普．特种陶瓷工艺学［M］．武汉：武汉理工大学出版社，1990.
[24] 崔明铎．制造工艺基础［M］．哈尔滨：哈尔滨工业大学出版社，2004.
[25] 崔明铎．工程实训教学指导［M］．北京：高等教育出版社，2010.
[26] 吕广庶，张远明．工程材料及成形技术基础［M］．北京：高等教育出版社，2001.